Ordine di tutte le sfere, con la loro dichiaratione
IDEA DELL
VNIUERSO
SETTENTRIONE
CANCER
GEMINI
BOREAS
AQUILO
TAURUS
VOLTURNUS
LEO
CORUS
ASIA

宇宙を回す天使、
月を飛び回る怪人

世界があこがれた空の地図

THE SKY ATLAS

空を行くアポロと惑星の神々

右ページ：ジョヴァンニ・バティスタ・ティエポロの『惑星と大陸のアレゴリー』(1752年)。

宇宙を回す天使、月を飛び回る怪人

世界があこがれた空の地図

THE SKY ATLAS

エドワード・ブルック=ヒッチング

関谷冬華 訳

NATIONAL GEOGRAPHIC

MMXX

フラビア・エビシャムへ
かくして私たちは星へ向かう。

ORBIVM MVNDI
PTOLEMA=
NODI=
AQVARI
TICA
ECLIP
PISCES
ARIES
TAVRVS
ORBITA IOVIS
VIA
CIRCVLVS
PLA NE
CVRRICVLVM
VENERIS
ITER MER
MVNDVS SVBLVNARIS QVAT
HEMISPHAERIVM
Aequator

目次

はじめに

Introduction

「空を埋め尽くさんばかりの数多の星が、円を描く道筋を追いかけているとき、私の足はもはや地についていない」

——プトレマイオス

私たちは、宇宙の始まりについて何を知っているだろうか？ その答えは質問をする相手によって変わるにちがいない。現代の宇宙学者に尋ねれば、もちろん「ビッグバン」について語り始めるだろう。ビッグバンは、1927年にベルギーの司祭ジョルジュ・ルメートル（222〜231ページ参照）が提唱した説に端を発している。それは、宇宙の初期状態は「宇宙卵」あるいは「原始的原子」であり、爆発が起こって現在のような姿になったとするものだ。100億年以上昔、宇宙が生まれる以前には、空間とエネルギーは密度も温度も無限大の「特異点」の状態にあった。そして、1兆分の1の1兆分の1のさらに1兆分の1秒の間に、この特異点はビッグバンと呼ばれる大爆発を起こし、宇宙が誕生し、最終的には直径およそ930億光年という現在の大きさにまで膨張した。

子どもたちのための夜空の地図

『ヤギーの地理学習』（1887年）に載っている夜空。

「宇宙の始まり」から始まる

同じ宇宙物理者でも、宇宙の本当の始まりはビッグバンではないと答える人もいるだろう。ビッグバン理論はアインシュタインの一般相対性理論が基礎になっている。相対性理論は特異点の爆発後に起こることを説明してくれるが、爆発する前の状態については何も教えてくれない。実はビッグバン理論は2種類あるが、両方ともが正しいということはなく、不確定な部分も多い。さらに、ビッグバン以前の「インフレーション」と呼ばれる時期に、時間と空間がすでに誕生していた可能性を指摘する説もある。インフレーションの時期の宇宙は、現在のような物質と電磁波ではなく、宇宙に内在する目に見えない「暗黒エネルギー」で満たされていた(暗黒エネルギーについては232〜243ページ参照)。暗黒エネルギーは理論により存在が指摘されており、見えないために直接観測できないが、その影響を観測することで存在を確認できるといわれている。さらに別の宇宙物理学者に同じ質問をすれば、アインシュタインの法則を取り入れた最新の量子方程式モデルを教えてくれるかもしれない。この理論では、そもそも宇宙には始まりも終わりもなく、宇宙は永遠に存在する(偶然ながら、2300年以上も前にアリストテレスは似たような世界観を持っていた。永遠の完全さよりも雄弁に神性を示す証拠があるだろうか。詳しくは50〜55ページ参照)。

それでは、私たちは宇宙の始まりについて、正確にはどんなことを知っているだろうか？ これは、人類が最も古くから関心を抱いてきたテーマであり、世界各地の文化の根底に必ず創世神話が存在する理由もそこにある。中国の創世神話には、最初の生物として盤古(ばんこ)という巨人が登場する。盤古は角が生えた毛むくじゃらの大男だ。盤古は1万8000年の時を経て宇宙卵を二つに割り、割れた殻の一方は天に、もう一方は地になった。盤古は天と地の間に立ち続けたが、やがて力尽きて倒れた。彼の手足は山となり、血は川となり、息は風となった。

宇宙物理学者のスティーヴン・ホーキングは、現在のコンゴ民主共和国にあったクバの国の創造神話を好んで授業で紹介していた。クバの物語に登場する創造神はムボンボ(またはブンバ)という名の巨人で、暗闇と水の中に一人きりで立ち、腹痛に襲われて太陽と月と星を吐き出したという。太陽は水を焼き尽くし、陸地が

夜空をまとって踊る

ロシア極東地域の先住民コリャークの呪術師が儀式で使った踊りの衣装。素材はなめしたトナカイの革で、星座を表現する様々な大きさの円が刺繍されている。腰回りに縫い込まれたベルトは天の川を象徴する。

現れた。それからムボンボは9種類の動物を吐き出し、最後に人間を吐き出した。

また、ハンガリーの言い伝えでは、天の川は「戦士たちの道」と呼ばれていた。そして、セーケイ人(トランシルバニア地方で生活していたハンガリー民族)に危機が訪れたとき、フン族のアッティラ王の息子である伝説のチャバ王子がこの道を通り、彼らを救いに来るといわれていた。現在のイラク周辺で4000年近く前に栄えていた古

曼荼羅(まんだら)の宇宙

15世紀に描かれた、呼金剛(ヘヴァージュラ)の曼陀羅。呼金剛はチベット仏教の本尊の一人で、3つの頭と4本の腕を持ち、宇宙の中心にある4つの霊的な入口の間で配偶者の無我女(ナイラートミヤー)と踊っている。

代バビロニアには『エヌマ・エリシュ』という創世叙事詩があり（26〜33ページ参照）、宇宙は恐ろしい怪物のような原始の神々の間で戦いが繰り広げられた末に誕生したと伝えている。

聖書を開けば、創世記に光がある前は闇の中で神の霊が水の面（おもて）を動いていたということが記述されている（旧約聖書には『エヌマ・エリシュ』と類似する記述が多数あり、明らかに影響を受けていたことがわかる）。聖書に書かれた言葉を実際の過去の出来事として文字通りに解釈した人々は、地球平面説（53ページの地球平面図参照）や、すでに忘れ去られた中世の民間信仰である、空飛ぶ船と空の船乗りが航海する天上の海（98〜101ページ参照）のような、不思議議な説を次々と登場させた。17世紀には、大司教のジェームズ・アッシャー（1581〜1656年）が天地創造の日時を正確に計算し、紀元前4004年10月22日午後6時という数字を割り出した。さらに同じ17世紀*、医師でオカルト思想家でもあったロバート・フラッドは著作『両宇宙誌』（1617年）の中で、創造の光が差し込む前、時間が存在する以前の無について描写を試みている。

実をいえば、世界が創造される前は、真っ暗な何もない場所

無の宇宙

ロバート・フラッドの『両宇宙誌』（1617年）の無限を表現した絵。

＊17世紀の非常におかしなキリスト教の天文学の学説の例として、バチカン図書館の司書だったレオ・アラティウスのエピソードが挙げられる。アラティウスは、『我らの主イエス・キリストの包皮についての論考』と題する学術論文で、神の子の包皮は天に昇って土星の輪になったと書いた（ただし、この論文が世間に発表されることはなかった）。

だったというフラッドのイメージについて考えるうちに、本書のアイデアは生まれた。それこそが本当に最初の「空（そら）」だったともいえる。本書の究極的な狙いは、視覚的に表現された空の記録を歴史の随所から拾い集め、世界各地の広く複雑に入り組んだ天空の神話や伝承、哲学的な宇宙論から、現代の宇宙論と宇宙物理学の画期的な発見に至るまで、あらゆるものを凝縮し、数千年間におよぶ一つの旅として著すことにある。宇宙という舞台の謎が年代を追って少しずつ解明されていく様子を表すため、本書では様々な図版や道具や写真を紹介している。さながら天空の地図帳だ。

空の地図作り

私は、地図の世界で、空の地図は最も見過ごされてきたジャンルだと考えている。地図製作の歴史において、地図を扱った文献は、空より地上の地図製作をテーマにしていることが圧倒的に多い。だが、過去にはこの2つが等しく尊重されていた事実を忘れてはならない。地上の地図は、探検の成果や権力者と国家の政治的策略を浮かび上がらせる。一方、空の上の地図は下界の様相をほとんど映し出していないと思われがちだが、その思い込みは裏切られることになるだろう。歴史の中でも、星の地図である星図はそれほど多くは知られておらず、ただの「装飾」というカテゴリーでくくられがちだ（もちろん、占星術という疑似科学との歴史的な関わりのせいではない）。逆説的になるが、これらの地図が評価されてこなかった理由は、科学を専攻する学生しか関心を持たないような、つまらない技術的な図面だと思われてきたことにある。本書を読み進めればわかるように、どちらの認識も真実からほど遠い。天空の地図に込められたストーリーの輝きは、ほかのどんな地図にも引けをとらないし、その芸術性の高さは並ぶもののない領域に達していることも少なくない。

当然のことながら、空の地図製作と地上の地図製作では歴史が大きく異なる。天と地では発見の経緯が違うからだ。地上の地図は、人間がせっせと探検に出かけ、調査を進めながら段階的に作られていった。空白の未知の地域に足を踏み入れたときから（あるいは船が未知の海域に入ったときから）、人類は見知らぬ場所の地理を記録し、測定し、着実に世界を広げていった。一方、壮大な天空は、最初からいつも私たちに輝かしい全貌を見せていた。人間がまだその謎を解けない頃から、空に輝く無数の星、太陽、月、空をさまよう惑星はありのままに動き、様相を披露していた。

圧倒されんばかりの広大な世界を前にした天空の地図製作者

にとって、空は見る者の心の中にある様々な神話、畏怖の念、宗教的な空想物語を映し出すキャンバスそのものだっただろう。人間の脳は混沌の中に何らかのパターンを絶えず探し続ける。だが、この比類なき広大な海を調べたくとも、そこにこぎだせる船はなかった。天文学者兼芸術家たちは自分が知っていること、すなわち天空の神や伝説や動物たちを描くほかなく、特に明るい星を結んでそれらの姿を当てはめ、星座をつくった。古代ギリシャから古代ローマに受け継がれた黄道十二宮という概念は、文字記録が登場するよりも古くからある。さらに起源をたどるとバビロニアに行きつくが、その先は有史以前の闇の中に消えてしまう。

空の地図物語のあらすじ

物語は、天文考古学の分野で見つかった先史時代の遺跡で幕を開ける。次に登場するのは、天文学の記録が残されているメソポタミア地方の古代シュメールやバビロニアの物語だ(例えば、歴史で最初に名前が残る「著者」は、アッカド王国の月の神官だったことがわ

観測機器アストロラーベ

古代の天体観測機器、平面アストロラーベに描かれた黄道帯。1491年以降にヨハネス・エンゲルスが製作したもの。

かっている)。そして話は古代エジプトに続き、さらに古代ギリシャの哲学者たちが考えた様々なめざましい宇宙の概念を明らかにしていく。このような初期ヘレニズムのアイデアの中でも特に素晴らしく、後世まで語り継がれたのは、透明な天球という概念だ(56〜59ページ参照)。これは、私たちの世界は、透明ないくつかの球殻が入れ子状になった階層構造の内部にあるという考え方で、それらの球殻は物理的に存在し、それぞれが太陽や月と惑星に対応する。そして、その背景に「恒星」の球殻があると考えられていた。現代人にとっては奇妙な考えに思えるが、ここにはそれなりに正当な論理があった。当時の人々は、天体の運動を説明するために、すでに知っていた地上での物体の動きを当てはめてこのアイデアを思いついた。天体が非常に長い距離をいつまでも動き続けるのは、何かによって運ばれているに違いないと考えたわけだ。

天球の物語で人間が真実にたどり着くまでの過程は、天文学の歴史全般に当てはまる。疑いようのない事実や、常識や、論理を飛び越え、直観に反する独創的な理論にたどり着いたときに、ようやく突破口が開くことも少なくなかった。誰もが知る有名な例は、コペルニクスだ(120〜122ページ参照)。コペルニクスは神が創造した宇宙の中心から地球を引きはがし、地球の代わりに太陽を中心に据えた。彼の理論は当時の宗教界と社会を大きく揺るがせ、科学革命のきっかけをつくった。思うに、宇宙を客観的に眺める目を手に入れ、その複雑な力学を可能な限り詳しく調べるという最終目標を追い求める天文学者にとって、一番大切な道具は想像力ではないだろうか。

だから、本書では素晴らしい発見や世界各地で語り継がれてきた伝説だけでなく、天文学の間違いや科学的な思い込みにまつわる逸話も集めた。パーシヴァル・ローウェルが観測したという火星人が造った運河(210〜215ページ参照)、ルネ・デカルトが考案した宇宙空間全体を満たす粒子の渦(142〜145ページ参照)、まぼろしの惑星ヴァルカン探しの迷走(198〜201ページ参照)などはその好例だ。最終的に間違いだと証明された想像力や解釈の飛躍には、成功と同じくらい多くの学ぶべきことがある。こうして(ときには脇道にそれながら)先へと進むうちに、これらの画期的な発見は、芸術的な天空地図として視覚的に記録されるようになり、グーテンベルクによる印刷機の発明のおかげもあって広く普及し、数値と正確な描写を求めるルネサンス時代の流れに乗って絶大な人気を博した。15世紀に幕を開けた大航海時代は、地図製作の黄金期でもあった。新しい国や大陸の発見が相次いで地図にどんどん詳し

アボリジニの星座

空に浮かぶアボリジニの星座、エミュー。アボリジニは星をつなぐのではなく、星の間の暗闇にその姿を見立てた。オーストラリアのヴィクトリア州にあるアラピルス山からの眺め。

い情報が書き加えられ、範囲も広がった。同様に空でも次々と発見がなされ、宇宙の構造理論が対立する構図の中で、やはり新たな情報が地図を埋めていった。天空の地図は17世紀に芸術的な高みにまで達した。アンドレアス・セラリウスの著作(154〜155ページ参照)は、これまで出版された空の地図の中で最も美しい作品だといわれることが多い。

やがて分光法が開発されると、星が出す光のスペクトルから化学組成を読み取れるようになり、天文学の謎は解き明かされていった。ここから宇宙物理学が登場する。天空の地図が扱う範囲は撮影技術の進歩と歩調を合わせて変化していった。20世紀になると、新時代の技術革新によって新発見がかつてないペースで進み、有名なアルバート・アインシュタインの一般相対性理論(222〜231ページ参照)をはじめとした、宇宙全体を説明できる普遍的な法則探しなども行われた。一般相対性理論は前述のルメートルの「宇宙卵」のアイデアにも影響を与えた。その後、エドウィン・ハッブル(227〜231ページ参照)が、空に輝く星雲は実は天の川のはるか彼方で星が集まって形成された銀河であること、さらにそれら銀河の多くが私たちからどんどん遠ざかっていることを発見し、「膨張宇宙モデル」が正しいことが証明された。膨張宇宙モデルが定着した後、宇宙の膨張速度はだんだん遅くなっていると考えられていたが、1998年に膨張速度は実は加速しており、銀河同士

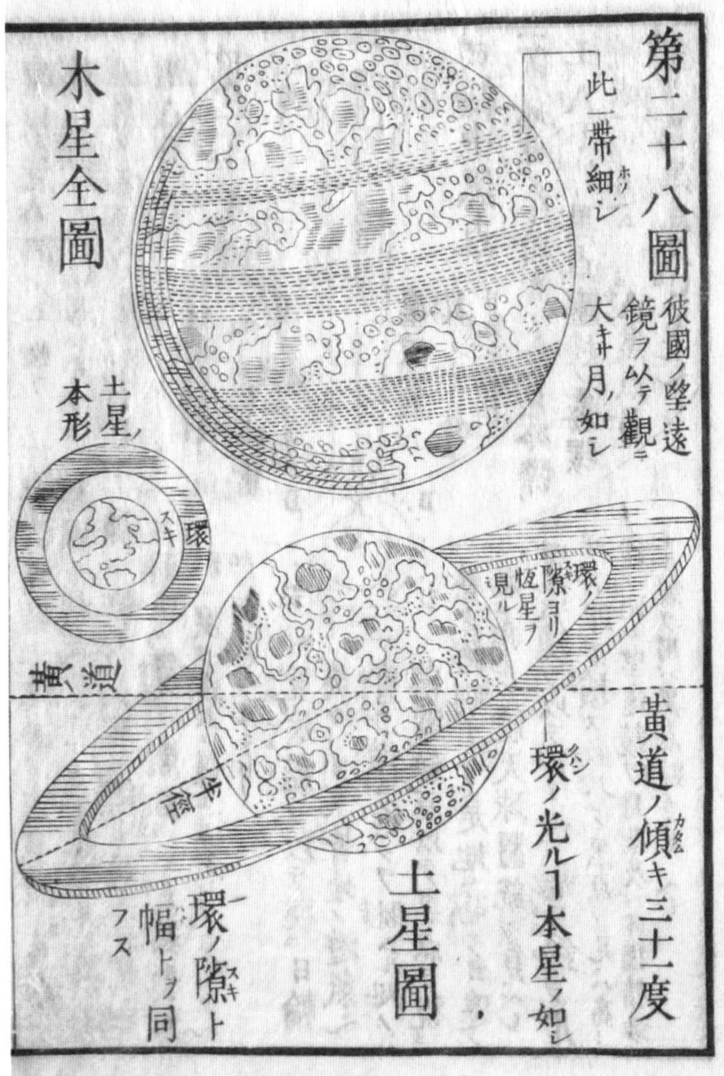

日本にも伝わった コペルニクスの宇宙

ニコラウス・コペルニクスの地動説を初めて日本に持ち込んだ日本人画家、司馬江漢による『刻白爾(コッペル)天文図解』(1808年)。

も互いに遠ざかっていることがわかった。まるで空に向かって石を放り投げると、そのまま勢いを増してどこかに飛んで行ってしまうような、不思議な話だ。なぜ宇宙の膨張が加速しているのかは謎だが、膨張速度を計算し、そこから逆算して宇宙の年齢を導き出すと、宇宙は誕生から100〜200億年程度経っていることが判明した。アッシャー大司教が宇宙の年齢を5650年と見積もってからわずか350年後、ハッブル宇宙望遠鏡の力を借りた人類は宇宙年齢をさらに絞り込み、宇宙の誕生は138億年前という答えを出した。驚くことに、現在の私たちは、ビッグバンのわずか4億年後から存在しているおおぐま座のGN-z11(241ページ参照)のような非常に遠い銀河をも目にすることができる。

天体地図に込められた未来

ここでもう一度、最初の問いに戻ろう。私たちは宇宙の起源について正確にどんなことを知っているだろうか？ 人間は日々、謎の核心へとより深く挑み続けていることを私たちはよく知っている。宇宙探査機はかつての航海士たちのように、まだ誰も知らない星間空間を横断し、闇に光を当てていく*。地球上空を周回しながら、過去にない鋭い視線で広範囲を観測する宇宙望遠鏡を使って、根源的な疑問、すなわち地球外生命の存在、宇宙の構造、そして今後の宇宙の運命と結びついた、数多くの謎が解明される日が近づきつつあることもわかっている。もしかすると、私たちの生存中にその答えを知ることができるかもしれない。私たちは、自らが知っていると思うあらゆることに対して、常に健全な疑問を抱き続けなければならないことを歴史から学んできた。100年前の天文学者たちは、太陽系が唯一の銀河だと「知って」いたが、私たちも宇宙は一つしか存在しないという短絡的な考えを見直すべきなのかもしれない。

しかし、私が確かだと思うことが2つある。1つ目は、人間の科学的・哲学的な想像力は、今後も変わらず私たちの最強の道具であるだろうということ。最初に望遠鏡のレンズを作り、教科書の惑星配列を修正し、宇宙の深遠さを黒板の方程式にまとめ上げてきたのは、そうした想像力だ。2つ目は、空の地図は決して滅びないだろうということだ。本書に収められている天体図や写真は、時代や文化によって実に様々な空の地図が生み出されてきたことを如実に示している。同時に、時代と文化が違っても、空の地図を作ろうとする意志が、驚くほど共通していたことを教えている。天体写真がどれほど進歩しても、地図には未来がある。有史以前の先祖たちが洞窟の壁に泥を塗って描いた最初の星図からどれほど離れていても、人類の偉業を記録するために描かれた地図はどの時代にも消えることはなく、後世の人々がたどるべき道を指し示し続けるだろう。

*例えば2018年7月、ケンブリッジ大学の研究チームは、欧州宇宙機関（ESA）の測位衛星ガイアのデータを基に、80～100億年前に天の川銀河と矮小（わいしょう）銀河が衝突してできた、「ガイアソーセージ」と呼ばれる痕跡を発見した。矮小銀河は跡形もなく姿を消したが、天の川銀河が矮小銀河の恒星やガスや暗黒物質を取り込み、特徴的なバルジが形成された。

古代の空

「天文学は人に空を見上げさせ、この世界から別の世界へと私たちをいざなう」

——プラトン、『国家』(紀元前380年頃)

昔、封建時代の中国に杞というとても小さな国があった。杞は、小国だったために公式の記録にはほとんど登場せず、おおむね「特筆すべきことはない」という一言で片づけられてしまう。だが、この国は、ある有名な故事により現在に名を残している。根拠のない心配をすることを杞憂という。この言葉は、かつて杞の国に、そのうち空が落ちてきて自分がつぶされてしまうのではないかと

地球と天球

プトレマイオスの宇宙観を表現した『天体図』(1568年頃)。宇宙構造論の研究者で地図製作者でもあったポルトガルのバルトロメウ・ベーリョが作製。

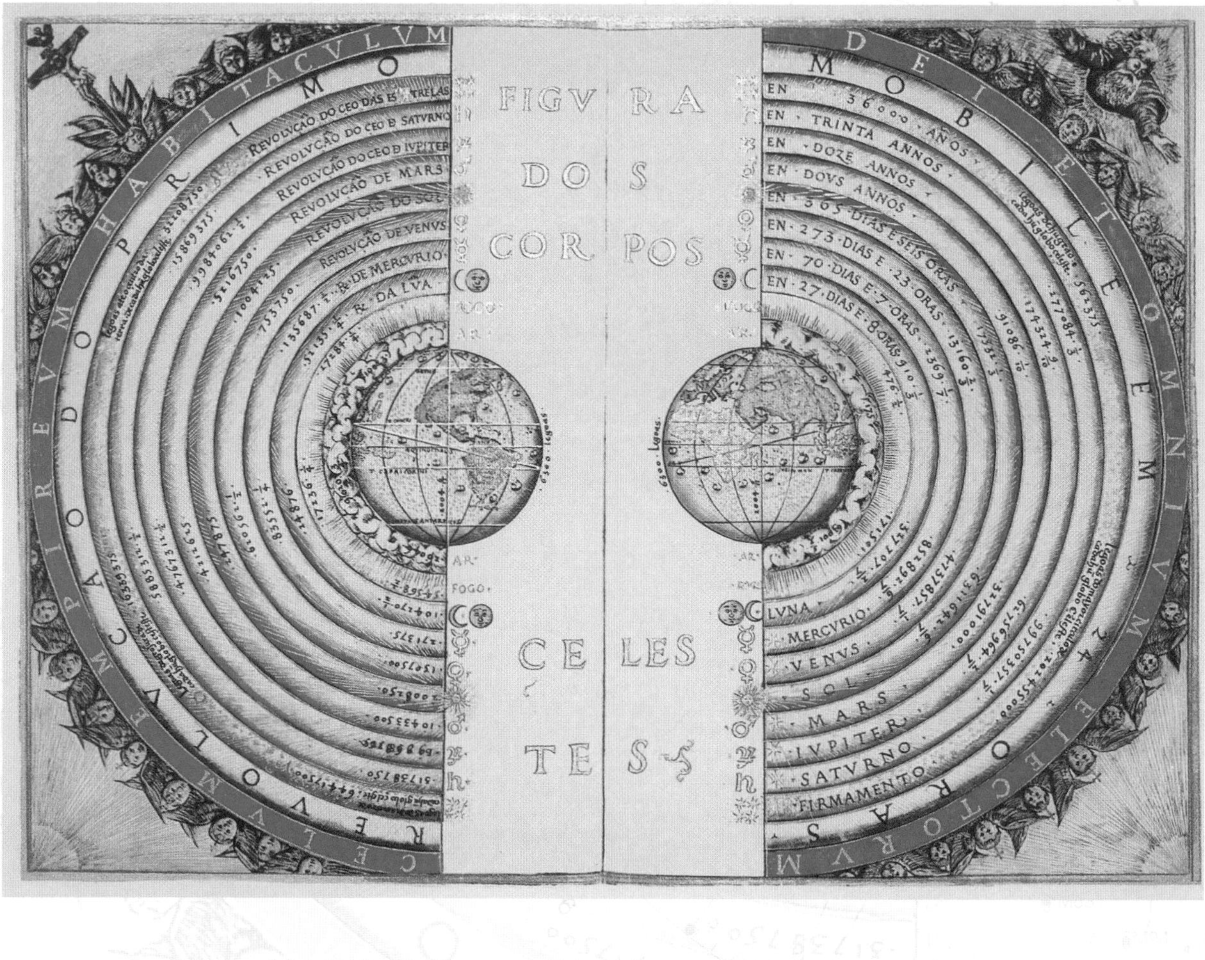

THE ANCIENT SKY

いつも心配していた人がいたという故事に由来する。

今も伝わるこの故事のように、人間と空の歴史は現代の文化にも影響を及ぼしている。天は常に私たちに驚異を与えてきた。空という舞台に、人間は神々を、怪物を、時の長さを、化学組成の秘密を、そして神からの警告を見出した。そのどれもに人々は、頭上に広がる宇宙の果てしなさという、恐ろしいばかりの重みをずっしりと感じていた。人間が空の謎を解くと、さらに次の謎が現れ、まるで催眠術のように私たちはどこまでも深く魅惑的な謎に引き込まれていく。人類が天にどんなことを尋ねてきたかという歴史の記録は、26ページから紹介するように、メソポタミア南部のシュメールから始まる。だが、それ以前の、記録が残っていない時代はどうだったのだろうか。先史時代の空と人間のつながりはどんなものだったのだろう？

このような研究分野は天文考古学と呼ばれ、もう少し後の時代に登場した古代天文学の研究とは、はっきりと区別されている。天文考古学は、今も残るわずかばかりの手がかりから、先史時代の人々と空との謎めいた関係を解き明かそうとする学問だ。近年、特にヨーロッパでは、天体に関わる古代の遺物が発見され、文字や望遠鏡などの発明よりずっと昔の新石器時代や青銅器時代の人々が、以前に考えられていたよりも高度な数学や天文学の知識を持っていたことがわかってきた。

動物の皮に描かれた天文図

アメリカ先住民ポーニー族が作った、鹿のなめし皮に描かれた空の地図。星は、それぞれの明るさ（輝度）を表すように、大きさを変えて描かれている。

先史時代の天文学

文字よりも先に時を計り、空を描いた人々

1940年、フランス南西部のモンティニャック村の近くで、十代の少年たちが、ロボという名前の飼い犬が見つけた小さな穴の先に続く洞窟を発見した。この洞窟こそ、先史時代の芸術作品の最大の宝庫、ラスコー洞窟だった。洞窟の中に入ると、「壁や天井は、実物以上の大きさに描かれた動物たちの大群」だったと発見者の一人、マルセル・ラビダは当時を振り返る。「動物たちはどれも今にも動き出しそうに見えた」。鉱物顔料を使って描かれた600点を超える壁画と1500点近い彫刻が洞窟の壁や天井を埋め尽くしていたため、この洞窟は「先史時代のシスティーナ礼拝堂」とも呼ばれた。何世代にもわたる労作である壁画や彫刻は、およそ1

ラスコー洞窟のプレアデス星団

フランス、ラスコー洞窟の「牡牛の広間」。黒い斑点模様は、先史時代の人々が描いたプレアデス星団の地図だと考えられている。

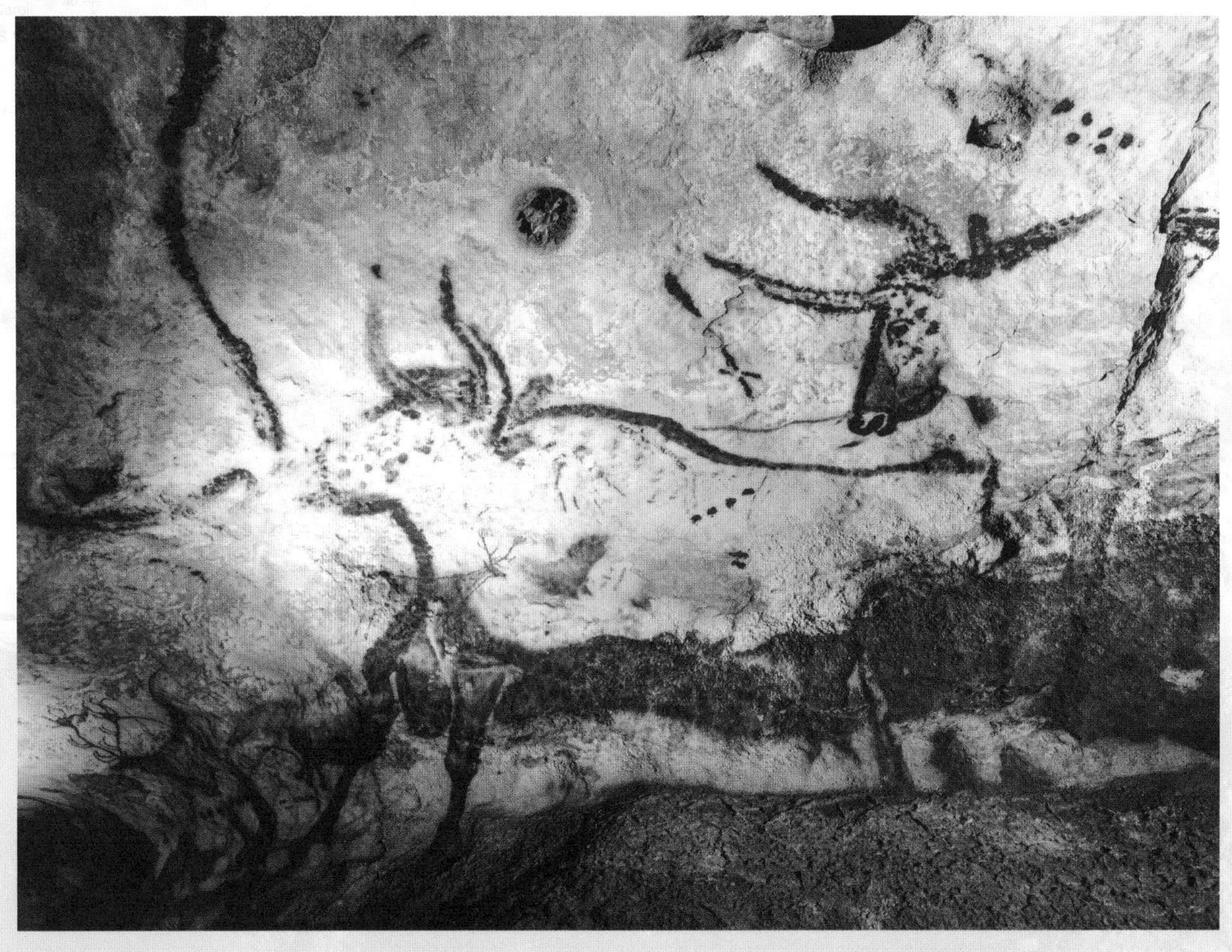

万7000年前のものと推定された。洞窟はいくつかのエリアに分かれている。「牡牛の広間」では、これまでに発見された動物の洞窟壁画の中では最大の幅17フィート（5.2m）の牡牛の壁画が目を引く。ほかにも「通路」「井戸の場面」「後陣」「軸状ギャラリー」「ネコ科の部屋」などがある。動物の壁画の多くは季節を推察できるため、暦のような性格を帯びていたと思われる。例えばシカは秋の発情期の様子が、馬は交尾と出産の時期の姿が描かれている（しかし不思議なことに、この画家たちの主な食糧だったはずのトナカイはまったく登場しない）。

特に興味深いのは、「井戸の場面」にある牡牛と鳥と鳥人の壁画だ。ミュンヘン大学のマイケル・ラッペングレック博士らは、これらを最古の星図だと考えている。この3つの形は、北半球の夏の夜空でひときわ明るく輝く、ヴェガ、デネブ、アルタイルという「夏の大三角」を形づくる3つの星を表しているというのだ。洞窟の別の区画にある「牡牛の広間」には、プレアデス星団（日本では「すばる」とも呼ばれる）を描いたような壁画がある。その壁画の別の部分に少量ずつ塗られた絵の具は、小さな星々を表現しているのかもしれない。洞窟は1948年から一般公開されていたが、観光客による壁画への接触や呼吸のせいで洞窟内の環境が悪化することが判明し、保存のために1963年以降は立ち入りが禁止されている。現在では、ラスコー洞窟のすぐ近くに「ラスコー2」というレプリカの洞窟が作られており、見学が可能だ。先史時代のプラネタリウムともいえるラスコーの作品からは、氷河時代の人々が目にしていた宇宙を垣間見ることができる。

最古の「暦」の遺跡

空から時を知る技術は、文字の発明よりも古くからあったようだ。例えば、スコットランドのウォレンフィールドでは、中石器時代にあたる紀元前8000年頃の「暦」が発見された。この遺跡は航空写真によって発見され、時間という概念の始まりを探る手がかりとして、現在調査が進められている。ここで2004年に発掘された12個の穴は、1カ月の月の満ち欠けを表しているようだ。また、穴は東南を向いたときに地平線に沿って一直線になるように並び、日の出の位置から冬至の日を知るためのものだったとも考えられる。狩猟採集民だった当時の人々は、毎年「天文学的補正」を行い、象徴的な意味でも実用的な意味でも、時間の経過や季節の移り変わりをより正確に知ろうとしていたのだろう。これは天体を利用して時を知るための最古の建造物といえる。ヨーロッパ全体

を見渡しても、これに匹敵するような数千年前の遺跡は見つかっていない。

ブリテン諸島には、特に中石器時代の遺跡が数多く残る。紀元前3000～2000年頃に建てられたストーンヘンジ*は、夏至の日の出の方角と、その反対側にある冬至の日没の方角に合わせて石が並べられている。19世紀の天文学者ノーマン・ロッキャー（1836～1920年）は次のように書いている。「私個人の意見を述べるならば、我々の古代遺跡は、観測を行って天体が昇る場所と沈む位置を示すことを目的として建てられた。この見解は、すでに十分に立証されたと思う」。ロッキャーは、ストーンヘンジは明らかに天文学的な役割を担っていたと考えていた。ストーンヘンジが古代の天文台だったという説は、広く支持されてはいるものの、あくまで一つの仮説にすぎない。最近になって、内側の輪に使われているブルーストーンの研究により、別の可能性も指摘されている。ストーンヘンジのブルーストーンは、叩いたときに出る音で選ばれたというのだ。それならば、現地の石を使わずに、わざわざ180マイル（290km）以上も離れたペンブルックシャーからブルーストーンを運んできた理由を説明できる。ブルーストーンの産出地

ストーンヘンジのスケッチ

現地で最初に描かれたストーンヘンジの絵（1573年頃）。フランドルの画家ルーカス・デ・ヘーレによる。

最古のストーンヘンジの絵

右ページ下：現存する最古のストーンヘンジのイラスト。1338～1340年にイギリスで制作されたウァースの『ブリュ物語』の要約版に掲載された、多数のスケッチの1枚。

*ついでながら、ストーンヘンジは厳密に言うとヘンジではない。ヘンジとは内側に堀を持つ円形の土塁と定義されるが、ストーンヘンジでは堀が土塁の外側にある。

に近いマインクロホグ村の教会では、18世紀までブルーストーンの鐘が使われていたといわれている。

もう一つの可能性として、石と石の間に間隔があることから、ストーンヘンジは墳墓だったという意見もある。建造から500年ほどの間に埋葬されたらしい人骨が、ここで大量に見つかっているからだ。このような埋葬儀式と天空崇拝の関係は、古代から現代までの様々な文化で見られる。例えば、古代ペルシャのゾロアスター教では、鳥葬を行う「沈黙の塔」が建てられた。この塔は高さのある円形の施設で、死者をその上に横たえ、死肉をついばむ鳥たちに食べさせることを目的としていた。チベットでは同様の「天葬」が現在も行われ、死体を山頂に安置して、やはり鳥に食べさせる。密教の教えでは、魂が離れた体はただの抜け殻にすぎず、処分しなければならないとされる。そして、天と、天の動物に体を捧げることは、最高の功徳になると考えられている。

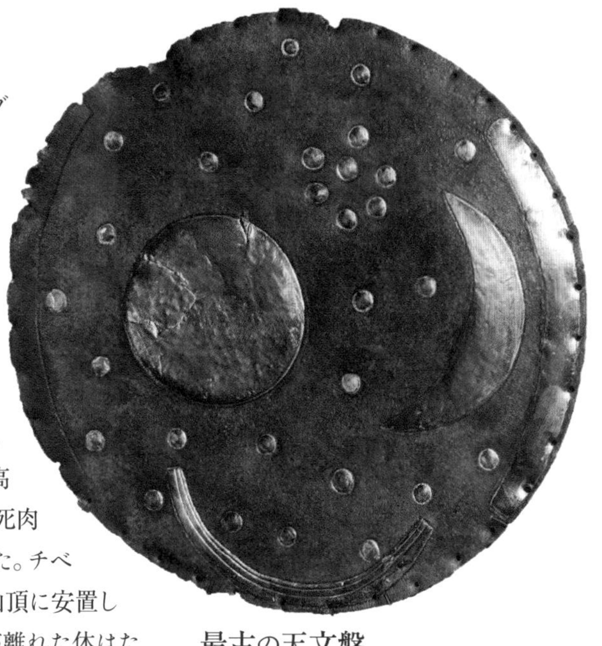

最古の天文盤

1999年にドイツのザクセン=アンハルト州で発掘されたネブラの天文盤。紀元前1600年頃のものと推定される。

太陽、月、星を散りばめた天文盤

空にまつわる遺跡だけではなく、宇宙を表す遺物も存在する。1999年に驚くような大発見があった。金属探知機を携えた2人の墓荒らしが、ドイツのザクセン=アンハルト州のネブラ付近で青銅器時代の埋蔵物を発見したのだ。青銅の剣2本、手斧2本、のみ1本、腕輪2本と一緒に彼らが見つけたのは、直径12インチ(30cm)の青銅の円盤だった。のちにネブラの天文盤と呼ばれるこの円盤は、錆びて全体が青緑色に光り、シンボルが金で装飾されていた。盗人たちは(のちに裁判にかけられ、減刑を求めたものの、結果的にもっと重い刑が科された)、盗品をケルンで非合法の品を扱う骨董商に売り渡し、2年の間、天文盤と埋葬品は何回も持ち主を変えながら闇市を渡り歩いた。2002年にドイツのハレ博物館のハラルド・メラー博士のおとり捜査のおかげで、天文盤は当局の手に戻り、この円盤の真の重要性が明らかになり始めた。

一緒に埋葬されていた剣と手斧に放射能分析が行われ、ネブラの天文盤は紀元前1600年頃の青銅器時代のウーニェチツェ文化のものと推定された。つまり、この円盤は、宇宙を表現する作品としては、現在までの発見の中で最古のものだとわかったわけだ。それまで、青銅器時代のヨーロッパは古代エジプトや古代ギリシャのような進んだ文化を持たず、文明は非常に遅れていた

と見られていたが、この画期的な大発見により、従来の見方に疑問符がつくことになった。天文盤は驚くばかりの精巧な作りだった。太陽や月がシンボルとして装飾され、それらを取り巻くように星が無造作に散りばめられている。上方でひときわ目立つ星の集団はプレアデス星団だとわかる。ちょうど青銅器時代のヨーロッパ北部で空を見上げたときに輝いていたと思われる位置だ。

さらに興味深いのは、円盤の端に沿うように曲がっている2本の金の帯だ(1本は消えかけている)。これにはどんな意味があるのだろうか。帯が占める範囲は角度にして82度で、これは沈む太陽が夏至から冬至までの間に地平線上を移動する角度と一致する。要するに天文盤は、ネブラでの夏至・冬至を正確に特定するために作られた実用的な道具だった可能性がある。夏至や冬至がわかる道具は、農業を営むうえで非常に重要だったに違いない。円盤の縁からやや離れ、上に向かって弧を描く第3の金の曲線は解釈が分かれており、天の川や虹だとする意見もある。だが、最も有力視されている説では、実に興味深い可能性が示唆されて

先史時代の人も見たプレアデス星団

1986〜1996年に米国カリフォルニア州のパロマ天文台で撮影された写真を合成して作成された、プレアデス星団の画像。

いる。この金の曲線は、エジプトで夜の間に太陽神ラーを運ぶと言い伝えられている、「太陽の船」を表しているのではないかというのだ。しかし、古代エジプトの文化が当時、これほど遠い場所まで影響を及ぼしていたことなどありえるのだろうか?

このような国境を超えた関わりは、突拍子がない話とは言い切れない。2011年の研究から、ネブラの天文盤に使われている銅は現地で採れたものだが、青銅に含まれる錫と金は、直線距離で700マイル(1127km)以上も離れたイギリスのコーンウォール地方で産出されたことがわかった。円盤は、作製された時代の文化が高度だったことを明らかにしただけではなく、ブリテン諸島からそれなりの量の金属がドイツ中部に輸出されていたことも教えてくれた。ならば、エジプト神話が伝わっていてもおかしくはないし、天文盤に描かれているのは本当に太陽の船なのかもしれない。不思議だらけのネブラの天文盤だが、国際連合教育科学文化機関(ユネスコ)により、「20世紀における最も重要な考古学的発見の一つ」として世界記憶遺産に指定されたことには何の不思議もないだろう。

ナスカの地上絵

全長150フィート(46m)のクモ。ペルー南部のナスカ砂漠で紀元前500年から紀元500年の間に作られた有名な地上絵の一つ。地上絵の目的を記したものは残っていないが、水に関係していると考えられており、太陽神に感謝を伝えるメッセージだった可能性が指摘されている。

暦代わりの帽子

ドイツ南部あるいはスイスで発見された、ユニークな「ベルリンゴールデンハット」。青銅器時代後期の紀元前1000~800年頃の儀式用の帽子で、金の刻印が入っている。当時の人々は、これを太陽暦や太陰暦の暦代わりにして、月食などの天文現象を予測していた。

古代バビロニア

チグリス川、ユーフラテス川の流域で

先史時代の発見を調べることはとても面白い。しかし、先史時代のヨーロッパにおける天文学の重要性が明らかになってきたものの、その実像について結論を出そうとすると、裏づけとなる記録がないことが妨げになる。最古の記録から調査を進めるために、まずは東へ目を向けよう。

楔形文字で残されたメソポタミアの空

西洋の天文学はシュメールに端を発している。シュメール人は、南メソポタミア（現在のイラク南部）で発明の才を発揮した人々で、円

バビロニアの国

ニコラース・フィッセルによる古代バビロニアの地図（1660年）。

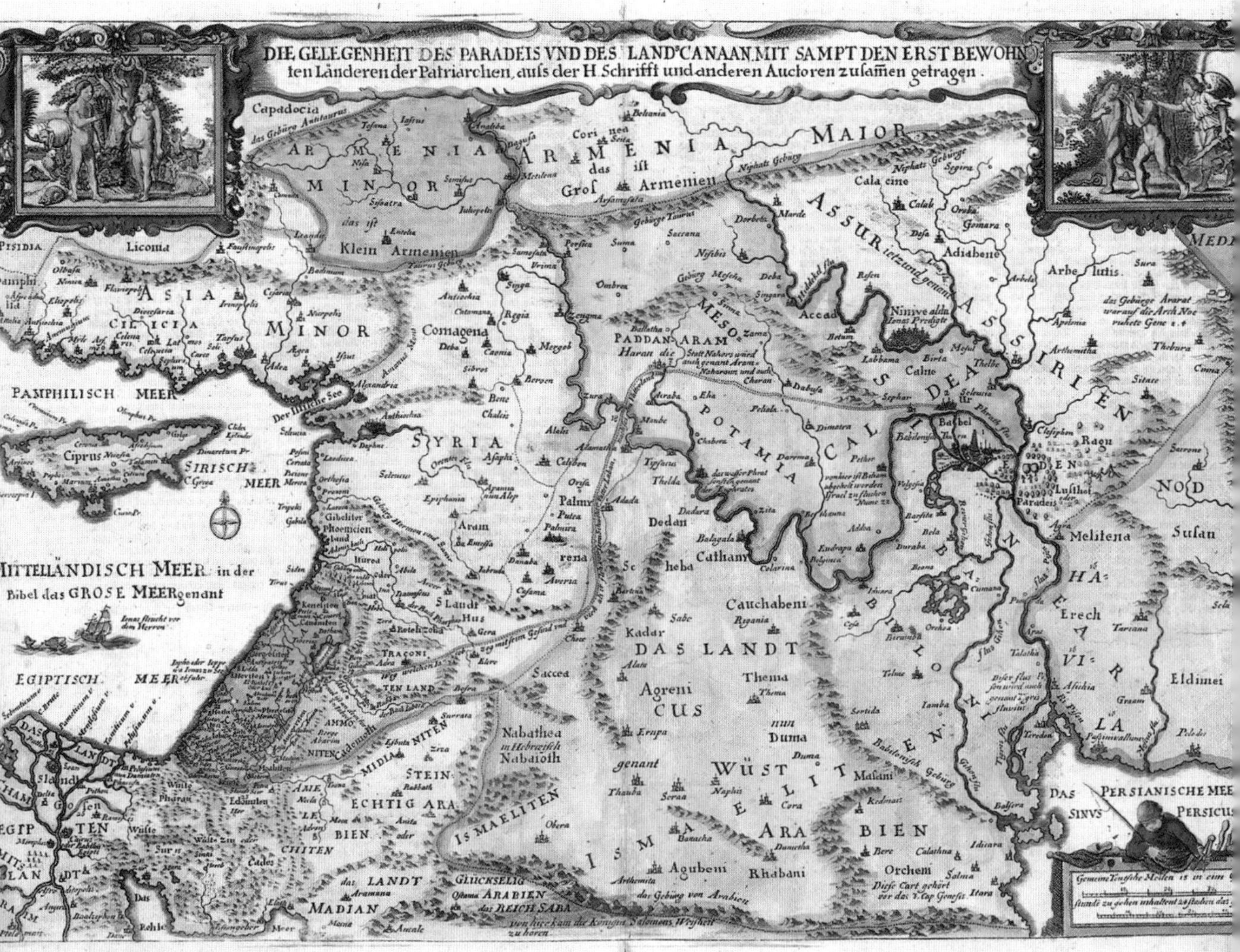

を360度に分割し、さらに1度を6分に分割するという、現在も使われている角度の概念を生み出し、紀元前3500〜3200年頃には最古の文字体系である楔形文字などを考え出した。

王のために空を調査し、知識を集める仕事は、「エン」と呼ばれる神官に任せられ、この地位についた者は絶大な政治的権力をふるった。エンの中でも特に有名な人物といえば、メソポタミアを統一したアッカド王サルゴンの娘エンヘドゥアンナ王女だろう。彼女は、紀元前2354年頃に女性で初めてのエンとなった。現在では、エンヘドゥアンナは自らの人生について詳しく綴った詩歌で知られている。特に月の神ナンナに仕える女神官として観察した月の様子を盛り込んだ153行の詩『ニンメシャルラ(イナンナ女神賛歌)』が有名だ。エンヘドゥアンナは、名前が判明している著述家としては歴史上最も古い人物だと考えられている。

アッカド王朝滅亡後に再び勢いを取り戻したシュメールだが、紀元前2000年頃に没落すると、新たにバビロンがハンムラビ王の下で勢力を拡大した。言葉はシュメール語からアッカド語に徐々に変わっていったが、シュメールの優れた伝統の多くはバビロニアの若い文化に受け継がれた。中でも顕著だったのは天文学だった。ほかの古代文明と同様に、初期のバビロニアの天文学も混沌の中に何とか秩序を見出そうとし、空の綿密な科学分析を行った。研究の原動力は、その後3000年間にわたって天文学発展の原動力となる非科学的な動機、すなわち「占星術」だった。バビロニアの人々は自分たちの神を星や惑星になぞらえ、天体の動きから将来の出来事を読み解くことを非常に重んじた。星を読むことができる者が、地上で大きな力を持つこともあった。

時代を問わず、宇宙の混沌の中にパターンを見出そうという試みは世界に共通していた。バビロニアではその結果として、紀元前18世紀頃に創世神話『エヌマ・エリシュ』が誕生した。『エヌマ・エリシュ』は、1849年にイギリスの考古学者オースティン・ヘンリー・レイヤードにより、アッシュル=バニパル王(在位紀元前668〜627年)がニネヴェ(現在のイラクのモースル市域)に建てた大図書館の遺跡から、ばらばらになった状態で発掘された。この物語はおよそ1000行の叙事詩で、7枚の粘土板にシュメールのアッカド語の楔形文字で書かれている。「天に名前がまだなかった頃」、淡水の神アプズと海の女神ティアマトという2人の原初の水の神が一つになり、天地が創造された。ティアマトの腹からは何人もの新しい神が生まれた。新しい神の息子の1人のマルドゥクは、風を操る力を与えられ、竜巻を起こして大災害をもたらした。アプズは新

バベルの塔

マルテン・ファン・ファンケルホフ作「バベルの塔」(1595年)。バベルの塔は、旧約聖書の「創世記」で、地上に多様な言語がある理由を説明する物語に登場する架空の塔だ。ノアの大洪水後、人間は同じ言葉を話していたが、東方からシンナルの地に来た人々が、傲慢にも天に届くような塔を建て始めた。それを知った神は彼らの言葉を混乱させ、彼らを全地に散らしたという。歴史学者たちは、過去に実在した建造物とバベルの塔との関連を探り、エ・テメン・アン・キという、高さ300フィート(91m)のジッグラト(階段状構造の聖塔)を有力視している。この塔は紀元前610年頃にバビロニアの王ナボポラッサルがメソポタミアのマルドゥク神に捧げて建てたが、紀元前331年頃にアレクサンドロス大王が破壊を命じた。

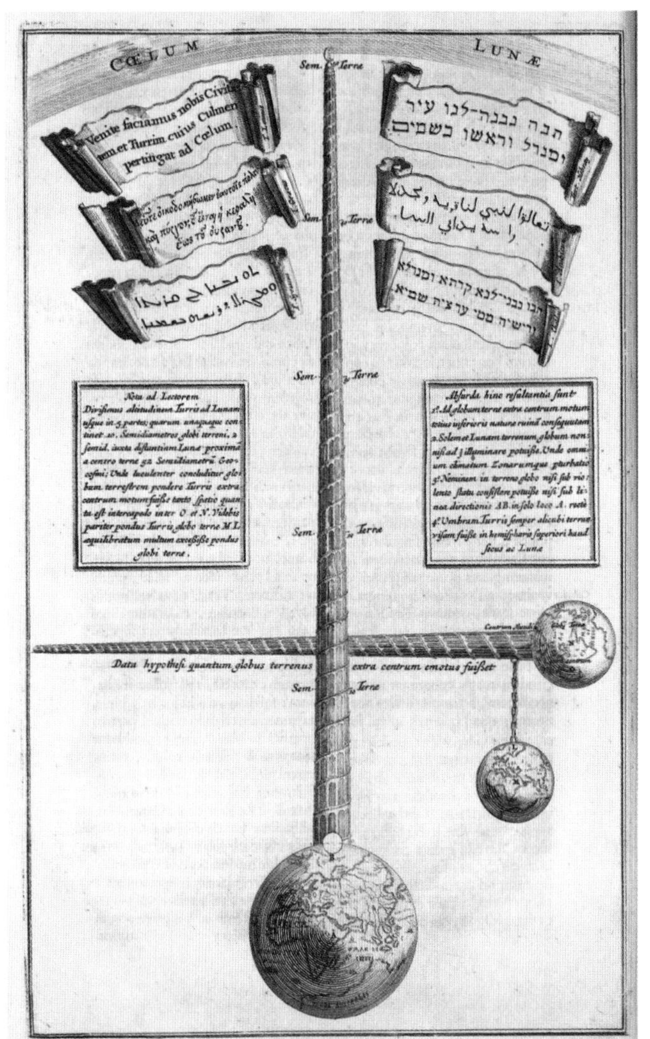

バベルの塔の検証

アタナシウス・キルヒャーが1679年に発表した「バベルの塔」。天に届かせるために必要な高さを分析し、バベルの塔を天に届くほど高く建てることは不可能だったことを示している。

バビロニアの神の戦い

右ページ上:古代アッシリアの都市があったニムルド遺跡で発掘されたレリーフ。原初の神ティアマトとの戦いで、マルドゥク神が勝利した一場面を表していると考えられている。

しい神々に腹を立て始め、彼らを殺そうとしたが、その動きを察知した彼らに先に殺されてしまった。アブズの死を知ったティアマトは復讐に向かうが、マルドゥクが新しい神々の先頭に立って、新たに手に入れた力でティアマトを打ち倒し、彼女の体を真っ二つに引き裂いた。こうして、2つに分かれた彼女の体から天と地が創造された。最後にマルドゥクは暦を作り、太陽と月と星が規則正しく動くようにした。この創世神話により、バビロニアの神マルドゥクは、メソポタミアのほかの神々よりも上位にある。さらに私たちは、この物語から、古代バビロニアの人々が頭上を見上げて思い描いた場面を知ることができる。特に明るく光る木星は、占星術により「太陽神の雄の仔牛」と称されたマルドゥクの星であるとされた。

天の現象を恐れた王たち

バビロニアの現存する最古の天文文献は、「アンミ・サドゥカ王の金星の粘土板」だろう。これは紀元前17世紀半ばの古バビロニア王国時代のものと考えられている。粘土板には楔形文字で、日の出の直前直後に東の地平線に見える金星*の様子を、21年間にわたって観測した結果が几帳面に記されている。

この粘土板は、「エヌマ・アヌ・エンリル」と呼ばれる70枚の天文日誌の中の1枚だ。主に、観測された天の現象と、当時の神官・書記官が現象の意味を読み解いて下した予言を詳細に記している。これらはその後紀元前10世紀以降の1000年間にわたってよく保たれ、貴重な天文記録や歴史資料となっている。例えば、この時代にこの地域で起こった最大の出来事、アレクサンドロス大王の遠征についても記録されている。1880年に発見された1枚の粘土板には、アレ

*金星は自転速度が時速6.52kmと非常に遅く、地面を歩き続けるだけで、空を移動する太陽に追いつけるという、面白い特徴がある。つまり、宇宙生物学者デヴィッド・グリンスプーンの言葉を借りるなら「歩くだけで永遠に夕暮れを眺め続けることができる」わけだ。ただし、密度が高い金星の大気に押しつぶされたり、平均460℃の高温に焼き尽くされたりしなければの話だが。

女神官エンヘドゥアンナ

復元された方解石の円盤。いけにえを捧げる場面が描かれている。右から3人目が神官エンヘドゥアンナ。イギリスの考古学者レオナルド・ウーリーがシュメールの都市ウルの発掘中に発見した。

クサンドロス大王がアケメネス朝の王ダレイオス3世を破り、メソポタミアを征服した紀元前331年10月1日のガウガメラの戦いの記録があった。楔形文字の説明によれば、カルデア人(天文学に優れた新バビロニアを建てたカルデア人にちなむ呼称)は戦いの11日前に空を調べ、結果を予想して次のような記録を残したという。「月食あり。皆既食は木星が沈み、土星が昇る瞬間に起こった。皆既食の間は西風が吹き、光が戻る間は東風が吹いた。食の間は死と疫病が訪れた」

カルデア人は、この不吉な空の前兆に続いて起こった「世界の王」(アレクサンドロス大王)によるダレイオス3世の敗北の顛末を詳細に綴ったのち、こう書いている。「前兆に込められている意味はこうだ。王の息子は王座に就くために清められるが、王になることはない。侵入者が西の王子たちを連れてくる。彼は8年の間、国を治める。彼は敵の軍隊を制圧する。彼が通った後には豊かさと富があふれる。彼はどこまでも敵を追い続ける。そして彼の命運

バビロニアの戦争

下:新バビロニアを破った、アケメネス朝のキュロス大王を描いた、ジョン・マーティンの作品『バビロンの陥落』(1831年)。

は尽きることがない」。紀元1世紀のローマの歴史家クイントゥス・クルティウス・ルフスは、著書『アレクサンロドス大王伝』で次のように述べている。ダレイオス3世は戦いの前に必死に予言を変えようと、さらにいけにえを捧げたが、天からの決定的なお告げはくつがえらず、どんな備えの儀式も彼を救えなかった。紀元前681～669年に新アッシリア王国を統治していたエサルハドン王も、神を欺こうとして、ある最終手段をよく行ったが、それさえも通用しなかった。エサルハドン王は月食を非常に恐れ、月食が過ぎ去るまでの数日の間は、神の怒りの矛先をかわすために(罪人または精神的な病を患う者の中から選んだ)代わりの王を立てていた。月食が終わると、エサルハドン王はその男を死刑に処し、悪い前兆をすっかり取り払おうとした。

金星の粘土板

左ページ上:紀元前17世紀半ば頃の「アンミ・サドゥカ王の金星の粘土板」。メソポタミアの天文観測の記録では現存する最古のもの。金星が地平線から出入りする時間と、日の出や日没との関連を記録している。

黄道帯の神

石灰岩でできた、クドゥルと呼ばれる石碑(境界石)。黄道帯を移動する天体を表したシンボルが読み取れる。これらの起源をたどると古代シュメールまでさかのぼり、その後、バビロニア、エジプト、ギリシャでも使われるようになった。このクドゥルは紀元前1125～1100年頃のもので、太陽神シャマシュ(太陽面で表現されている)などの9人の神に捧げられている。17個ある神のシンボルは黄道帯の星座だと考えられており、シュメール人はこれらを「輝ける群れ」と呼んでいた。

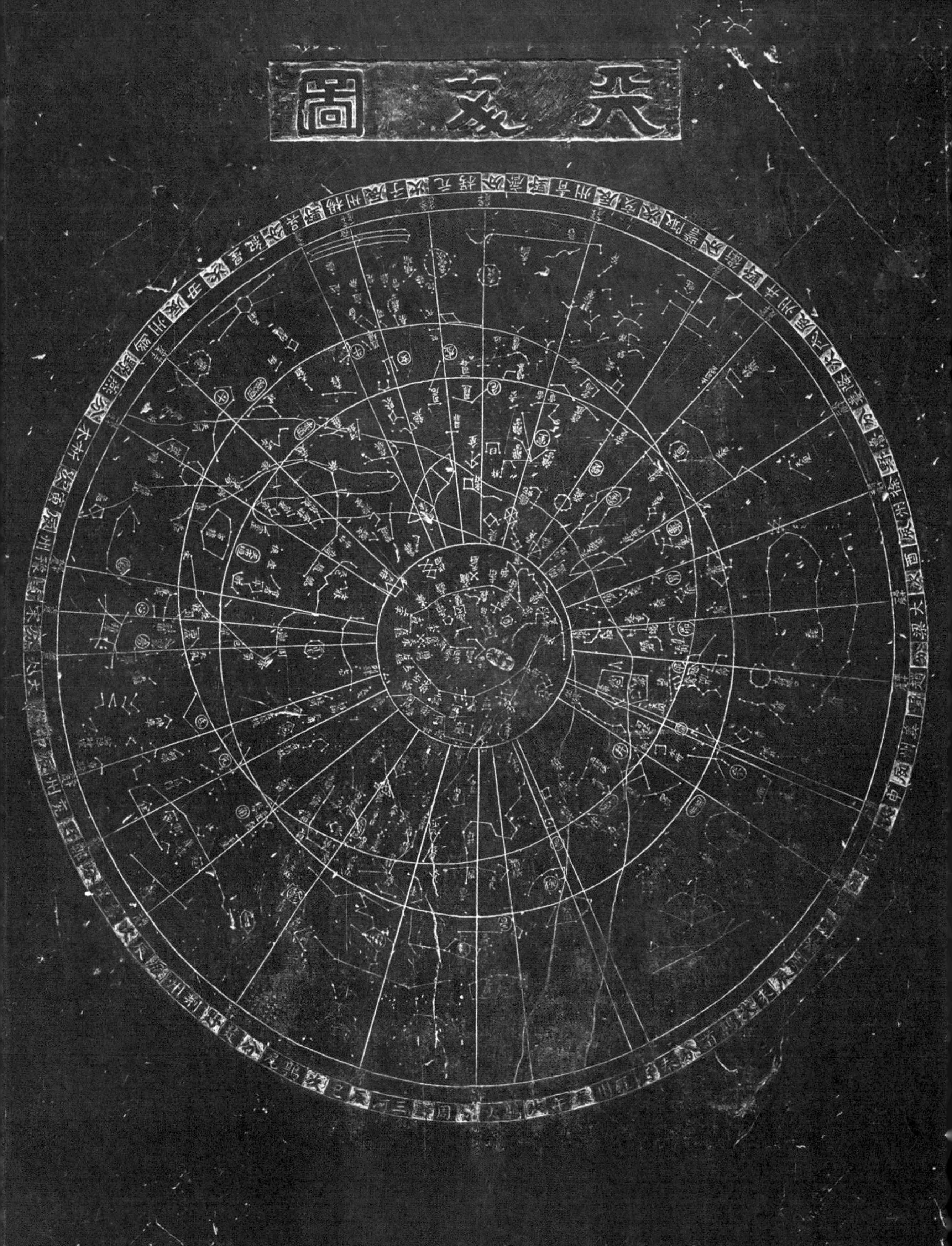
天文圖

12世紀中国の天文図

黄裳（こうしょう）による天文図の拓本。中国の初期科学における非常に優れた珍しい作品。黄裳が1193年に描いたものは数世紀前に行方不明になったが、幸いにも1247年に王致遠（おうちえん）が保存のため石刻していた。星図では1434個の星が二十八宿星座に分けられ、文章は1565個の既知の星のリストになっている。「偉大なる絶対者が姿を現す前は、その内に天と地と人の三才があった」から文章は始まる。「これら三才は混じり合って一体となり、原初の混沌と呼ばれた。偉大なる絶対者が現れると、軽く純粋なものが天を、重く不純なものが地を、純粋なものと不純なものが混じり合って人を形づくった。軽く純粋なものは霊を、重く不純なものが肉体を、肉体と霊が一体となって人をつくった」

古代中国の天文観測

世界のどこよりも正確に記された天文記録

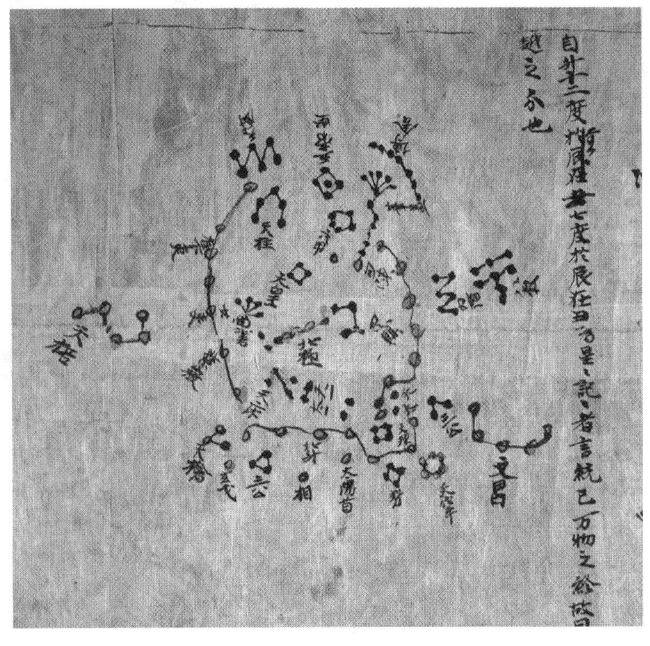

世界最古の星図

『敦煌（とんこう）の天文図』の北極星付近の詳細図。この天文図は唐の中宗皇帝（在位705～710年）の時代のものだと考えられている。文書全体では1339個の星の位置が正確に記録されている（40～41ページ参照）。

ヨーロッパで天文学が誕生するよりもはるか昔、世界にまだ文化と呼べるものがほとんどない時代から、古代中国には「暦」と「天文」の概念が存在していた。暦も天文も、星や天文現象を研究して解釈するという点は同じだが、目指す先は異なる。暦に携わる人々は空を観察して規則性や予測可能なパターンを探し、膨大な量にのぼる天の情報から秩序を見つけ出して、人間が住まう世界、すなわち天下のための体系的な暦を作る。一方の天文は、古代ローマの異象（自然界で起こる異常現象のこと。神の怒りを表す予兆だと考えられていた。101ページ参照）に近い。天文士たちは空を見上げて、普段とは違う様子はないかを懸命に探し回り、奇妙な現象があれば記録し、空の言語の辞書を作り、これら天文現象から超自然的なメッセージの意味を読み解いて説明した。

天から与えられた皇帝の権威

19世紀の西洋では中国を天朝と呼んでいたが、実際、中国国家の歴史も天と密接に関連している。暦と天文の研究は、皇帝付きの文官だけが行っていた。それら天文現象の解釈は、国の統治にとって重要事項だったからだ。周王朝（紀元前11世紀半ば～紀

「織姫と彦星」より

天の川の誕生を描いた作品。中国に伝わる織姫(ヴェガ)と彦星(アルタイル)の恋物語の一場面。

月のウサギと孫悟空

玉兎(ぎょくと、月のウサギ)が、不死のサルの王である孫悟空と対峙している場面。中国の言い伝えでは、月に住むウサギは、月の女神である嫦娥(じょうが)のために、すり鉢とすりこぎで不老不死の薬をすりつぶしている、といわれることも多い(日本や韓国では、ウサギが餅をついているといわれる)。これらの伝説は現在にも受け継がれ、2013年に中国が月に送り込んだ月面探査機には「嫦娥」、ローバーには「玉兎」という名前がつけられた。

元前256年）の時代から、中国皇帝は、天からの承認つまり「天命」を受けて統治を行うとされ、天子と称してきた。新しい皇帝は天命によって大きな権威を持つことができたが、同時に危険も伴っていた。恐ろしい現象、例えば彗星や嵐、洪水などが起こると、人々はそれらを天が皇帝を認めない証（あかし）だと受け取り、有無を言わさず皇帝はその座を追われたのだ。天文を解釈する天文官が背負う危険もまた大きかった。古代中国では、日食の予測は非常に重要だとされていた。日食は空にすむ巨大な龍が太陽を食べるために起こり（「食」という言葉を使うのはそのためだ）*、そのときに国を治めている皇帝に大きな災難が降りかかる予兆だと信じられていた（紀元前20年頃の記録によれば、当時の中国の占星術師たちは日食が起こる仕組みを理解しており、紀元前8年には135カ月という周期をもとに、皆既日食の発生が予測されていた。紀元206年には、月の動きから日食を予測できたようだ）。現存する紀元前2136年の日食の記録は、日食を事前に予測できなかった2人の天文官の運命に言及している。

ここに義と和の死体が横たわっている。彼らの運命は悲しく、あまりにもひどい。
彼らが処刑された理由は、目で見えないほど小さい日食をきちんと予測できなかったためだからだ。

数千年間にわたり、中国では空の科学的探究がたゆむことなく続けられた。紀元前4世紀の天文官石申（せきしん）は、名前が残る天文学者としては最古の人物の一人で、初期の書物に見られる121個の星の位置を決定したことで知られる。太陽黒点の最古の観測記録を残したのも石申だが、彼は黒点を日食だと信じていた。黒点は、同時代に活躍した斉（せい）の国の天文学者甘徳（かんとく）が、紀元前364年頃に最初に観測したといわれることもある。甘徳はほかにもいくつかの発見によって名を残している。例えば、彼は初めて木星を詳しく観測して、木星のそばに「小さな赤みを帯びた星」があると書いた。20世紀の天文学者で科学史学者の席澤宗は、これが木星の衛星ガニメデを肉眼で初めて観測したものだと主張している。ガリレオがガニメデを発見したのは、それから1500年以上も後のことだ（木星の衛星の中でも特に明るい4個は、望遠鏡がなくても肉眼で見え

文字を刻んだ骨

紀元前1600～1050年頃の中国の甲骨。文字が彫り込まれている。

月食の記録

上写真の甲骨の裏側。

*太陽や月を食べる生き物を登場させて日食や月食を説明する伝説は、世界各地の文化に見られる。北欧のヴァイキングは月食の理由を、空で月を追いかけるオオカミたちが、首尾よく月を捕まえたときに起こると考えた（英語で「食」を表す「eclipse」は、消える、見えなくなることを意味するギリシャ語「ekleipo」に由来する）。日食や月食は、神が人間を見捨てたことを意味する恐ろしいメッセージだととらえられていたようだ。

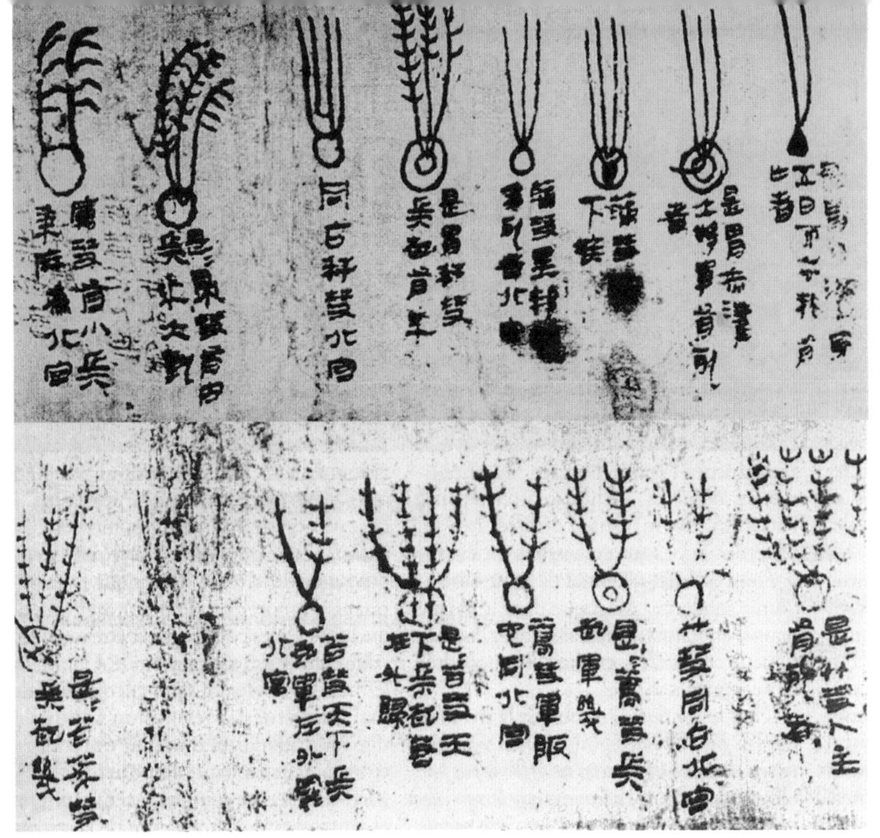

るほど明るいが、木星の明るさに邪魔されて見えないことが多い）。

骨や絹布、巻物に残された記録

古代の文書の多くは失われたが、中国の天文研究の記録は、珍しく数千年の時を経て残っている。科学的な暦として最も古い詳細な記録は紀元前100年頃のものだ。最古の天文現象の一覧となると、さらに1000年以上昔にさかのぼる。これらの記録が紙ではなく、骨に刻まれていたことも現代まで残った一因だろう。占い師たちは、動物の骨（牛や亀が多い）である「甲骨（こうこつ）」を熱して入ったヒビを見て、天気から軍事遠征の結果まで、様々なことを占った。甲骨の中には、天文現象の記録が彫り込まれたものもあった。とはいえ、現代にまで残る甲骨の数は非常に少ない。発見時に竜骨と間違えられて、漢方薬の材料にされたこともその理由の一つだ。38ページの甲骨は、大英図書館の収蔵品の中でも最古のもので、文字が彫られたのは紀元前1600～1050年の間だとされる。文字の内容は、今後10日間に災難は降りかからないことを予想したもので、裏面には月食の記録があった。

もう少し後の時代（それでもまだ古代に分類される時代）の中国の文書に『天文気象雑占』がある（39ページ図参照）。これは図も入った天文日誌で、前漢時代（紀元前202年～紀元8年）の中国の天文学者

不吉な彗星

古代中国の帛書（はくしょ）に描かれた不吉な彗星。帛書とは、絹布に書かれた書や文字、絹布自体のこと。

が集めてまとめた情報が、帛書(はくしょ)と呼ばれる絹布に書かれている。この帛書は、中国南部の湖南省にある、馬の鞍のような形をした馬王堆漢墓(まおうたいかんぼ)から1973年に出土した。およそ300年間にわたって空で観測された、箒星(ほうきぼし)(彗星)と呼ばれる29個の燃える天体が詳しく説明されている。これは信頼のおける最初の彗星の地図帳だといえる。彗星は何かの出来事の前兆だと信じられていたため、箒星のそれぞれの図には、「皇子の死」、「疫病の流行」、「3年の日照り」のように、その星が予告していると思われる出来事の説明が添えられている。

さらに、世界最古の星の地図を研究するなら、『敦煌(とんこう)の天文図』と呼ばれる書物にも目を向けたい。敦煌の天文図は長さ6フィート(2m)を超える巻物で、中国北西部でシルクロードの要所だった敦煌の外れにある莫高窟(ばっこうくつ)で発見された、4万点の文書のうちの一つだ。天文学史上最も見ごたえがある星図の一つであり、8世紀の中国の空に浮かんでいた1339個の星が完全に再現されて

『敦煌の天文図』

この巻物は、完全な形で保存されている星図としては世界最古のものとされる。望遠鏡の発明より数世紀前の紀元700年頃に、中国で作成された。北半球の中国から見える星が1300個以上も描かれている。

いる。望遠鏡が登場するはるか昔に作成された星図であるにもかかわらず、その正確さには現代の研究者たちも目を見張る。特に素晴らしいのは、星図の製作者が用いた投影法（球面の空や地球の表面を、平面の紙に描く技法）で、16世紀に活躍したフランドルの地図製作者ゲラルドゥス・メルカトルの技法とよく似た方法が採用されている（メルカトル法は現代の地図でも使われている）。

当時としても貴重な文献だったに違いないが、このような宇宙の驚異を記した天文図が、1000年以上も良好な状態で保存され、発見されたことはまさに僥倖（ぎょうこう）といえよう。これほど遠い昔の空をこれほど詳細に観察した記録は、西洋には見当たらない。

北斗七星の刀

張陵（ちょうりょう）が天の虎にまたがって、おおぐま座の北斗七星をはべらせた刀を振りかざし、空を駆け巡っている。張陵は、後漢時代に原始道教の一派を開いた開祖。

古代エジプトの天文学

ナイルの氾濫から始まった宇宙観

数千年もの間、雨の粒をめったに見ることがなかった古代エジプトの人々は、ほかの地域ほどには夏至や冬至を重要視していなかった。彼らにとっては、毎年起こるナイル川の氾濫という出来事のほうが大きな意味を持っていたからだ。エジプト神話では、生命と癒しの母なる神イシスが、生と死をつかさどる神である夫オシリスの死を悲しんで涙を流すため、ナイル川が毎年岸辺からあふれ出すのだといわれている。

ナイル川が氾濫する実際の理由は、毎年5月から8月にかけて吹く季節風(モンスーン)がエチオピア高原に大量の雨を降らせ、その雨水がナイル川に流れ込んで水量が大幅に増加するからだ。ナイル川の洪水は、実に素晴らしい灌漑(かんがい)効果をもたらし、土地を肥沃にする（そのため、エジプトでは現在も8月15日から2週間にわたって、ワファ・エル・ナイルと呼ばれる祭日が設けられ、国を挙げて祝う）。洪水は毎年決まった季節に必ず起こり、ほぼ時期を同じくして恒星シリウス（おおぐま座α(アルファ)星）が日の出直前に東から昇るため、エジプトではシリウスとナイル川の間には関係があると考えられていた。

36の星座「デカン」

エジプトの暦はアヘト（洪水）、ペレト（生育）、シェムウ（収穫）の3つの季節に分かれており、暦は天文の動きによって補正されていた。暦の補正にはシリウスなどの天体が使われたが、星の動きを基にした暦の補正は非常に複雑だった。このような暦は、少なくともエジプト古王国時代（紀元前2686年〜2181年前後）から使われていたようだ。エジプトでは「デカン（十分角）」と呼ばれるグループに星を分類していた。デカンは36あり、それぞれに小さな星座と一つの星がある。デカンの最も古い記録は、エジプト第10王朝（紀元前2100年頃）の石棺のふたの装飾に見られる。太陽とともに空に昇るデカンは10日ごとに変わるため、エジプトの暦はデカンが一巡りする360日を1年とし、正確を期すために、うるう月には5日を加えた。だが、デカンについてこれ以上詳しいことはわからない。各デカンの名称は判明しており、意味が明らかになっているものもあるが（例えば、「ヘリ・イブ・ウィア」は「船の中心」という意味で、不毛と嵐と破壊の神であるセトに関係があると伝えられる）、実際のどの星に対応するのかは正確にはわかっていない。星の位置や明るさに関する手

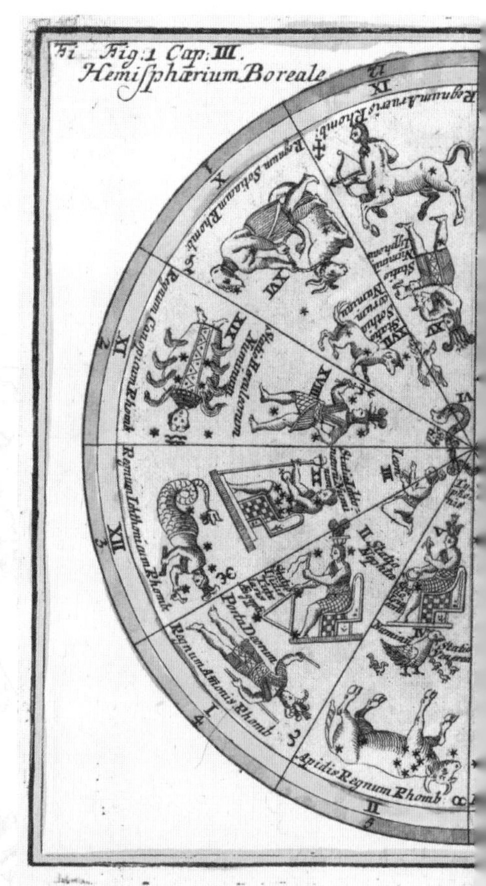

がかりもまったく残っていないため、選ばれた基準やほかの星と関係も謎のままだ。

とはいえ、古代の石棺や墓の装飾からは、ハヤブサの頭を持つ太陽神ラーやエジプトの冥界（ドゥアト）が登場する壮大な天空の神話に、エジプト人が12個の夜空の星をどのように当てはめたかがわかる。『アムドゥアト書』（地下世界の書という意味）と呼ばれる葬祭文書によれば、ラーは太陽の船に乗って夜の間、西から東へ旅をする。夜ごとにラーは12の領域を通過し、そこの主である神や怪物に遭遇し、大蛇の姿をした混沌の神アペプ（アポフィスともいう）と戦い、朝日とともに新たな力を蓄えて姿を現す。古代の墓から発見された、今日の「星時計」のような星図や星表からは、夜間に地下の世界を航行するラーの12の場面が、夜の12時間を表すことがわかっている。デカンの1週間（10日間）と組み合わせてこの「星時計」を使えば、夜空の星の位置からすぐに時間がわかる（長らくこのような意見が通説だったが、カナダ、オンタリオのマクマスター大学のサラ・シモン

古代エジプトの星座

古代エジプト由来の星座を、神学者で数学者のコルビニアヌス・トーマスが描いて1730年に発表したもの。両半球の空が描かれている。

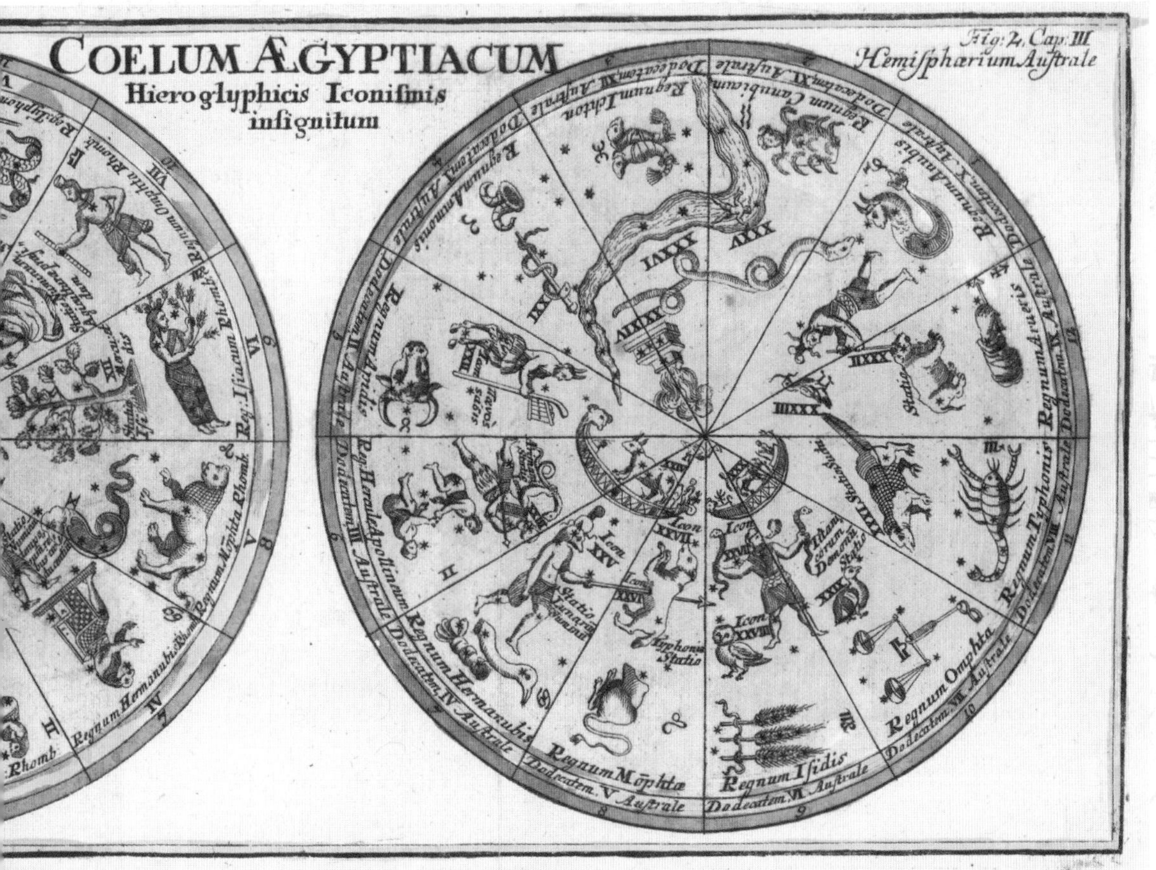

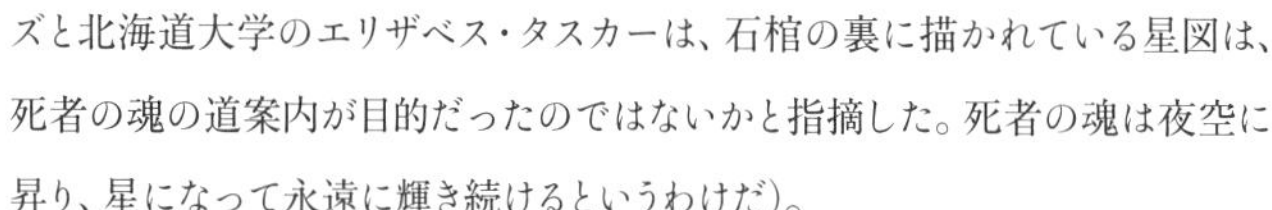

ズと北海道大学のエリザベス・タスカーは、石棺の裏に描かれている星図は、死者の魂の道案内が目的だったのではないかと指摘した。死者の魂は夜空に昇り、星になって永遠に輝き続けるというわけだ)。

天の川は女神

古代エジプト人による天の川の絵。天の川は、雌牛の姿をした豊穣の女神バトとして神聖視されていた(バトはのちに空の女神ハトホルと同一視されるようになった)。アメンの大司祭だったジェドコンスイフェアンケ(在位紀元前1045～1046年)の埋葬品として発見されたパピルスに描かれていたもの。

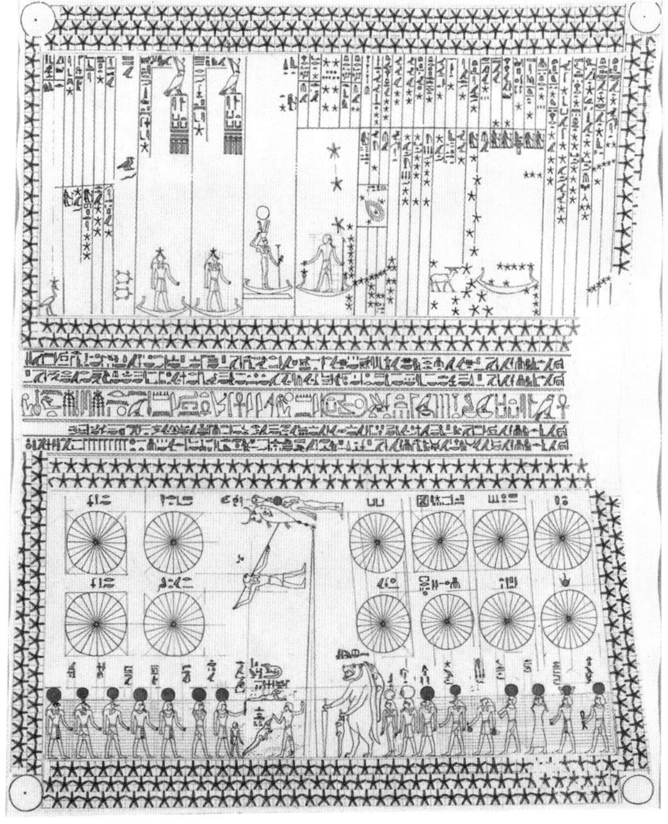

デカンや擬人化された天体

センエンムウト(センムトとも呼ばれる)の墓の天井画。センエンムウトは、紀元前1473年頃、ハトシェプスト女王の高官で建築家としても活躍した人物。この天井画には、多数のデカンや擬人化された天体が描かれている。

太陽神ラー

ラムセス2世の正妃ネフェルタリ（紀元前1298～1235年頃）の墓室に描かれた、太陽神ラーと西の女神アメンティト。

ピラミッドと北極星

エジプト人にとっては、北の方角も大きな意味を持っていた。古代エジプトのピラミッドを見ると、彼らが星についての知識を持っていたことがわかる。当時の北極星だったトゥバン（りゅう座α（アルファ）星）をピラミッド建設の要素としていたのだ。1960年代になって、ギザの大ピラミッドの「通気孔」が、単に通気のための通路ではなく、特定の星や空の領域を指しているという説が出た。通路は途中で曲がっているため、観測に使われていたわけではなさそうだ。北には、ファラオが死後の世界へと旅立つ入口があると信じられていたので、この通路は死を迎えて天に昇るファラオの魂と関係があるのかもしれない。北天で明るく輝くこぐま座β（ベータ）星コカブとおおぐま座ζ（ゼータ）星ミザールは、この入口を知らせるかのように、北極星を中心に円を描いて夜空を回っている。そのため、エジプトではこの2つの星を合わせて「不滅」と呼んでいた。

エジプトの信仰体系で、特定の星がこのような役割を担い、神話に関する記録も多く残っているにもかかわらず、古代エジプトでは、星のリストや観測の正確な記録などが一切見当たらない。

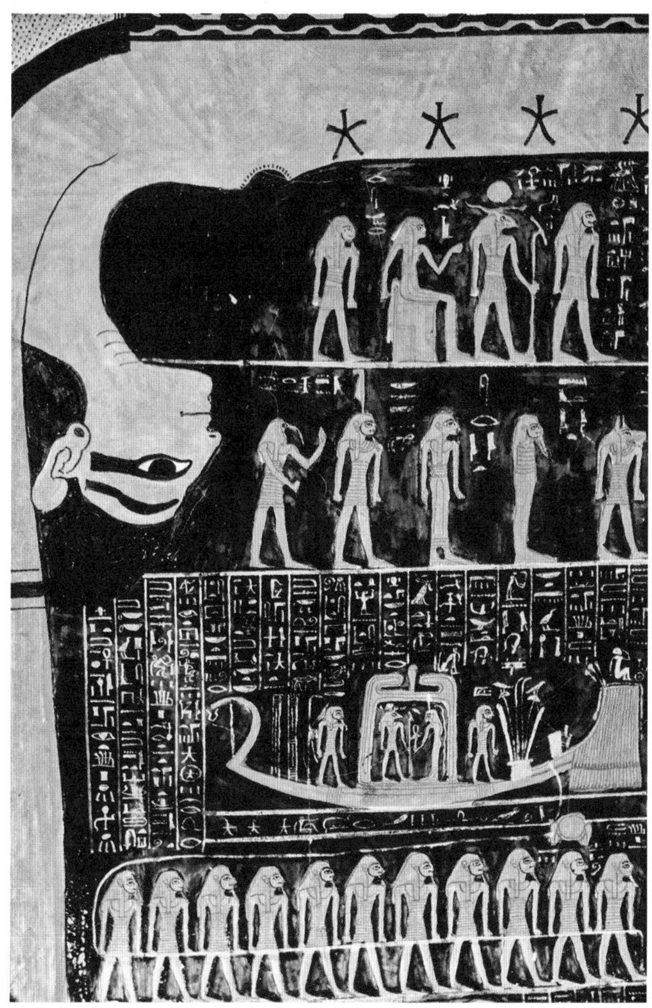

実際のところ、古代エジプト人が惑星などの天体の運行を科学的に理解しようとしていた形跡はほとんどなく、空は単に神話を投影するキャンバス、あるいは時間を知るための便利で実用的な道具くらいに思っていたようだ。紀元前323年にアレクサンドロス大王が死去し、大王に仕えていたプトレマイオス1世がエジプト王として即位してプトレマイオス朝の時代が始まると、海に面したアレクサンドリアが科学の中心地となり、ギリシャやバビロニアの天文学が入ってきて、このような状況は大きく変化することになる。

天空を支える女神

エジプトの天空の女神ヌト。紀元前12世紀にラムセス6世の墓に描かれたもの。

ラーと空を巡るラーの船

左ページ：オソルコン2世の時代のアーフェンムトの記念碑（紀元前924～889年）。上にはラーが下界を旅するときに使う太陽の船が描かれている。

デンデラの黄道帯

上エジプトの町デンデラにあるハトホル神殿で、オシリス神のために建設された小祠堂(しどう)の天井レリーフとして、紀元前50年頃に製作された。左はその図柄を再現して着色したもの。黄道帯の全体図としては最古のものになる。円内にはエジプトの星座と、今日も使われるバビロニアの星座が一緒に描かれ、周囲にはデカンで区切られた36人の神の姿が並ぶ。

ファラオの墓の天文図

セティ1世(在位紀元前1294～1279年)の墓を飾る天文図。ウシとその尾をつかむ牛飼い(中央)は、おおぐま座の北斗七星だと思われるが、それ以外の星の配置は実際の夜空とはかなり異なる点が、ほかの古代の星図とは違う。セティ1世の墓には、「開口」の儀式についての描写もある。この儀式を行うと、死者の魂が死後も飲み食いできると考えられていた。

太陽神ホルスと月の満ち欠け

デンデラにあるハトホル神殿の天井画。太陽神ホルスの右目は太陽、左目は月の象徴とされていた。この天井画は、ホルスの左目である満ちた月を象徴している。ホルスはセトとの戦いで左目を失ったが、(一番右の)トート神が彼の左目を癒して元通りにした。そのため、月は14日間で満月に戻るといわれている。後ろに並ぶ14人の神は、満月に戻るまでの14日間の1日をそれぞれ表している。

デンデラの神殿

デンデラの神殿のイラスト。デイヴィッド・ロバートによる(1848年)。

古代ギリシャ
紀元前6世紀、4人の哲学者が考えた宇宙

英語で天の川は「ミルキー・ウェイ(乳の道)」と呼ばれ、英語以外の言語でも「乳」という表現が使われていることが多い。これはギリシャ神話のヘラクレスの物語に由来する。半神半人の赤ん坊が女神ヘラの乳を飲むときに強く嚙み、ヘラは痛みのため彼を押しのけた。ヘラの乳は空にあふれ出し、天の川になった。このように実際に見上げた空から生まれた神話は、ほかの古代文化にも見られる。だが、古代ギリシャの自然哲学者たちは少なくとも紀元前6世紀頃から、宇宙の構造を論理的にとらえようとしていた点が、同時代の中でも異色だった。彼らはどのような宇宙構造を考え出して、天体の動きを説明しようとしたのだろう?

地球が中心にある宇宙

古代ギリシャの宇宙観。オロンス・フィヌの『球の世界』(1549年)より。

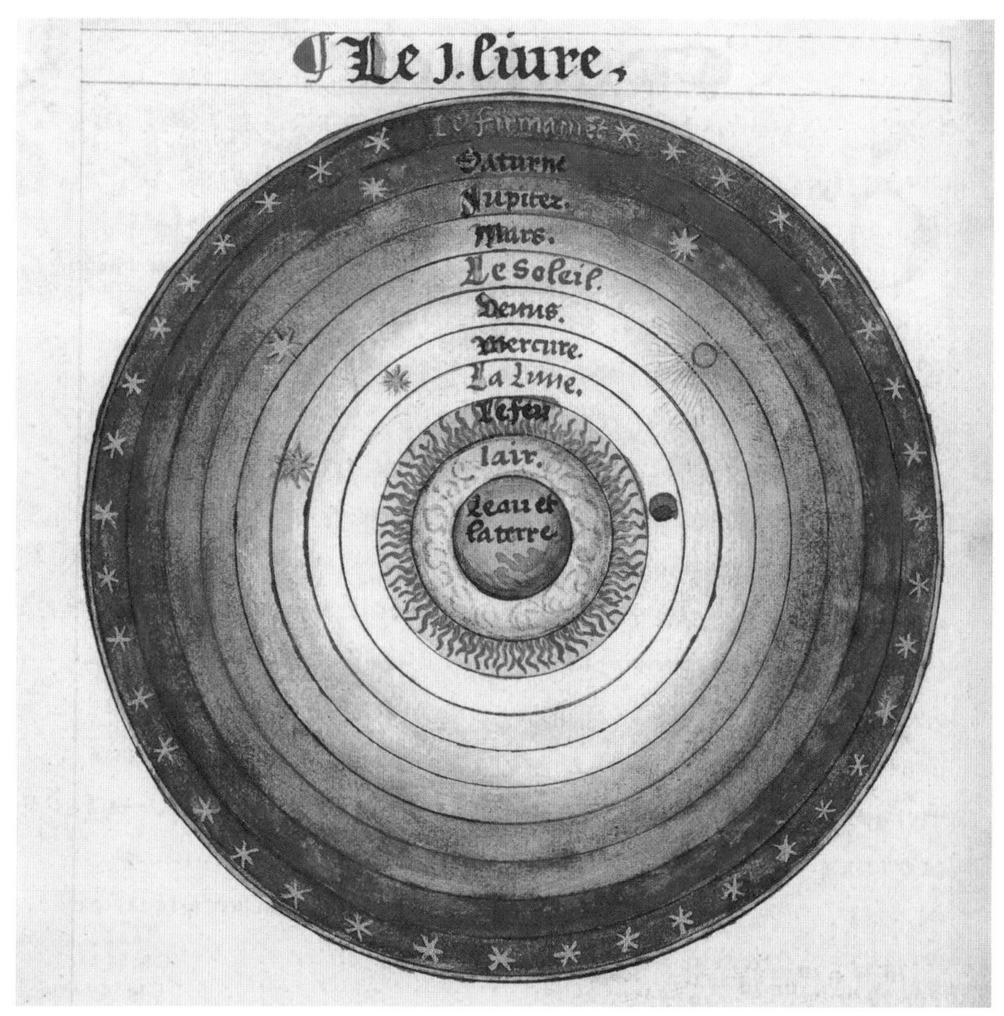

古代の天体観測機械

アンティキティラ島の機械の部品。現存する最大の部品で、紀元前150年頃に作られた。この機械は複雑な歯車式の構造を持ち、天体の位置や日食・月食を予測して、暦を表すために使用された。いわば古代のアナログコンピューターといわれている。このような発明品を生み出した技術は廃れ、ヨーロッパで外見が似た機械が作られる14世紀まで、一切歴史に登場してこない。

神の力を排除した考え方

古代ギリシャの天文図や天文理論の図解などは一切残っていないため、初期のギリシャ人が宇宙をどのように考えていたかをたどるには、最古のギリシャ文学の宇宙像を知るところから始めるしかなさそうだ。紀元前8世紀頃に書かれたというホメロスの叙事詩『イーリアス』は、地球を英雄アキレウスの盾の平らな円盤になぞらえたり、水を含む万物と「すべての神の父」を生み出した巨大な川(海)に囲まれていると描写したりと、少ないながらも、実に興味深い手がかりを与えてくれる。ホメロスは、「秋星」(地球の夜空で最も明るい恒星であるシリウス)や、女神ヒュアデスとプレイアデスの星座(現在のおうし座にあるヒアデス星団とプレアデス星団)、オリオン座、おおぐま座、宵の明星と明けの明星(どちらも金星だと思われる)などにも言及している。これらの天体は、海から昇り、夜明け前に沈んで海に戻ると信じられていた。同じくホメロスの『オデュッセイア』では、空は巨大な柱で支えられた、青銅もしくは鉄製の丈夫な円天井として描写されている。星でいっぱいの、人の手が届かないこの巨大なドームを、空駆ける太陽の神ヘリオスが渡っていく。

紀元前4世紀の哲学者アリストテレスは、先人の著作から多くを学んでいた(これらの著作は現存しない)。彼の分析を見ると、紀元前6世紀頃に活躍した4人の特に優れた哲学者たちである、ミレトスのタレス、アナクシマンドロス、アナクシメネス、ピタゴラスが、

空に夢中の哲学者

哲学者のミレトスのタレスは、ソクラテス以前の時代を生きたギリシャ七賢人の一人である。空に気をとられ、歩いている途中で井戸に落ちた。アンドレーア・アルチャートの『エンブレマタ』(1531年)より。このエピソードはイソップの寓話『井戸に落ちた天文学者』のもとになった。

いかに空を丹念に調べ上げていたかがよくわかる。

アリストテレスによれば、タレス(紀元前624年～546年頃)は自然哲学のイオニア学派の生みの親で、自然界の知識に基づいた理論を好み、神話を自分なりに解釈することに長けていた。何事も「神の意思」を持ち出して説明することを嫌っていたイオニア学派の姿勢は、ほかの古い文化の天文学的アプローチとは大きく異なる。タレスの場合、天についての知識が幸運と不運を招いた。独占事業の最古の例ともいえる、次のようなエピソードがある。タレスは星を見て、オリーブの大豊作を予測した。そこで彼は、イオニア地方の中心都市ミレトスと、近くのエーゲ海に浮かぶ島キオスの搾油機をすべて借り上げ、大儲けすることができた。

タレスを襲った不運とは、歩行中に頭上の星に気をとられて足元の井戸に落ち、それを見ていたトラキアの下女に大笑いされたことだ。ヘロドトスの『歴史』によれば、タレスは記録上では日食の予測を成功させた最初の人物で、紀元前585年5月28日に起こった日食を予言している。このときメディア王国とリディア王国の間で戦いが起きていたが、日食を恐れて戦いは中断され、まもなく停戦が成立した(天文学者たちは過去の日食や月食の日付を正確に計算できる。SF小説作家として知られるアイザック・アシモフは、この戦いを、日付が正確に判明している最古の歴史上の出来事だとし、タレスの予測を「科学の誕生」と表現した)。

タレスの後継には優秀な2人の哲学者が現れ、タレスの考えをそれぞれ独自の理論で発展させた。その一人であるアナクシマンドロス(紀元前610〜546年頃)は、宇宙の法則は幾何学的で、中心に地球があり、均衡が保たれていると考えた。彼はアペイロン(「限りのないもの」の意)という概念を生み出し、万物の根源は無限の原初の混沌であり、そこから新しい世界が生まれ、やがてそこに戻っていくという宇宙論を提唱した。星は燃えながら回転する空気と火の車輪であり、地球の姿は円柱形で、人間は円柱のてっぺんの平らな面にいる。アナクシメネス(紀元前585年〜528年頃)も同様の宇宙観を持っており、タレスが考案してアナクシマンドロスが広めた、宇宙は単一の物質でできているという考えをさらに発展させた。アナクシメネス以前は、単一の物質は水だと考えられていたが(この見方は、バビロニアの『エヌマ・エリシュ』の水から世界が始まったとする神話を彷彿とさせる)、アナクシメネスは万物の根源は空気であり、天体は空気が凝縮されたものだと考えた。

「地球は丸い」という説の登場

それから、少し後に登場したのがピタゴラス(紀元前570年〜495年頃)だ。ギリシャのサモス島に生まれたピタゴラスは、今日でも有名でありながら、その人物像についてわかっていることは非常に少ない。少なくとも紀元前1世紀には彼の名前を冠した「ピタゴラスの定理」(実はこの幾何学の定理のアイデアはそれ以前の時代からあったのだが)で名を知られていた。ピタゴラスはこの発見を記念して、

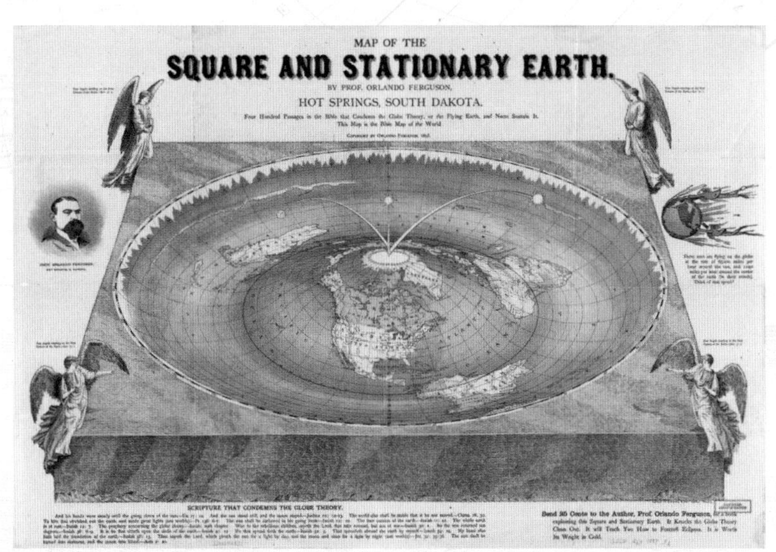

「地球は平らだ!」

地球平面説は紀元前4世紀のアリストテレスによって否定されたが、常軌を逸した一部の人々は信じ続けている。例えば、1893年にオーランド・ファーガソン教授が出版したこの地図がその例だ。地球が平らで四角いという説は、聖書のヨハネの黙示録7章1節に登場する「大地(地球)の四隅」という記述を根拠とする。ファーガソンは地球が静止していると考え、地図の右側に、高速で動く地球にしがみつく男たちの絵を入れて、地救球体説をあざわらっている。「この男たちは、(彼らの考えによれば)時速6万5000マイル(およそ時速10万4600km)で公転する地球に乗って移動している。これがどれほどの速度なのか、考えてもみよ!」

ピタゴラスの豆と魂

ピタゴラスにまつわる多くの逸話の中でも、最も変な話は、彼の豆嫌いから起こった出来事だろう。そんな彼の姿が、この1512年頃のフランスの絵に描かれている。ピタゴラスは弟子たちにも豆を食べることを禁じていたといわれるほど豆を嫌っていた。その理由は、一説によると、豆を食べると屁(へ)が出て、人間の魂の一部が失われることを恐れていたためだという。ある夜、ピタゴラスは暴徒に襲われ、逃げた先が豆畑だったため逃げ込めず、追っ手にとらえられ、短剣で殺されたという説もある。

神に牡牛を捧げたと伝えられている。ピタゴラスは自説を教義とする教団も創設した。彼らは数学を自然の言語とみなし、鍛冶屋が槌(つち)をふるうと槌の重さによって「音程」が変わるという、ピタゴラスの発見を披露したといわれる。だが、(例えばピアノの音程が弦の長さで変わるのとは違って)槌の重さは音程に影響しないため、この説は誤りである(のちにピタゴラスは弦の長さと音程の関係を発見した)。しかし、このエピソードからは、秩序ある自然界には、生物などの宇宙の構成要素が奏でるハーモニーが存在し、数字はそれを表す万物共通の言語だという、ピタゴラス派の主張が読み取れる。

このような数理哲学では、自然界で最も完全な形は球であり、地上と天上の理想形は球だと考えられていた。どんな議論や証拠からこの結論に至ったのかは不明だが、北や南の海に行くと空に見える星が変わるという船乗りたちの観測から、世界は球面に

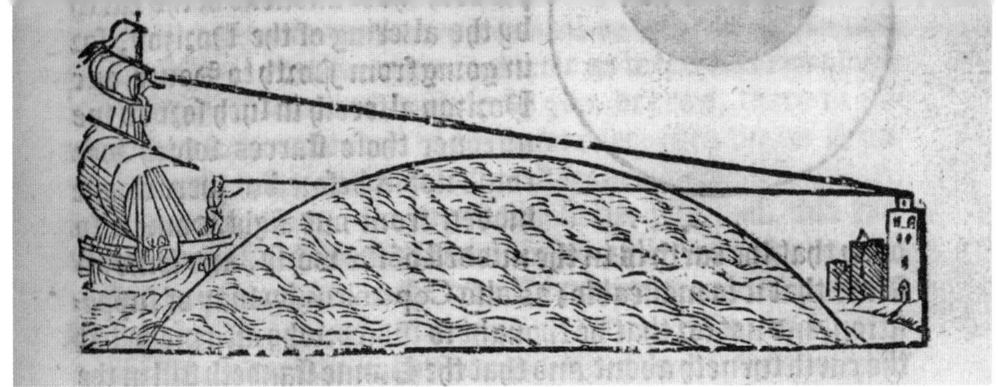

なっていることが裏づけられた。のちに4世紀の哲学者アリストテレスが、月食のときに月の表面に落ちる地球の影が円いことを指摘し、世界が球体であることを示した（このページの図を参照）。ここから地救球体説が主流となる。現代の私たちは、古代の人々はみな地球が平らだと信じていたと考えがちだが、実はそうではなかったのだ。

地球が丸い証拠

地球が丸いことの明確な証拠の一つは、遠くから来る船を見たとき、最初に一番高い帆柱の先端が見え、それから下の部分が見えてくることが挙げられる。この考え方は、歴史上の様々な天文学書で図を使って紹介されている。この図はトーマス・ブランデヴィルの『ブランドゥイユ氏の練習問題』（1613年）のもの。

アリストテレスの証明

アリストテレスは、地球が（三角形でも四角形でも六角形でもなく）球の形をしているために、月食が起こるのだと証明した。その証拠を、図解で説明した『宇宙地理学』（1711年）のイラスト。

天球説の登場

球がいくつも重なった同心球宇宙

「地球は丸い」という結論に至った古代ギリシャ人たちは(54〜55ページ参照)、その考え方を宇宙にも拡大した。つまり、天上の世界も同じく球形ではないかと考えたのだ。「創造主は世界を丸い、球の形に作った」と、古代ギリシャの哲学者プラトン(紀元前429頃〜347年)は書いている。「(中略)そして、彼は円運動をする唯一の球形の宇宙を築いた」。アリストテレス(紀元前384〜322年)は、アテナイにあったプラトンのアカデメイアという研究機関で十代の頃から学び、37歳になるまでそこにいた。アカデメイアでは、宇宙は球

幾何学的な宇宙

惑星の軌道を3次元で表現した、セラリウスによる地図(17世紀)。古代ギリシャでは、宇宙には物理的な球が存在し、それが天体を運んでいると説明した。プトレマイオスの宇宙体系が左下隅に、ティコ・ブラーエの宇宙が右下隅に、平面図で描かれている。

アリストテレスの四大元素

バルトロメウス・アングリクスによる百科事典『事物の本性について』(1491年)に掲載されているもの。

体だと教えていた。

惑星運動を説明する同心球

のちに近代の天文学者たちが「宇宙」と地球の境界線を引いたように、アリストテレスもどこから空が始まるかという問題に挑んだ。彼は、地上と天上の世界を分ける線を引き、地上は四大元素から成り、無秩序で何物も永遠には続かないとした。さらに、天上は「エーテル」という第五の元素が詰まっており、自説の数学的理論で動いているとした。そして、空で不規則に起こる出来事は地上と関係があると説明した。例えば彗星は、大気の上層部で地球の蒸気が集まったものが爆発して燃え上がる現象だと考えていた。アリストテレスはこの説明を著書『気象学』で紹介している。この本では、オーロラなどの発光現象や天の川についても説明を試みている。

プラトンは、惑星の運動パターンの謎を解くように同時代の学者たちに勧めていた。その一人だった若き数学者、クニドスのエウドクソス(紀元前400〜347年頃)もこれに挑んだ。エウドクソスは、複雑で説明しがたい惑星運動を単純な答えで説明しようとし、宇宙は球が重なった構造だと考えて、惑星の数に合わせて球を増やしていった。彼はすでに知られていた5個の惑星に、エーテルでできた回転する球をそれぞれ4個ずつ割り当て、それぞれの球がそれぞれの惑星の運動方向に影響を与えると仮定した。そして、誰も説明できなかった惑星の逆行や、日単位や年単位で惑星の位置が変わる理由を説明しようとした。太陽と月にはそれぞれ3

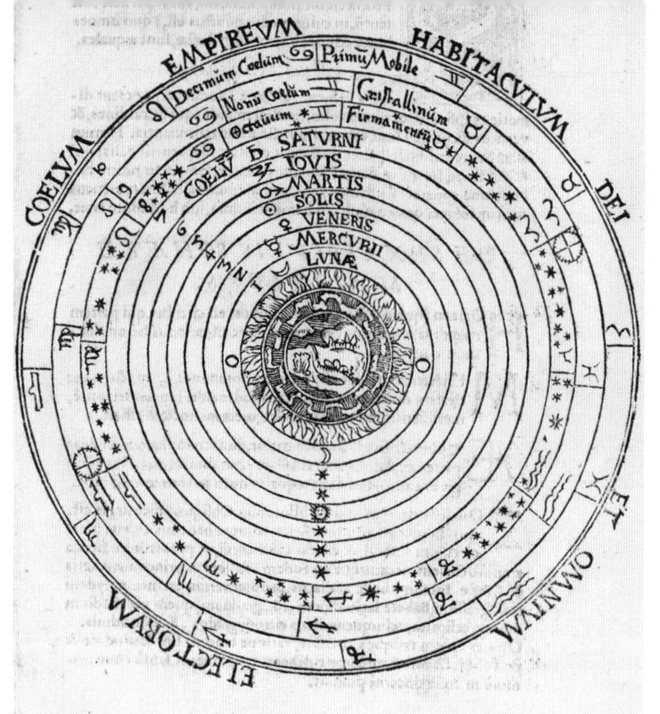

初期の天球説

ペトルス・アピアヌスの『宇宙誌』(1524年)の木版画の挿絵。プラトンとエウドクソスの天動説(地球中心説)の宇宙を二次元の球面で表している。

個のエーテルの球が割り当てられ、恒星はすべて一番外側にある最大の球によって動いているとした。エウドクソスの宇宙は、全部で27個の回転する同心天球で構成される。イメージとしては、透明な水晶球の中に、それよりやや小さく透明な水晶球が入っており、さらにその中にもう少し小さい水晶球が……と、内側にどんどん小さい球が入る構造だ。つまり、ロシアのマトリョーシカ人形のような入れ子状態で、球の殻が天体を物理的に動かす。外側のより大きな球は、地球からより遠い惑星を運ぶ。そして、この透明な回転同心球構造の中心に地球があり、人間がこの回転する宇宙を眺めている。

この非凡な球形の宇宙構造はその後も非常に長く受け入れられた。アリストテレスもこの説を支持し、球の数を55個に増やしている。アリストテレスは、永久運動をする物体は常に何者かが動かし続けていると信じ、あらゆる天体の運動は謎の「第一動者」が動かしているという学説を唱えた。第一動者という見えない未知の力は、のちにキリスト教の神の存在と完全に合致した。

エウドクソスの著作は一切残っていない。だが、散文で書かれたエウドクソスの本を、紀元前276〜274年にギリシャの詩人ソロイのアラトスが、6歩格の732行からなる天文詩『現象』に書き改めていた。この本は大人気となったため、ラテン語とアラビア語に翻訳され(初期のギリシャの詩で、文化をまたいで親しまれた数少ない作品の一つとなった)、中世まで複製が作られ続けた(新約聖書の使徒言行録17章では、パウロが旅先のアテネで、この詩を引用している)。『現象』は

古代ギリシャの星座

次見開き:いて座とやぎ座。星はオレンジ色で記されている。アラトスの『現象』を詩の形に書き改めた、キケロの『アラテア』の11世紀半ばに作成された写本より。

星座について紹介し、それぞれの星座を構成する星々の出と入りの規則性を説明し、読者が夜空を見て時間を知ることができるようにした。また、エウドクソスの球形の宇宙構造、太陽の通り道である黄道、天気の予測方法についても詳しく解説している。しかし、アラトス自身は科学の専門家ではなかったため、詩の冒頭で結局のところ万物はゼウスが作り出したと主張している。神話への言及や文学的な言い回しを使い、天文学的な情報をやわらかく表現したことで、作品の文学的魅力が高まり、幅広く受け入れられたのだろう。

空を観測したヒッパルコス

『現象』にまったく誤りがなかったわけではない。三角法の考案者とされる紀元前2世紀の天文学者ヒッパルコス（紀元前162～127年）は、唯一の現存する著書『アラトスとエウドクソスの「現象」に関する注釈』の中で、『現象』の天文学的な間違いを指摘し、アラトスとエウドクソスの2人による星座の説明を批判している。ヒッパルコスの業績を並べると、彼が古きバビロニアの観測方法を吸収し、この時代のギリシャの天文学をある意味で深く変貌させていったことがわかる。ヒッパルコスは、ある恒星の不可解な動きに疑いを持ち、紀元前129年に西洋で初めて全天の星を表にまとめ上げた。ほかにも移動する恒星があったときに後世の人々が検証できるようにと考えたのだ。恒星を明るさによって段階的に6等級に分けるという分類方法を考え出したのもヒッパルコスだ。この方法をさらに精密にした視等級は現在の天文学でも使われている。

新星の発見のみならず、ヒッパルコスは最初の確実性の高い日食の予測方法や、知られている中では最古の太陽と月の運動の定量モデルを考案し、バビロニアの数学的手法や天文記録も使いこなしていたといわれる。だが、ヒッパルコスの最も有名な発見といえば、春分点と秋分点の移動だろう（これは歳差と呼ばれる）。地球から見える空の範囲は少しずつ移動しており、およそ2万5772年で1周する。ヒッパルコスは空が100年ごとに1度の角度で回転しながら移動していると推測した。実際には72年に1度だが、これほど昔からそのような事実がわかっていたことは十分驚きに値する。

星座を描いた天球儀

現在は残っていないが、エウドクソスは最初に天球儀を作った人物だとも考えられている。写真の「ファルネーゼのアトラス」と呼ばれる彫刻で、ギリシャ神話の巨人タイタンが背負っているものは、現存する最古の天球儀だとされている。これは明らかにエウドクソスやヒッパルコスの説の影響を受けている。

FABULA CAPRICORNUS

Capricornus huius effigies similis est aegipani que iuppiter et quod cum eo erat nutritus in sideribus esse uoluit ut capram nutricem de qua ante diximus. Hic etiam dicitur iuppiter titanas oppugnaret primum obiecisse eum hostibus timore qui panicos uocatur ut eratostenes dicit hac de causa eius inferiore parte piscis esse deformatam, quod muricibus hostis sit iaculatus pro lapidum iactione. Capricornus occasum despectans et totus in zodiaco circulo deformatur. et ad eundem toto corpore medius diuiditur ab hiemali circulo sub posito aquarii manu sinistra occidit. praeceps exoritur ductus directus. et habet in naso stellam unam infra ceruices unam in pectore duas, in prima pede unam in posteriori pede alteram in scapulo vii. in uentre v. in cauda ii. omnino stellarum xxvi.

Corpore semifero magno capricornus in orbe
Quem cum perpetuo uestiuit lumine titan
Brumali flectens contorquet tempore currum
Hoc cauete in pontum studeas committere mense
Nam non longincum spatium habere diurnum
Non hiberna cito uoluetur curriculo nox
Humida non sese uris aurora querellis
Ocius ostendit clari preuntia solis
At ualidis aequor pulsabit uiribus auster
Tum fissum tremulo quatietur frigore corpus
Sed tamen annuam labuntur tempore toto
Nec tui signorum cedunt neque flamina uitant
Nec metuunt canos minitanti murmure fluctus

CAPRICORNUS

PORRO SAGITTARIUS SCORPIONE ORIENTE ASCENDIT QUO ASCENDENTE OCCIDIT ORION ET CEPHEI
SAGITTARIUS

プトレマイオスの宇宙論

1300年以上も信じられた天動説の完成

古代最後の偉大な天文学者

星を指さすクラウディオス・プトレマイオス。

それから300年間は、天文学の暗黒時代とでも呼ぶべき時期が続いた。暗黒時代が終わった頃、数学者で地理学者にして天文学者でもあったクラウディオス・プトレマイオス（紀元100～170年頃）がようやく確かな記録を残している。プトレマイオスの著書からは、最も偉大な先人であるアレクサンドリアの学者ヒッパルコス（61ページ参照）を、「真実を愛する者」として彼が非常に高く評価していたことがわかる。プトレマイオスは天文学の大作『アルマゲスト』（紀元150年頃）を著し、ヒッパルコスの太陽の運動モデルをそのまま取り入れた。そして、季節の長さに違いがあることから、地球の位置は太陽が描く円軌道の中心からずれるという結論を、独自の計算によって導き出した。

また、プトレマイオスは850～1022個の星をまとめたヒッパルコスの星表に座標を入れたり、観測された星雲を追加するなど手を加えた。プトレマイオスが星表に載せた48個の星座は、その後

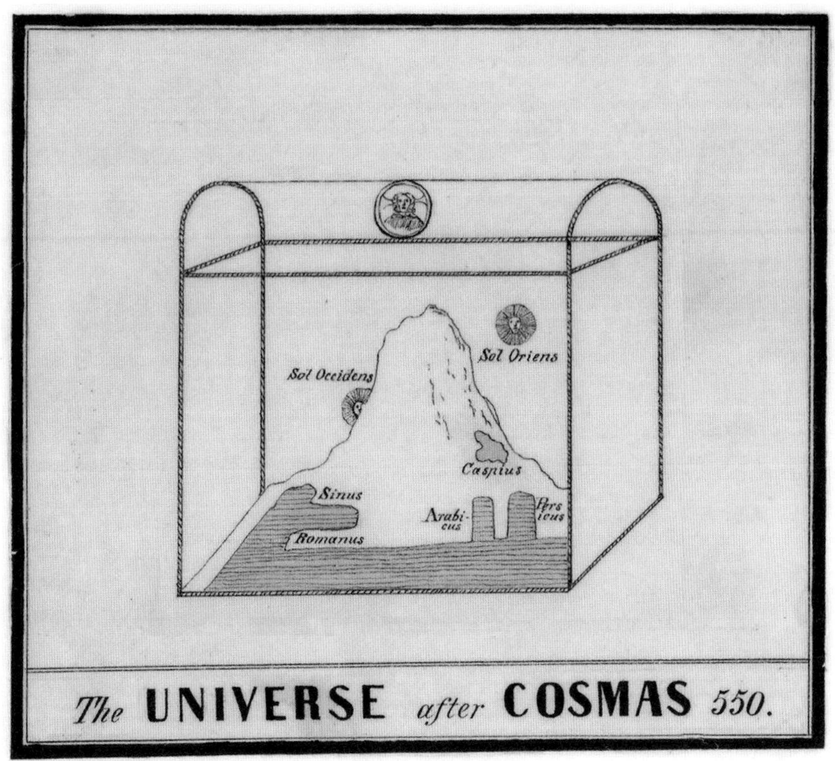

1000年以上、17世紀の初めまで、天文学の権威ある基礎知識として使われた。数世紀もの観測結果と宇宙の知識をまとめた集大成『アルマゲスト』には、不規則な惑星の動きを驚くほどの正確さで予測できる幾何学的モデルが紹介され、掲載された表も数理天文学者や占星術師たちに大いに活用された。

プトレマイオスの宇宙の大きさ

プトレマイオスは、先人たちとは違い、自分が考えた宇宙の構造を明らかにしていない。だが、のちの著書『惑星仮説』で、地球から各惑星の天球までの高さに基づいて、惑星天球の順序と計算結果を披露しており、そこから彼の宇宙像をうかがい知ることができる*。プトレマイオスは本の中で、地球から各惑星までの距離を計算し、さらに、地球の半径をおよそ5000マイル（8500km）と考えていた。そこで、地球の半径を物差し代わりにして、プトレマイオス宇宙の大きさを推定してみよう。すると、地球から月までの

*プトレマイオスの計算結果は、天体座標や地上の地図座標の基礎になっている。それにもかかわらず、彼の図や地球儀、太陽系儀などは一切残っておらず、それらが存在していた痕跡も見当たらない。プトレマイオスや同時代の学者たちの手がかりが、なぜこれほど残っていないのかは不明だ。

幕屋を模した宇宙

コスマス・インディコプレウステース（「インドへの航海者コスマス」の意味）はギリシャの商人だった。彼は（過去にプトレマイオスが主に活動していた）アレクサンドリアで隠遁生活を送り、紀元550年頃に死去した。コスマスは、航海の経験とキリスト教信仰を基に、多数の地図を手がけた。宇宙のイメージを描いたこの地図もその一つだ。ここでは宇宙を、半円筒形のふたがついた、神の聖所である幕屋のような巨大な箱に描いている。

距離は約30万マイル（48万km、実際の月と地球の平均距離は23万8900マイル/38万4500km）、太陽までの距離は約500万マイル（800万km、実際は9200万マイル/1億4800万km）となる。宇宙の一番外側には、エウドクソスの同心球構造を踏襲した恒星の球があり、そこまでの距離はおよそ1億マイル（1億6000km）になる。これが宇宙の半径ということになる。

つまり、プトレマイオス宇宙は球形で、その直径はざっと2億マイル（3億2000万km）となる。現在の観測結果から見ると小さすぎるように思われるが（例えば最も接近した土星と地球の距離は7億4600万マイル/12億km）、コペルニクス以前の時代では驚異的に大きい数字であった。同時に、天が有限で幾何学的な秩序を持った領域だということがはっきり示されている。地球が宇宙の中心にあり、その周囲を入れ子状に球が幾重にも取り囲むというプトレマイオスの宇宙像は、それから1300年以上が経ち、16世紀にコペルニクスが革命的な理論を提唱するまで揺らがなかった。

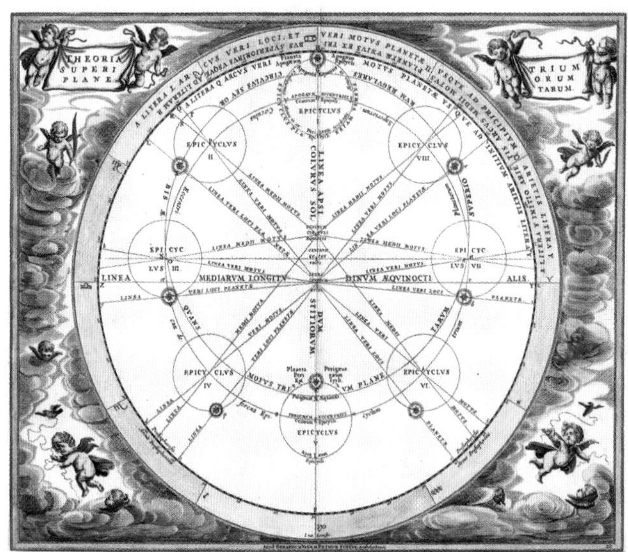

周転円と導円

周転円（8個の小円）の概念を取り入れた宇宙地図。惑星と月の軌道を完全な円とすると、それらの実際の運動を説明できないため、プトレマイオスは、地球を取り巻く大きな「導円（従円とも）」に周転円を取り入れ、複雑な惑星運動を説明した。地図はアンドレアス・セラリウスによる。

宇宙と神

プトレマイオスの幾何学的モデルを表した、アンドレアス・セラリウスによる『プトレマイオスの平面球形図』（1661年）。惑星の軌道では、神々が古代の戦車に乗って競争を繰り広げている。

PTOLEMAICVM,
Machina
EX HYPOTHESI
ICA INPLA:
SPOSITA.
SEV
CAPRICORNVS
ZO
SAGITTARIVS
DIA
SCORPIVS
CVS.
LIBRA
VIRGO
LEO
CANCER
GEMINI
VIA SOLIS
CIRCVLVS MARTIS
SEPTEM
NE TARVM
ORBIS LVNÆ
MVNDVS SVBLVNARIS QVATVOR ELEMENTA COMPLECTENS.
ITER MER CVRII
ORBES
SATVRNI

ジャイナ教の宇宙観
人間の形をした宇宙

インド宇宙の地上世界

左ページ：このジャイナ教の宇宙地図に見られる宇宙観は、紀元前4世紀頃からインドにもギリシャ、バビロニア、ビザンチン、ローマの天文学が広まったことにより、観測に基づく宇宙論へと転換した。この絵は1850年頃に制作されたもの。

古代インドでは、ガンジス川流域で紀元前7〜6世紀に誕生したジャイナ教が信仰されており、古代宗教の中でも突出して複雑な、ある意味では進んだ宇宙論が存在した。

ジャイナ教の教えによれば、宇宙は無限で、そこを支配する神はいない。このページの絵のように、宇宙は巨大な人間のような形をしている。宇宙は、ジーヴァ（魂）、プドガラ（物質）、ダルマ（運動）、アダルマ（静止の源）、アーカーシャ（空間）、カーラ（時間）の6つの実体で構成される。ジャイナ教の宇宙図にはこのような宇宙観が反映され、人間の形の一番上に上方世界（天空界）、腰の部分に中央世界（人間界）、下に下方世界（地獄界）が存在する。

現在でもジャイナ教は700万人以上の信者がいると推定されている。インド宇宙開発の父と呼ばれるヴィクラム・サラバイや、アジア最大の航空機製造会社HALの創業者であるセス・ワルチャンド・ヒラチャンドもジャイナ教信者だ。

宇宙人間（ローカ・プルシャ）

ジャイナ教では伝統的に、宇宙は腕を広げた人間の形をしていると考えていた。この絵は、12世紀の修道僧スリカンドラによる書物『サムグラハニラトナ』に基づいて描かれた17世紀の絵。

中世の空

「私は遠い昔、最初の頃に生まれた巨人たちを覚えている。私は９つの世界を覚えている」

――14世紀のアイスランド、『ハウクスボーク』の「巫女の予言」

歴史を見ると、2世紀にプトレマイオスの『アルマゲスト』が登場したのを最後に、西洋の天文学は数世紀にわたって著しく低迷する。古代ギリシャで花開いた文化の黄金時代は廃れて久しく、プトレマイオスに肩を並べる偉大な天文学者もこの時期には現れなかった。一方で、ローマ帝国のほころびは取り返しがつかないほどに広がり、まもなく帝国は崩壊して、ヨーロッパは中世初期に突入しようとしていた。

西洋の歴史において、この時代は「暗黒時代」と呼ばれてきた。だが、現代の中世研究家たちはこの呼び名が不適切だと訂正を試みている。中世の発展が停滞していたといわれる理由は、14世紀のローマの詩人ペトラルカが、この時代のことを、輝かしいローマの支配が失われた時期だと描写したためだ。「暗黒時代」という言葉はラテン語に由来し、1602年頃にカトリックの枢機卿カエサル・バロニウスが作り出した。厳密には、バロニウスは10世紀から11世紀にかけての文献が少ないことを表すためにこの言葉を使っただけで、この時代全般を非難しようとしたわけではない。さらに彼は、1049年のグレゴリウス改革以降は残っている文書の数が大幅に増えており、ここで「暗黒時代」は終わったとしている。

中世の記録は現存するものが極めて少ないために、現代の歴史学者にもわからない点が多いが、主要な作品は苦心のすえ異なる文化の間で受け継がれてきた。ローマ帝国の滅亡後、ギリシャ科学に関する書物はほかの多くの書物とともに東ローマ帝国に渡り、4世紀のローマ皇帝コンスタンティヌス１世が建設した、元はギリシャの植民市で皇帝の名にちなみコンスタンティノープルと呼ばれた都市の図書館に収められた。これらの図書館はいずれも現在は残っていない。だが、学者にとっては天国のような場所だったといわれている。例えば、7世紀に総主教セルギオス１世に

空を行く神と死者

次見開き：ペーテル・ニコライ・アルボ作『アスガルトスレイエン』（1872年）。北欧神話のワイルドハントを題材にした大作。ワイルドハントとは、真冬に北欧の神々と死者の魂が列をなして空を渡っていく大移動のことで、非常に恐れられていた。この神話モチーフはヨーロッパ全土に広がり、雷鳴が聞こえると、人々はその様子を思い浮かべた。

よって建てられた図書館のことを、同時代の詩人は「地上を甘い香りで満たす魂の牧草地」と表現している（残念なことに、この「牧草地」は726年と790年の2回にわたって焼け落ちた）。実は、これらの作品から最も貪欲に新しい理論や手法を吸収したのは、東方の人々だった。そのおかげで、8～14世紀のイスラム世界は文化的にも繁栄し、次々と新たな発明を生み出し、中世初期のヨーロッパを大きく超える科学の発展を見せ、「イスラム黄金時代」を迎えた。

同心球宇宙の天国と地獄

古代ギリシャの天球にキリスト教の概念を融合させた絵。天使が堕落して地獄の悪魔に変わっている。1325～1375年頃に作成された『ホーンビー・アワーズのネヴィル』の写本。

イスラム天文学の台頭

ギリシャの書物がイスラムに渡る

641年、イスラムのカリフ(指導者。後継者の意)の軍隊はエジプトの港湾都市アレクサンドリアの砦を制圧した。支配者が変わってもアレクサンドリアでは、主に東ローマ帝国の習慣に従った統治が続いた。学術都市として長い歴史を誇るこの街では、ギリシャ語、コプト語、アラビア語が流暢に話され、医学、数学、錬金術の研究が続けられた。イスラムで知の探求が活発化していた時代背景もあり、アラブは、この学問の都とそこに伝わる書物を積極的に吸収していった。

アラビア語に訳した写本はおよそ1万冊

ギリシャをはじめとする西洋科学の文献は、570年頃にアラビア半島の都市メッカで預言者ムハンマドが誕生するよりもずっと以前から、その価値が認識されていた。4世紀のエデッサ(現在のトルコの都市ウルファ)では、キリスト教徒だったシリアの聖エフライムによって、世界最古の大学の一つとなる学校が設立され、そこでこれらの書物が翻訳された。学校は489年に閉校するが、教授陣の多くはイランのジュンディーシャープールに移り、数世紀にわたってギリシャ語の著作をシリア語に翻訳し続けた。預言者ムハンマドの死後も、イスラムは順調に勢力を伸ばし、ウマイヤ朝のイベリア半島征服によって、北アフリカ、スペイン、ポルトガルを手中に収めた。

762年、預言者ムハンマドから3番目のイスラム朝であるアッバース朝は、ティグリス川西岸に新首都バグダードを建てた。10世紀頃までここは世界最大の都市となった。キリスト教徒の学者もいるジュンディーシャープール学院に近かったこともあり、アッバース朝の高官たちは古典から学び、より一層豊かな文化を築くことを願った。そのため、バグダードには、ギリシャ、ペルシャ、エジプト、インドに古来より伝わる素晴らしい知の遺産が集まった。9世紀、バグダードに「知恵の館」と呼ばれるアッバース朝の学術機関が設立されると、ギリシャ語やシリア語を解する翻訳者たちの尽力によって、昔の本が次々とアラビア語に訳されていった。イスラムの宗教ネットワークのおかげもあり、やがて、はからずもアラビア語が科学分野の国際言語として使われるようになった。

現存する中世の文献のうち、アラビア語、ペルシャ語、トルコ語で書かれた天文学の写本は、およそ1万冊にものぼる。数世紀

外側から見た天球

右ページ:アムラ城の遺跡で見つかったフレスコ画。この城は、723～743年にかけてウマイヤ朝のカリフだったワリード2世(在位734～744年)により、現在のヨルダンに建てられた。曲面に描かれた夜空の絵としては、現存する最古の作品だといわれる。昔から伝わる黄道十二星座がやっと判別できる程度だが、天球の外側から見たように反時計回りに配置されている。これは59ページの「ファルネーゼのアトラス」の天球儀と同じで、イスラム世界以外の文献の影響が、イスラムの作品にはっきりと表れていることを示している。

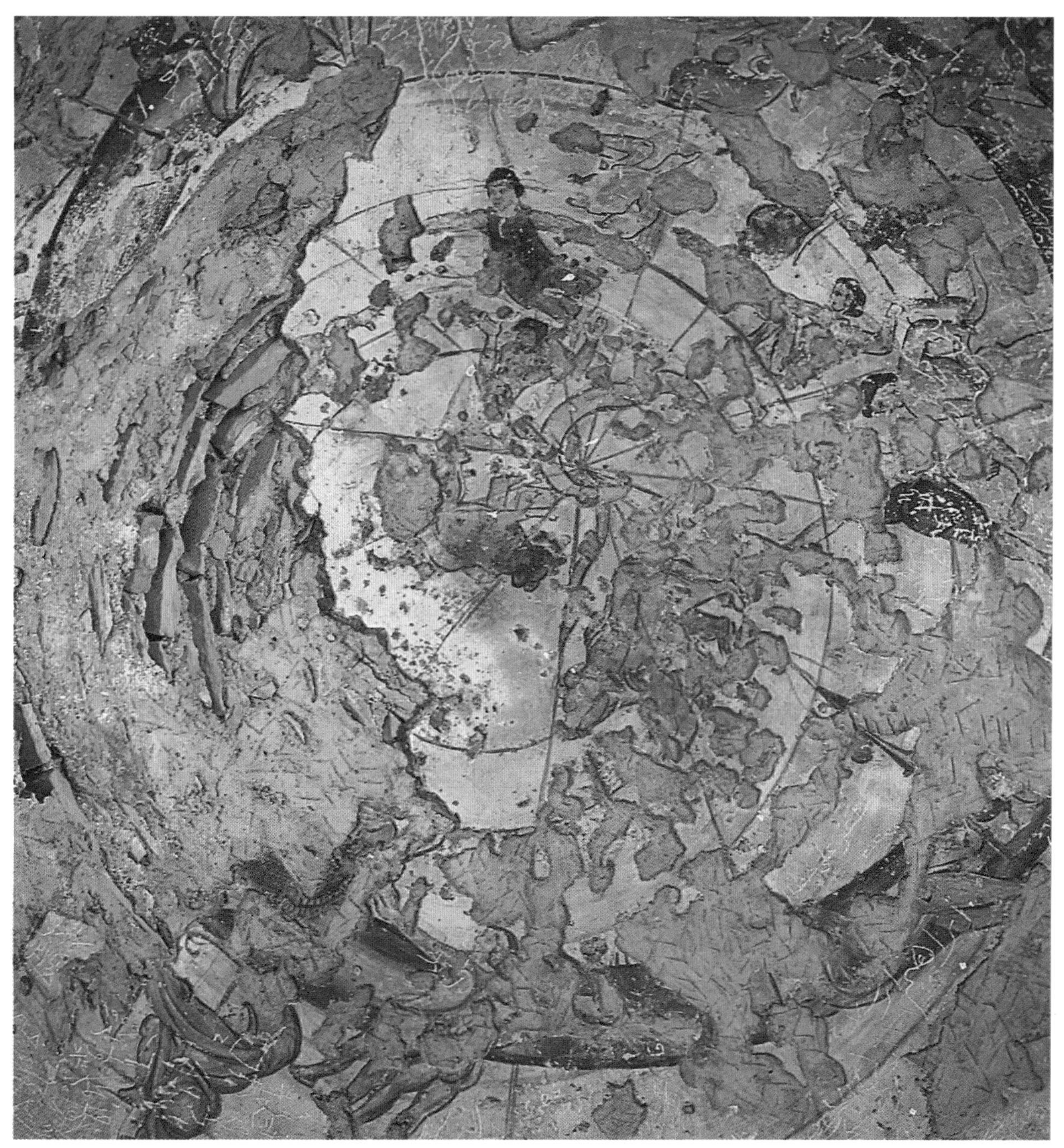

にわたって作製されたこれらの多くは、今では世界各地の収集家の本棚で眠っているが、現在、大英図書館などで文献のデジタル化プログラムが進められており、9世紀以前のイスラムの天文学者たちが直面した問題を明らかにできる可能性がある。

科学と宗教の折り合い

当時の最大の問題は、いかに新たな科学と預言者ムハンマドの教えに折り合いをつけるかだった。特に問題だったのがイスラムの暦だ。イスラム世界ではヒジュラ暦という独自の暦が使われるが(現在も使われている)、ヒジュラ暦は太陰暦で1年間が354日または355日になる。イスラム以前の時代にもアラビア半島中部でこの暦が使われており、暦と季節のずれを修正するために、うるう月を入れていた証拠がある。だが、預言者ムハンマドの時代以降はうるう月が禁じられた(ヒジュラ暦では1年間が11～12日短くなる。つまり、ラマダンなどのイスラムの年中行事は毎年時期が変わってしまう)。伝統的に、暦の月の始まりは計算ではなく空を見て決められ、新月後の最初の三日月が夜空に見えたときが1カ月の始まりとなる。もちろん天気によっては月が見えない日もあるため、曇っていれば町ごとに暦の月の始まりが違うこともある。さらに、天文学者たちは1日に5回の祈りを正確に捧げる問題にも直面していた。イスラム教徒は礼拝のとき、メッカにあるカアバ神殿の方角(キブラと呼ばれる)を正しく知らなければならないからだ*。

この問題を解決するために作り出したのが天文表(ジージュ)だった。これらの天文表には、プトレマイオスの『アルマゲスト』などのギリシャの著作や、インドの文献から集めた情報がぎっしり詰め込まれていた。天文表を使えば、太陽、月、星、惑星の位置を計算して、新しい月が始まる時期を調べることができる。この天文表は、特定の緯度以外では正確さを欠くという問題があり、さらに春分点と秋分点の歳差(地球の観測者から見ると、恒星の見かけの位置が少しずつずれていく現象)を修正するため、最新の観測結果を使って、こまめに補正を行わなければならなかった。

8～9世紀に作成されたおびただしい数の天文表を見ると、この時代に天文学がどれほど重要視されていたかがわかる。9世紀のイスラムの天文学者アル=ハシミは、著作『天文表の説明』の中で、天文学者が保たねばならない科学と宗教のバランスの難しさを示し、インド起源の情報を取り入れた天文表で「占う」行為は重視しなかった。イスラムの聖典コーランには、未来を予見できるのは神のみだと書かれているからだ(アル=ハシミは天文表から数学的に導き出される結果については問題なしとしている)。

*現代の信者は、グーグルのキブラファインダーなどGPS搭載のアプリがあれば事足りる。

アストロラーベの発明
持ち運びができるイスラムの天体観測機器

中世初期のイスラムの天文学者たちは、プトレマイオス(62〜65ページ参照)の著作とその高度な惑星モデルから、画期的な幾何学の計算術を知った。しかし、プトレマイオスの数字はあくまで彼の時代の情報であり、それらの数字を使って導き出された結果は古すぎて、あまり実際の役には立たなかった。時代が求めていたのは、新たな記録を作成するために(そして最終的には、かつてないほど明確な空の地図を作るために)天文データを収集できる、プトレマイオスのテクニックを用いた革命的な観測方法だった。

礼拝(サラート)時間やメッカの方角を知る計算機

イスラムの天文学者たちは、この課題を解決するために、「アストロラーベ」という答えを出した。これは持ち運びができる小型の天体観測機器で、天体の位置測定などに使用される。アストロラーベは中世の天文学で大活躍し、非常に重宝された。起源は古代にあり、当然ながらプトレマイオスもこのことを知っていて、少なくとも紀元前150年頃から使われていたことがわかっている(現存する最古のアストロラーベは、さらに後の時代に作られたもので、10世紀のイスラムの職人ナストゥルスの作とされる。このページの写真を参照)。

イスラムの天文学者たちはアストロラーベに角度目盛りや方位角(地平座標の一つ。真南を0度とし、目標点まで時計回りで測った角度)の計器などを付け加え、強力な計算装置に進化させた。そのおかげで、アストロラーベで太陽や恒星が昇る時間を調べたり、礼拝の時間やメッカの方角を確認したりすることができるようになった。アストロラー

芸術的な金属円盤

現存する最古のアストロラーベ。天文測定に使用されていた。青銅で鋳造され、ムハンマド・イブン・アブダラ(通称ナストゥルス)という製作者の名前と、製作日として927〜928年頃に相当する日付が銘として刻まれている。

べは真鍮製の円盤で、その表面にはもう1枚の、複雑な彫刻が施されたリート（「網」の意）と呼ばれる真鍮の回転円盤が取り付けられている。この複雑な装置を使うために重要なことは簡単で、正しい見方をすることだ。アストロラーベの表面を上に向けて平らな場所に置き、上から眺めると、天球の北極（天球の一番上）から見下ろしたときのような北天の空の情報がわかる（南天は裏面に「隠れて」いることになっている。アストロラーベはアラビアやヨーロッパで使われていたため、この地域で見えない南天は不要だったわけだ）。基本的に、アストロラーベの表側の面は、3次元の空を2次元に投影した地図であり、リートには、特に明るい星の位置を示す様々な刻印が入っている。のちに西洋では、外側の縁に24時間の目盛りを入れ、時計としても使える、さらに便利なアストロラーベも誕生した。中央の指針を黄道（太陽の通り道）上の太陽の位置に合わせると、指針が時計の針のような役割を果たし、時間がわかるのだ。

アストロラーベの裏面を見ると、太陽の黄経や日付、黄道にある星座などの目盛りがあり、調べたい日の太陽の位置がわかる。中央には、アリダード（指方規）と呼ばれる、観測用の動く針が取り付けられている。真鍮の輪を持ち、アストロラーベを垂直に吊り下げ、観測する恒星に合わせてアリダードを回転させる。そして、円盤に彫り込まれた目盛りを使えば、恒星の高度を角度から知ることができるわけだ。星表とアストロラーベを合わせて使用すると、何百個もの星の位置と動きを計算できる。単純ながらも非常に役に立つ道具であったため、中世にイスラムや西洋の天文学者たちに愛用されたのはもちろん、占星術や占星術に基づいた医学でも、アストロラーベは欠かせなかったようだ。

アストロラーベの表と裏

左と下：表面にリートが取り付けられたアストロラーベ。裏側には、アリダード（指方規）と測定用の様々な目盛りつき定規がある。

皇帝も空が気になる？

右ページ：名職人ムハンマド・サーレハ・タッターによる天球儀らしきものを手にする、ムガル帝国の皇帝ジャハーンギール（1617年頃）。

イスラム天文学がヨーロッパに広まる

ギリシャ科学を保存した中世イスラム

中世のイスラム天文学者は、アストロラーベ、天球儀、アーミラリ天球儀(輪を組み合わせて作った天球儀)という武器と、プトレマイオス(62〜65ページ参照)の著作という確固たる基盤を持った。次の仕事は、独自の観測により科学を発展させることだった。観測装置は次第に大型化し、それらを設置する観測所が建設されたが、ほとんどはごく短期間しか使われなかった。例えば、1125年のカイロでは、ファーティマ朝の高官が土星と通信したという嫌疑をかけられ、処刑された。付近で建設中だった観測所は取り壊され、天文学者たちは追放された。1577年にはオスマン帝国のスルタン、ムラト3世により、イスタンブールに天文台が建設されたが(ティコ・ブラーエが北欧で最初の天文台を建てたのも同じ頃だ。124〜129ページ参照)、地元の聖職者たちが、天国について探れば神の怒りを招きかねないとスルタンに進言し、1580年に取り壊された。

ギリシャやインドから学ぶ

天文台はどれも短命に終わったが、イスラム天文学の素晴らしい著作の数々はしっかりと残った。それらの書物だけでなく、ギリシャやインドの古典も、イスラム勢力が支配していたスペインを経

天を支えるイスラムの天使

右ページ:1500年代後半にイラン西部で作成された写本の挿絵。イスラム教の天使が天球を支えている。

ギリシャの面影

王なる太陽は車輪がついた戦車に乗り、領土を駆け巡る。アブー・マーシャル(アルブマサル)の『大合の書』の翻訳本より(1489年)。この本は、アリストテレスの概念を西洋に伝えた最古の書物の一つでもある。

گویند که هر نفسی از انفاس او روح حیوانی شود و این ملک موکل است بحرکه افلاک
و کواکب و قویتر و شریفتر و عالیتر از جملهٔ جسمانیات و او افلاک را بگرداند و تسکین توان کردن هنداصورت

ومنهم اسرافیل علیه السلم و شغل او تبلیغ امر است و نفخ ارواح در اجساد و قال صلی الله علیه و
سلم کیف انعم وصاحب القرن قد التقم القرن واصغی باذن حتی یؤمر ینفخ فقال
گویند که قرن صورتست و اسرافیل علیه السلم دهن بر صور نهاده است و صور همچو بوقیست و دایرهٔ او
پیش از عرض زمین و آسمانست و هرچه در زمین و آسمانهاست سبحانه و نظر سوی عرش دارد تا کی فرماید که
نفخ در صور دمد هر که او نفخ در دمد قوله تعالی وصعق من فی السموات ومن فی الارض عایشه رضوان الله علیها گوید

13世紀の博物誌

ザカリーヤ・アル=カズウィーニー(1203〜1283年)の『被造物の驚異と万物の珍奇』(1280年頃)に描かれた天の竜。

由してヨーロッパに広まった。

例えば、最古の写本の一つに『アル=シンド天文表』(830年)が挙げられる。著者のムハンマド・イブン・ムーサー・アル=フワーリズミーはバグダードの知恵の館の館長を務め、名前が「アルゴリズム」という言葉の語源になった科学者だ。この天文表はインドの文献を基とするもので、12世紀にイギリスの自然哲学者バースのアデラードによってラテン語に翻訳された。つまり、インドの科学がヨーロッパに流れ込んだわけだ。

シリアの天文学者アル=バッターニー(858〜929年頃)は、1太陽年が365日5時間46分24秒(実際には2分22秒ずれている)だと突き止める偉業を成した。彼の天文表もヨーロッパに絶大な影響を与えた。コペルニクスは大きな波紋を呼んだ1543年の著書『天球の回転について』(120〜123ページ参照)の中で、23回もアル=バッターニーを引用し、ティコ・ブラーエやジョヴァンニ・バティスタ・リッチョーリらも著作の中で彼を称賛している。

有名なところでは、アブー・マーシャル(787〜886年)という人物もいる。ヨーロッパではアルブマサルという呼び名がよく知られる。ペルシャのホラーサーンで生まれ、バグダードでは、アッバース朝

2つのイスラム宇宙

アル=カズウィーニーが著した『被造物の驚異と万物の珍奇』はアラブ世界の重要な博物誌で、月についても言及している。色彩豊かで、楽しみながら知識を得られるよう工夫されている。1280年頃に完成したこの本では、2つの宇宙が存在するというイスラムの考え方を詳しく知ることができる。2つの宇宙とは、人間の目には見えず、アラーと天使が住まい、天国と地獄と7層の天と神の玉座(アル=アルシュ)がある不可知の宇宙(アーラム・ウル・ガイブ)と、五感で知覚できる、見える宇宙(アラム・ウル・シャフード)だ。

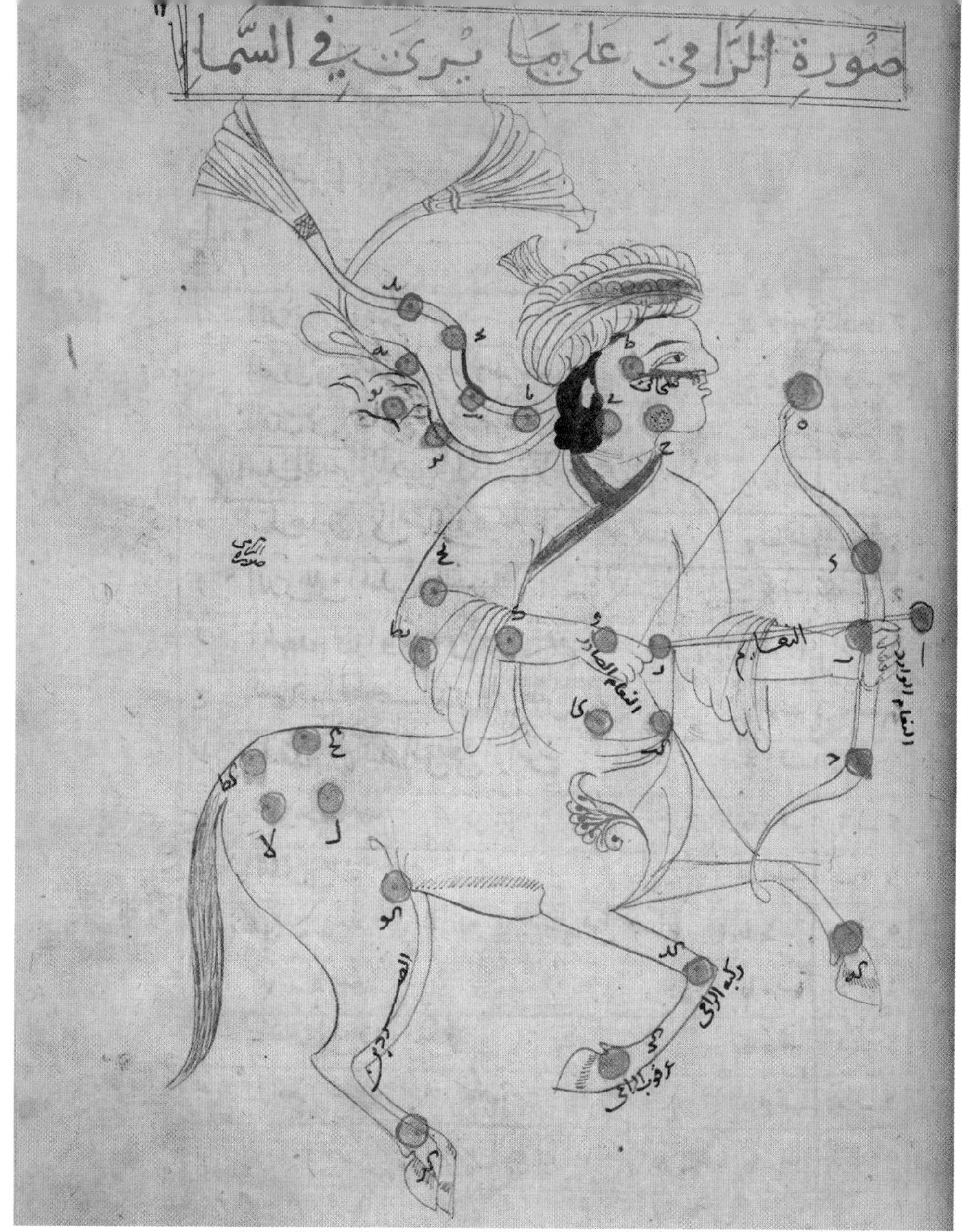

で最も偉大な占星術師といわれた。占星術師は危険と隣り合わせの職業だ。アルブマサルは天体現象を正しく予測したが、ムスタイーン王からむち打ちの刑を受け、「的中させたのに厳しく罰せられた」とぼやいている。一流の哲学者だったアブー・ユースフ・アル=キンディと公開論争を繰り広げたのち、彼に師事して数学や天文学、プラトン派とアリストテレス派の哲学を学び、自らの術の正当性を立証した。アルブマサルの著作の原本は現存しないが、過去と未来に人間に起こる出来事は、すべて惑星の位置によって語られていると説いた占星術の著書は、多くが中世のイスラムと西洋の占星術師たちに長く愛読された。

ギリシャとアラブの合体

上と右ページ：964年頃に描かれたアブドゥル・アル=ラフマーン・アル=スーフィーの天文書『星座の書』の挿絵。ペルシャ人のアル=スーフィーがアラビア語で書いたこの本では、プトレマイオスがあらゆる星を網羅した『アルマゲスト』の星表を、アラブの伝統的な星座と結びつけている。

プトレマイオスを超える観測

アル=バッターニーという学者もプトレマイオスの業績に修正を加えたが、『アルマゲスト』を初めて本当に超えたといえるのは、アブドゥルラフマーン・アル=スーフィー（903～986年）の『星座の書』（964年頃）だろう。アル=スーフィーは恒星の等級を修正し、春分点と秋分点の歳差の影響から黄道座標の黄経を補正した。さらに、ギリシャの星座とアラブの伝統的な星座とを対応させ、わかりやすいように星座ごとに2枚の絵を添えた。1枚は天球の外側から見た星座の姿、もう1枚は内側から見た姿だ。

美しく示唆に富んだ『星座の書』は実に素晴らしい作品で、現在も天文史学者たちの研究対象となっている。この本は、いわゆる「小さい雲」（アンドロメダ銀河）の説明と描写を記した最古の本とされ、天の川銀河からおよそ16万3000光年離れた伴銀河の大マゼラン雲についても初めて言及している。また、アル=スーフィーの星表にある南天の「星雲状恒星」は、ほ座にある明るい星団の恒星、ほ座ο（オミクロン）星の可能性がある。さらに、彼が比較的暗いこぎつね座で観測した「星雲状天体」は、現在では「アル=スーフィーの星団」または「コートハンガー星団」の名で呼ばれている。これらの発見はすべて、望遠鏡が発明されるよりもはるかに昔だったという事実を忘れてはならない。

皇帝の孫のホロスコープ

次見開き：この精巧なホロスコープ（占星図）は、スルタン・ジャラール・アッディーン・イスカンダル・スルタン・イブン・ウマル・シャイフのために作成された。彼は、モンゴル衰退後にティムール朝を建国したティムールの孫である。1411年に作成されたこの平面球形図には、イスカンダル・スルタンが誕生した1384年4月25日の惑星配置が描かれている。贅沢に金箔が施された細部からは、占星術師が長く成功する人生を予言していたことがうかがえる。

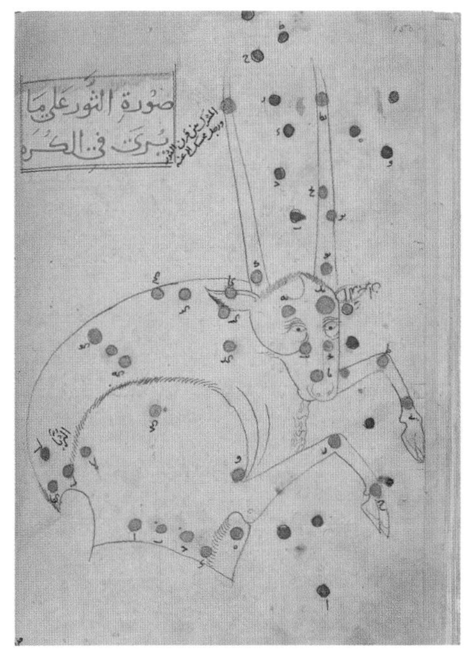

ヨーロッパの天文学

先人の知識を失っていた中世初期の天文学事情

中世初期のアラビア半島で科学が栄えたことには、プトレマイオスなどのギリシャの豊富な知見やインドの科学書が触媒となった面がある。その一方で、ヨーロッパ人は10世紀まで、先人たちの知の遺産を目にすることはなかった。10世紀に入り、フランス人オーリヤックのジェルベール（のちのローマ教皇シルウェステル2世）などのヨーロッパの学者たちが、アラブ世界の学問の噂を聞きつけ、スペインやシチリア島に向かい始めた。天文学の分野では、イタリアの学者クレモナのジェラルド（1114〜1187年頃）が、12世紀に

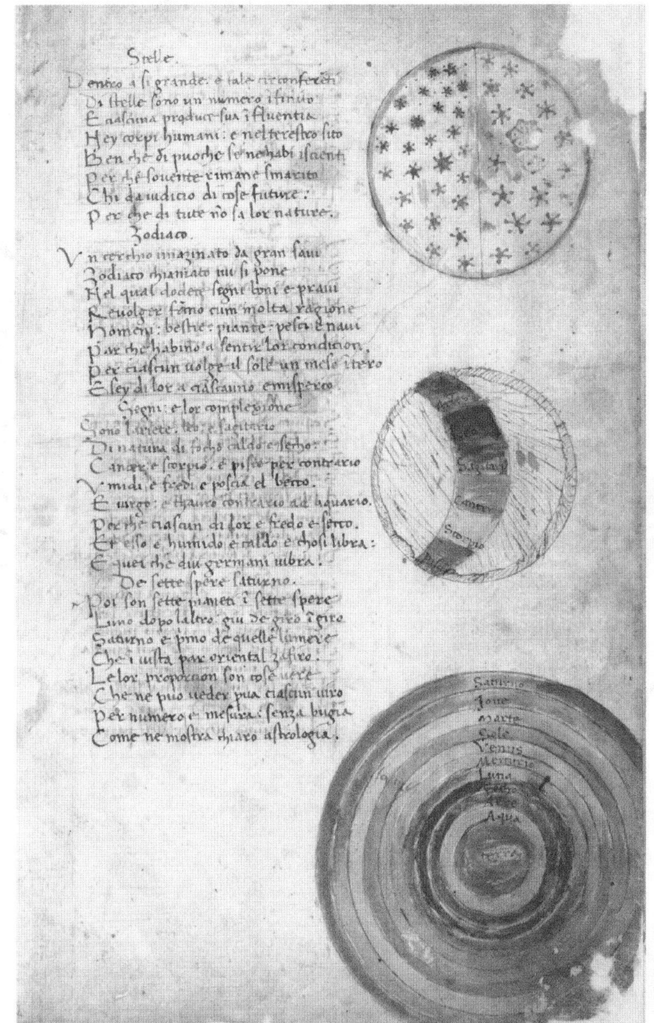

惑星のイメージ

イタリアの修道士で古典を研究したレオナルド・デ・ピエロ・ダティの本にある、14世紀半ばの惑星観。

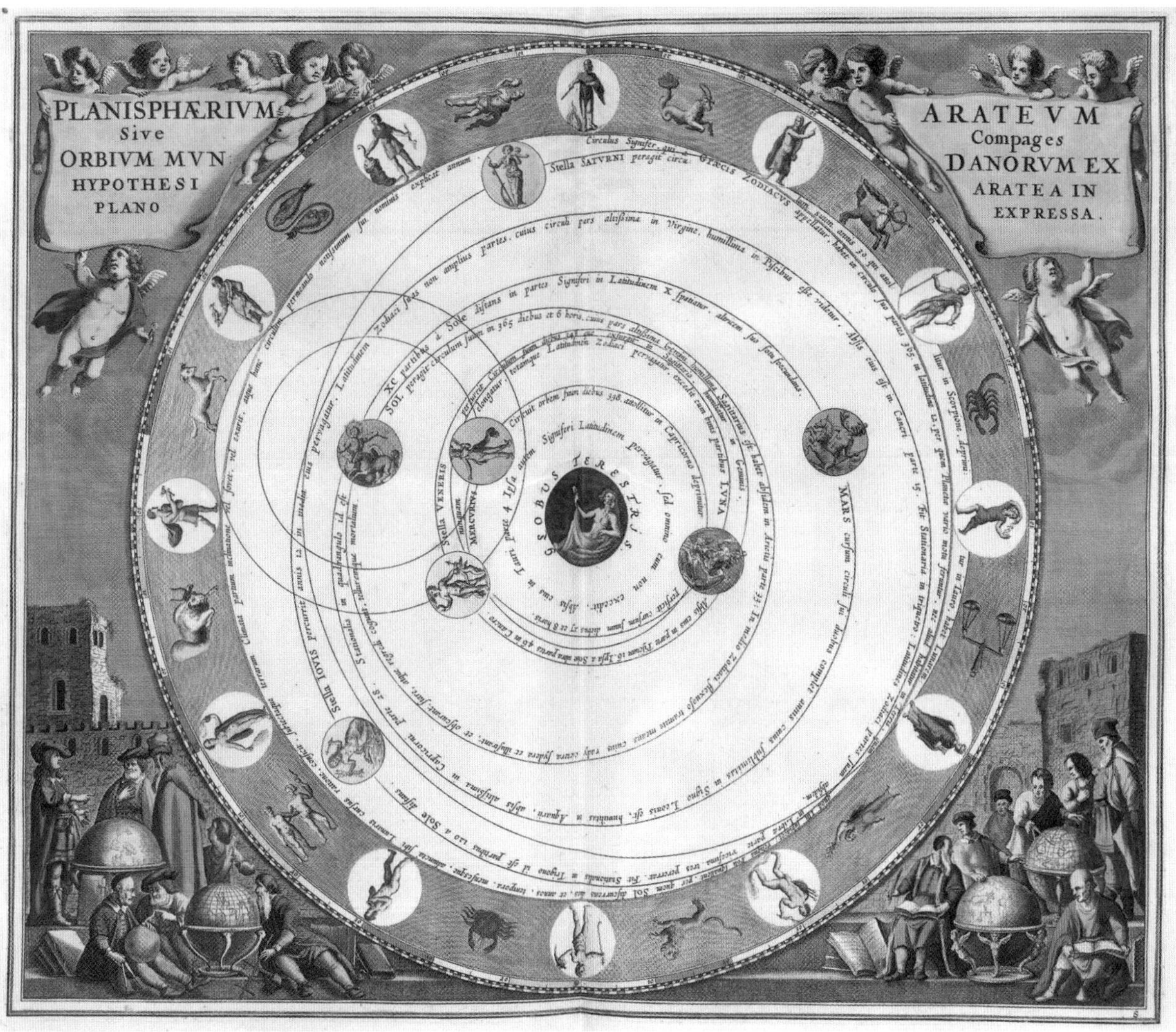

太陽を回る水星と金星

マルティアヌス・カペッラ(88、90ページ参照)の宇宙観を表現した、セラリウスの地図(アラトスの宇宙観と間違えられることもある)。

プトレマイオスの『アルマゲスト』のアラビア語版をスペインのトレドで探し出し、ヨーロッパで学術上の共通語だったラテン語に翻訳したのが最初となる。

わずかに残されていたラテン語の本

イスラムの科学者たちが、宗教思想に反しないように苦労して科学知識を深めていったように(74ページ参照)、西洋の思想家たちも、キリスト教会の教えに沿うような宇宙像を追い求めた。地中海世界では、ローマの平和(パクス・ロマーナ)(紀元前1世紀末〜紀元2世紀末)の後、5世紀後半に西ローマ帝国が滅亡して情勢が不安定になった。その不安定な時代の空白を埋めるように台頭してきたのがキリスト教だった。貴重な写本の多くがイスラムに渡ってギリシャの科学

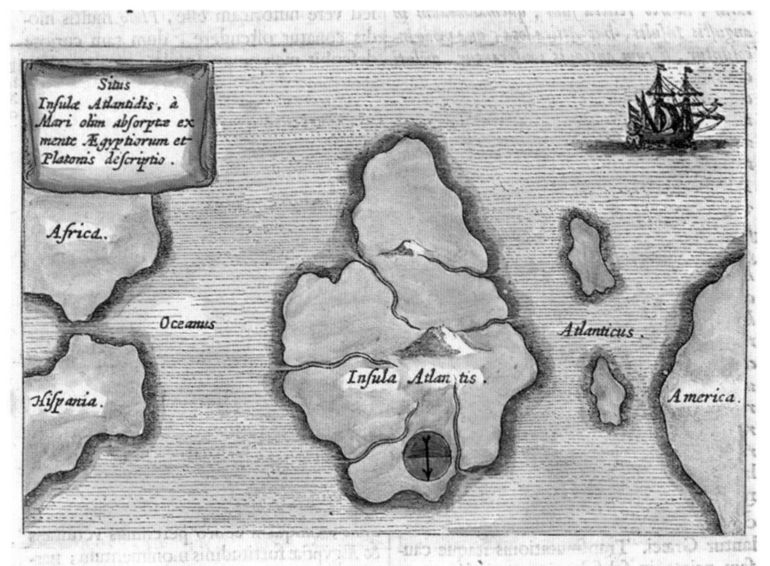

プラトンのアトランティス

17世紀の学者アタナシウス・キルヒャーが描いたアトランティス地図。伝説のアトランティスは、プラトンの対話篇『ティマイオス』に多数登場する、寓話的存在の一つだ。

を失っていたヨーロッパ人の目は、絶大な権威を持つ聖書に向けられた。こうして紀元後最初の1000年間の宇宙観は、論理的な観測結果からではなく、聖書の解釈により築かれた。しかし、科学的な知への渇望が聖書で満たされるはずもなく、学者にとって、ギリシャ語からラテン語に翻訳されたごくわずかな古典だけが頼みの綱だったにちがいない。

プラトンが宇宙を説いた対話篇『ティマイオス』の3分の2は、4世紀のギリシャの天文学者カルキディウスがラテン語に翻訳していたおかげで残された。この作品は、ソクラテス、ティマイオス、ヘルモクラテス、クリティアスなどのアテナイ人が繰り広げた対話で構成されている。登場人物は、物質世界の性質、宇宙の目的と特性、「存在」、「同一性」、「差異性」が混ざり合って構成された宇宙霊魂の創造について語り合う(カルキディウスによる『ティマイオス』の翻訳と詳細な注釈は、中世後期に広く読まれた)。

中世初期の天文学者に大きな影響を与えたラテン語の作品としては、『フィロロギアとメルクリウスの結婚』も非常に有名だ。これは、カルタゴ出身の著述家マルティアヌス・カペッラ(365～440年頃)が書いたもので、メルクリウス(ローマ神話の神マーキュリー)とフィロロギア(学問の擬人化)をアポロンが結婚させるというあらすじの寓話。ローマ人の教養をまとめた百科全書といってよく、「自由七科(リベラルアーツ)」を基本とする中世初期の教育に大きな影響を与えた。自由七科とは、文法、修辞、論理の3学科と、幾何、算術、音楽、天文学の4学科からなる。この本の天文学に関する記述で目を引

夢の中の宇宙

右ページ:マクロビウスの『「スキピオの夢」注釈』(90ページ参照)を15世紀にイタリアで写した扉絵。『スキピオの夢』の作者キケロと、彼が夢の中で見ている、星でいっぱいの宇宙が描かれている。

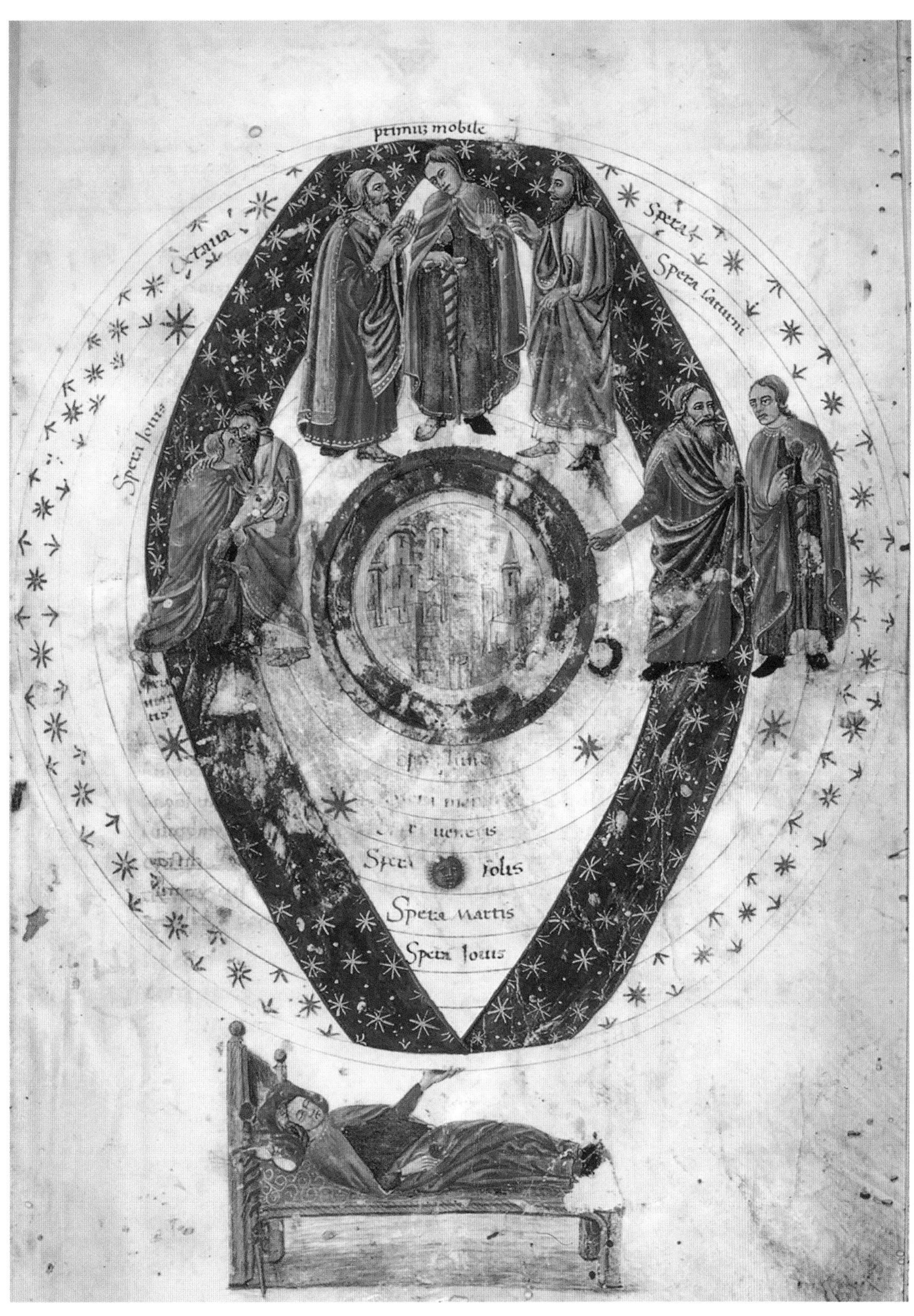
primu3 mobile
Spera saturni
Spera iouis
Spera solis
Spera martis
Spera iouis

くのは、金星と水星が太陽の近くを回り、その3個が一緒に地球の周りを回っているという説明だ(87ページ図参照)。この説を最初に唱えたのは、古代ギリシャの哲学者ポントスのヘラクレイデス(紀元前390～310年頃)で、地動説が現れる16世紀まで繰り返し登場し、コペルニクスもやや当惑しながらこの説に言及している。

一方、プラトン(56～57ページ参照)やキケロ(紀元前106～43年)の著作から生まれた宇宙観や、ピタゴラス派(53～55ページ参照)がいう、数が宇宙の基礎となっているという概念も、5世紀初めのローマ人マクロビウス・アンブロシウス・テオドシウスにより紹介されている。マクロビウスの著書『「スキピオの夢」注釈』は、中世の西方ラテン世界で最も広く読まれたプラトン派の文献の一つで、宇宙の構造について次のように説明している。恒星が散りばめられた天球に入っている球形の宇宙の中心に、球形の地球(海で4つの居住地域に区切られている)があり、地球の周りを球形の7つの惑星が回っている。それぞれの惑星は、ゆっくりと回転する恒星天球に引っ張られながら、各自の軌道に沿って移動している。

科学の夜明け前

イスラム世界の場合と同じく、キリスト教世界でも信仰の際に発生する問題を天文学が解決することで、教会とのバランスは保たれていた。6世紀の司教トゥールのグレゴリウスは、前出のカペッラの著作から天文学を学んだと述べており、修道士が星を調べて夜の祈りの時間を決める方法を説明している。さらに、北イングランドのノーサンブリアの修道士、(イングランド史の父と呼ばれる)尊者ベーダは、725年頃に『審判の時について』を書いた。イースターの日は春分後の最初の満月の次の日曜日とされ、それまでは苦労していた満月の日を知る方法が明解に説明され、古代の暦や宇宙観も紹介している。これを読めば、黄道を通る太陽と月の動きを計算する手順もわかる。

8世紀から9世紀にかけては、ローマの著作から学ぼうとする古典文化復興をカール大帝が推し進め、カロリング=ルネサンスが起こった。しかし、古典の研究成果が新たな発展を見せ始めるのは、10世紀後半に前出のオーリヤックのジェルベールがイスラムの書物を求めてスペインに向かった後のことだ。11世紀初めにはライヒェナウのヘルマンなどの学者によって、アストロラーベの使い方に関するラテン語の本が書かれ、モルヴァンのヴァルヒャーらが古典の星表の真偽を確かめるために、アストロラーベを使って日食・月食の時期を調べる試みを始めた。

占星術と医学

右ページ：多くの時代において、星座は人間の体の健康と結びついていると信じられてきた。1416年頃に描かれたこの「獣帯人間」を見ると、そのことがよくわかる。この作品では、黄道(獣帯とも呼ばれる)十二星座が、人間の体の対応する部分に配置されている。うお座は足、いけにえに捧げられた子羊を表すおひつじ座は頭に対応している。四隅のラテン語の銘は、黄道十二星座の医学的な性質を詳しく説明している。黒死病(ペスト)が大流行した14世紀には、多くの人々が医学占星術に救いを求めた。

Aries. leo. sagittarius. sunt
calida et sicca collerica
masculina. Orientalia.
Taurus. virgo. capricornus.
sunt frigida et sicca melanco
lica feminina. Occidentalia
Gemini.
aquarius.
libra. sunt calida et
humida masculina
sanguinea. meridionalia.
Cancer. scor
pius. pisces.
sunt frigida et humi
da flemmatica feminı
na. Septentrionalia.
Aries
Taurus
Gemini
Cancer
Leo
Virgo
Libra
Scorpius
Sagittarius
Capricornus
Aquarius
Pisces
Junius
Julius
Augustus
September
October
November
December

天文学の新時代

イスラムの本を「大翻訳」

11世紀、西ヨーロッパでは大きな転換が起こった。この時代には様々な発展があり、特に都市の整備が大幅に進んで大学が誕生した。それまで修道院や大聖堂で行われてきた天文研究も、新しい学問の場、大学に舞台を移した。見過ごされがちだが、ヨーロッパのいくつかの学術機関は驚くほど長い歴史を誇っている。例えば、オックスフォード大学の誕生は、実は南米のアステカ文明よりも古い。ここで講義が始まったのは1096年で、1249年にはすでに大学としての形が出来上がり、学生たちはオックスフォード大学、ベリオール・カレッジ、マートン・カレッジという3つの学校で寮生活を送りながら学んだ。アステカ文明が誕生したのは、メキシコでテスココ湖のほとりに都市テノチティトランが建設された1325年以降だと考えられている。

科学を取り戻したヨーロッパ

1085年、イベリア半島のレオン王国とカスティーリャ王国を治めていたアルフォンソ6世は、イスラムに支配されていた大都市トレドを征服し、初めてそこをキリスト教の地にした。それからとい

修道士の教科書

右ページ：12世紀末、イギリスの修道士のための科学書に掲載された、円運動を表す図。6～7世紀のベーダやセビリアのイシドルスなど、初期キリスト教の著述家の宇宙観が表現されている。回転する車輪のような円運動は、複雑な情報を、円という「神の単純性」で簡単かつ明確に表せるため、中世に好んで用いられた。

神話入りのおおいぬ座

12世紀の天文雑記に描かれたおおいぬ座。この星座で最も明るい星シリウス（天狼星とも呼ばれる）は、夜空の中でも一番明るい。体はこの星座の神話を説明する詩で埋め尽くされている。

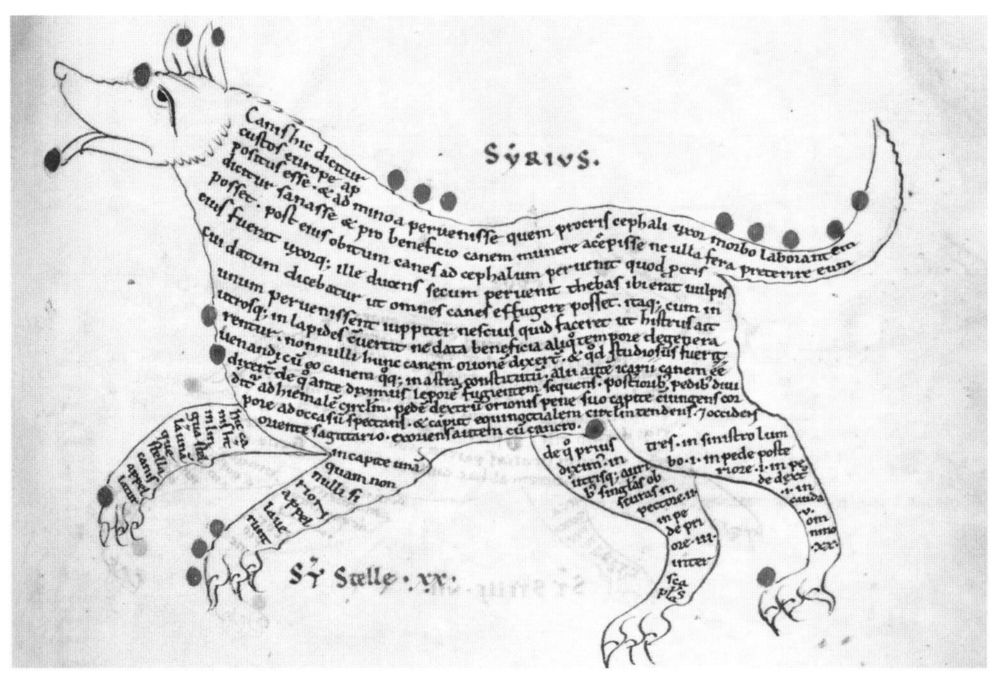

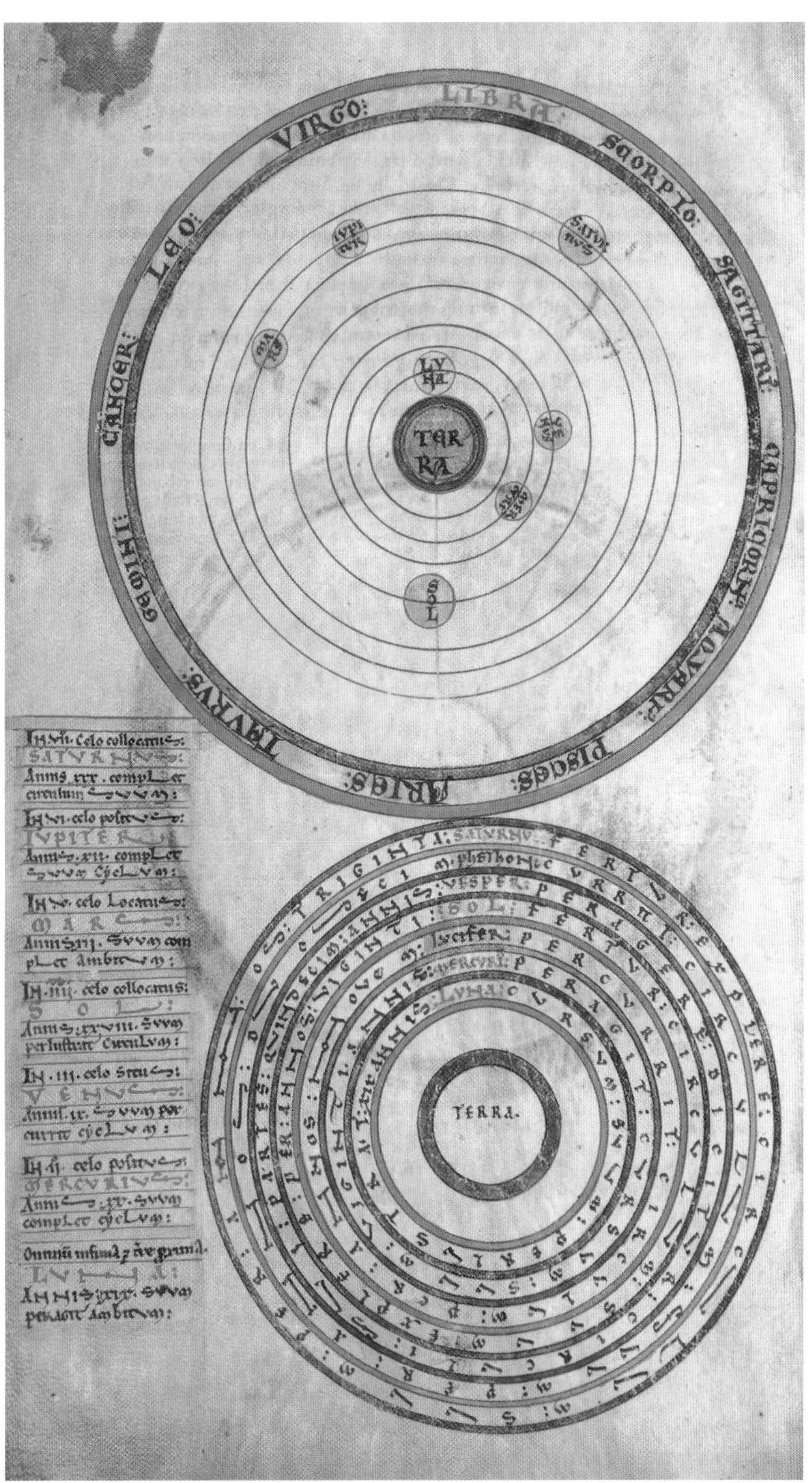

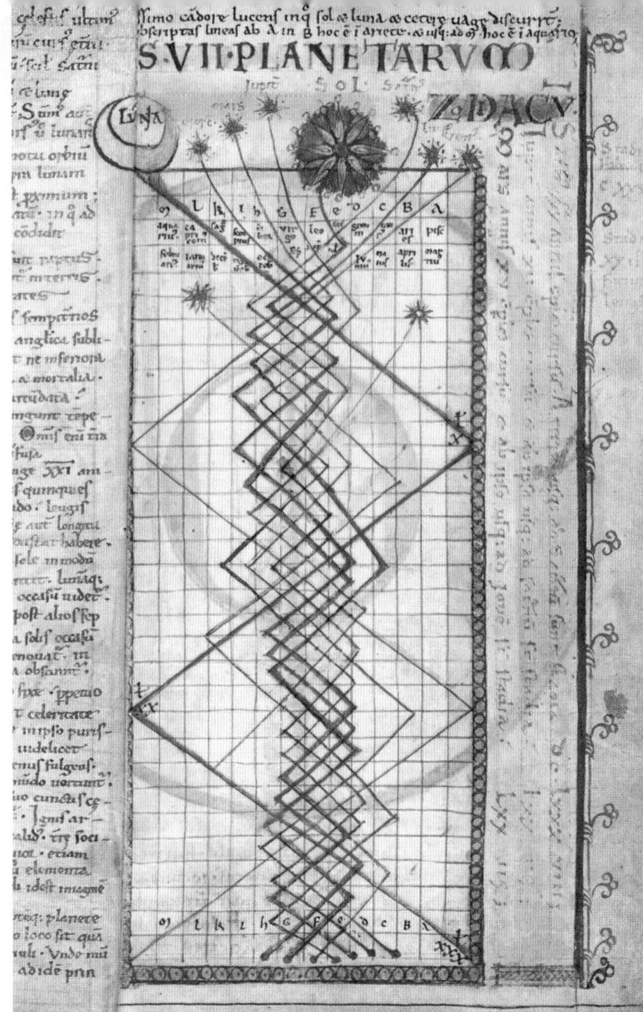

12世紀の百科事典

フランスの百科事典『花々の書』は、1090～1120年頃にフランスのサントメールの修道会士ランベールが、セビリアのイシドルスなどの著作を含む、192年頃以前の作品から編纂したもの。挿絵が多く、伝説上の生物、植物から、世界の終末などあらゆる内容を紹介し、12世紀の天文学の図表も掲載されている。

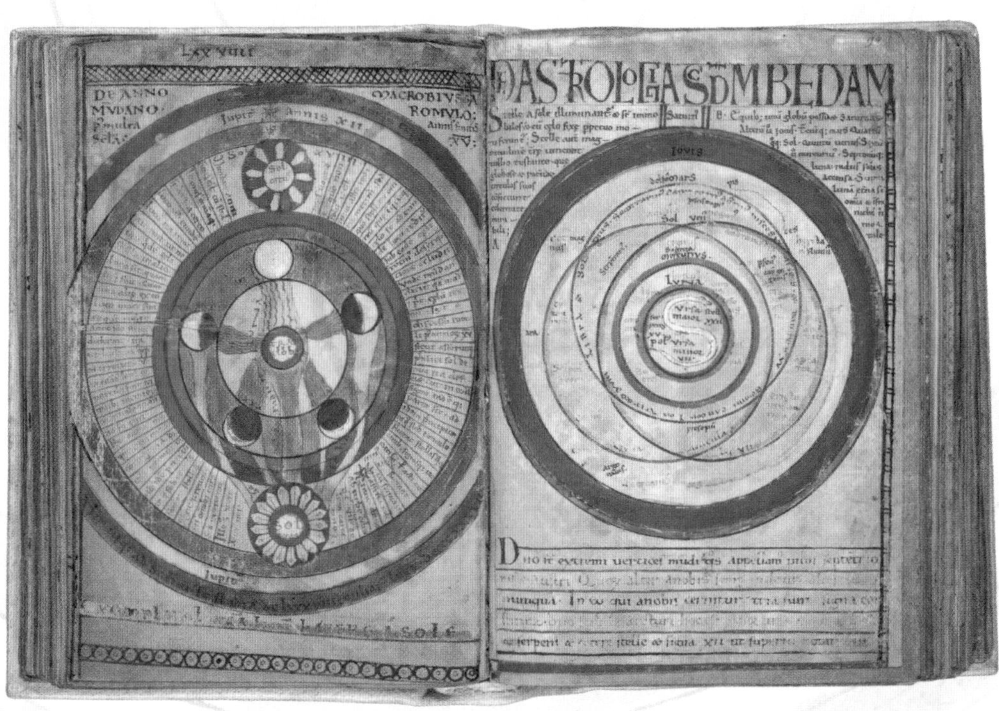

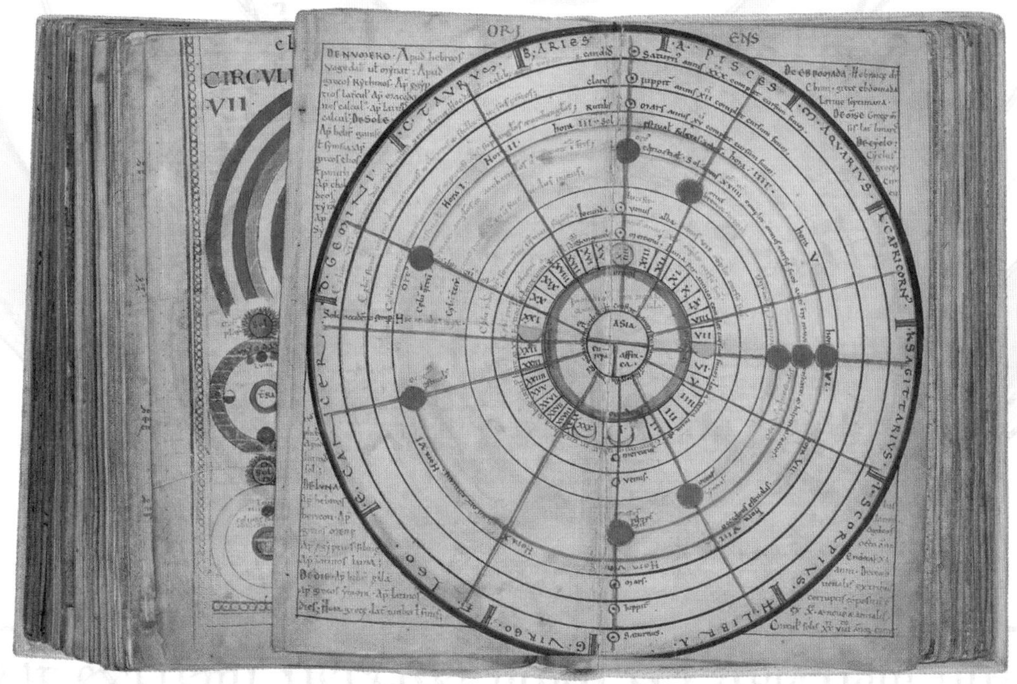

うもの、ギリシャ・ローマの古典やイスラムの優れた文献が、ヨーロッパの学問の中心地に大量に流れ込んだ。イスラム勢力がイベリア半島から撤退するにつれて、それまでヨーロッパ人が行けなかった図書館に翻訳者たちが押し寄せた。そのうちの一人、クレモナのジェラルド（86ページ参照）はさっそく、惑星の位置をいつでも計算できるアル=ザルカーリーのトレド天文表や、多大な影響を及ぼしたプトレマイオスのアラビア語版『アルマゲスト』（ギリシャ語版がようやく発見されたのは15世紀に入ってからだった）など、少なくとも71冊の天文書をラテン語に翻訳した。

12世紀にはヨーロッパの学問の中心はパリに移り、次々と入ってくる天文の翻訳書は教養の分野で非常に歓迎された。（キリスト教徒ではなかった）古代の哲学者アリストテレスを基礎とする学問が入ってきたことで、人々はキリスト教的神から遠く離れたその世界観に引き込まれた。

古典から豊富な知識を得た結果、キリスト教の神学にアリストテレスの論理学を取り入れようという動きが起こり、スコラ哲学が出現した。ちょうど学問の場が修道院から大学に移った頃のことだった。スコラ哲学の中心となった人物に、イタリア生まれのドミニコ会修道士で、哲学者にして法学者のトマス・アクィナス（1225～1274年）がいる。彼は、神の謎と物理や宇宙の謎は、どちらも聖書や古典を読み込み、理性的に探求できるとする「自然」神学のアイデアを示した。

理性とキリスト教の信仰が調和したことで、アリストテレスやプトレマイオスなどの権威の学術的地位は向上し、それまで聖書に答えを求めていた学生たちも、彼らの本を読むようになった。だが、当然のことながら、16世紀にコペルニクスが登場するまで、この時代の科学はほとんど進歩しなかった。答えとは新たな観測や経験から得るものではなく、過去の文献の中に探し求めるものだとされていたからだ。加えて、この時代の大学の目的は教育であり、研究は行われていなかった。新しい翻訳書の重みに耐えかねて学者たちの本棚が悲鳴を上げ始めた頃、パリを拠点としていたオックスフォード大学の学者ヨハネス・ド・サクロボスコ（1195～1256年）らによって、プトレマイオスの宇宙論の膨大な内容をわかりやすく簡潔にまとめた、学生たちのための入門書が登場した。

ただし、サクロボスコの有名な『天球論』の挿絵には、地球中心の同心球宇宙が掲載されており、宇宙の真の姿を描いた地図はまだ存在していなかった。

幻視で見た宇宙誕生

右ページ：この絵を著したビンゲンのヒルデガルト（1098～1179年頃）は、ドイツのベネディクト会系女子修道院長で、著述家、神秘家でもあった。彼女は神学、植物学、医学の本を書いている。なかでも、26回の幻視体験をもとにした著書『道を知れ』が有名だ。この本の中でヒルデガルトは、「宇宙卵」の形をした宇宙の誕生について説明している。「宇宙そのものである卵の姿の中にあるこの至上の道具により、目には見えない永久不滅の事象が表わされている」と彼女は書いている。

天上の海

空の上にある海の伝説

真の天空の地図が誕生の時を待っている間、アリストテレスの天球とキリスト教の宇宙観を一体化させたモデルが登場したが、それにも根源にかかわる大問題がいくつも残っていた。例えば、宇宙の一番外側にある恒星天球をゆっくりと回転させている力の

正体は何だろう？ これは、創世記に記されている第1日目の天の創造とどのように関係しているのだろうか？ そして、同じ一節で神が下の水と分けた「大空の上の水」とは何なのだろう？ 私たちが目にしている空の上に水があるというのだろうか？

空を行く船の伝説

この最後の問いからは、見事に文字通りの解釈が生まれた。それは天上の海の伝説だ。この伝説は、16世紀のイギリスにも記録が残っている。伝説では、空の上に巨大な海が存在し、地上の人間にはまったく見えない、空飛ぶ船が航海しているという。この伝説を記した文献を探るには、遠い昔にさかのぼらなければならない。シェイクスピアにいくつかの戯曲の着想を与えたことでも知られるジョン・ストウの『イングランド年代記』(1580年)には、1580年5月に、イギリス南西端のコーンウォールのボドミンからフォーウィまで馬で移動していた集団の報告が載っている。彼らは空に現れた巨大な霧に飲み込まれ、「まるで海にいるような」状態になった。霧は巨大な城の形になり、見上げると、軍艦の艦隊のようなものが頭上を航行し、寄り添うように小船が並んで追走していた。見事な空飛ぶ艦隊の航行は1時間ばかり続いたという。

その300年前には、イングランドの作家ティルベリのゲルヴァシウスが、主君の神聖ローマ皇帝オットー4世のために『皇帝の閑

聖書の人物を当てはめた星座

左ページ：セラリウスの『キリスト教後半球星図』(1660年)。ユリウス・シラーの『キリスト教星図』(1627年)に描かれた星座を反映している。シラーはバイエルンの法律家でアマチュア天文家でもあり、初めて神話を完全に排除し、キリスト教にちなんだ星座を描いた。

今も昔も

ウィリアム・M・ティムリンの『星の帆船』(1923年)の挿絵。

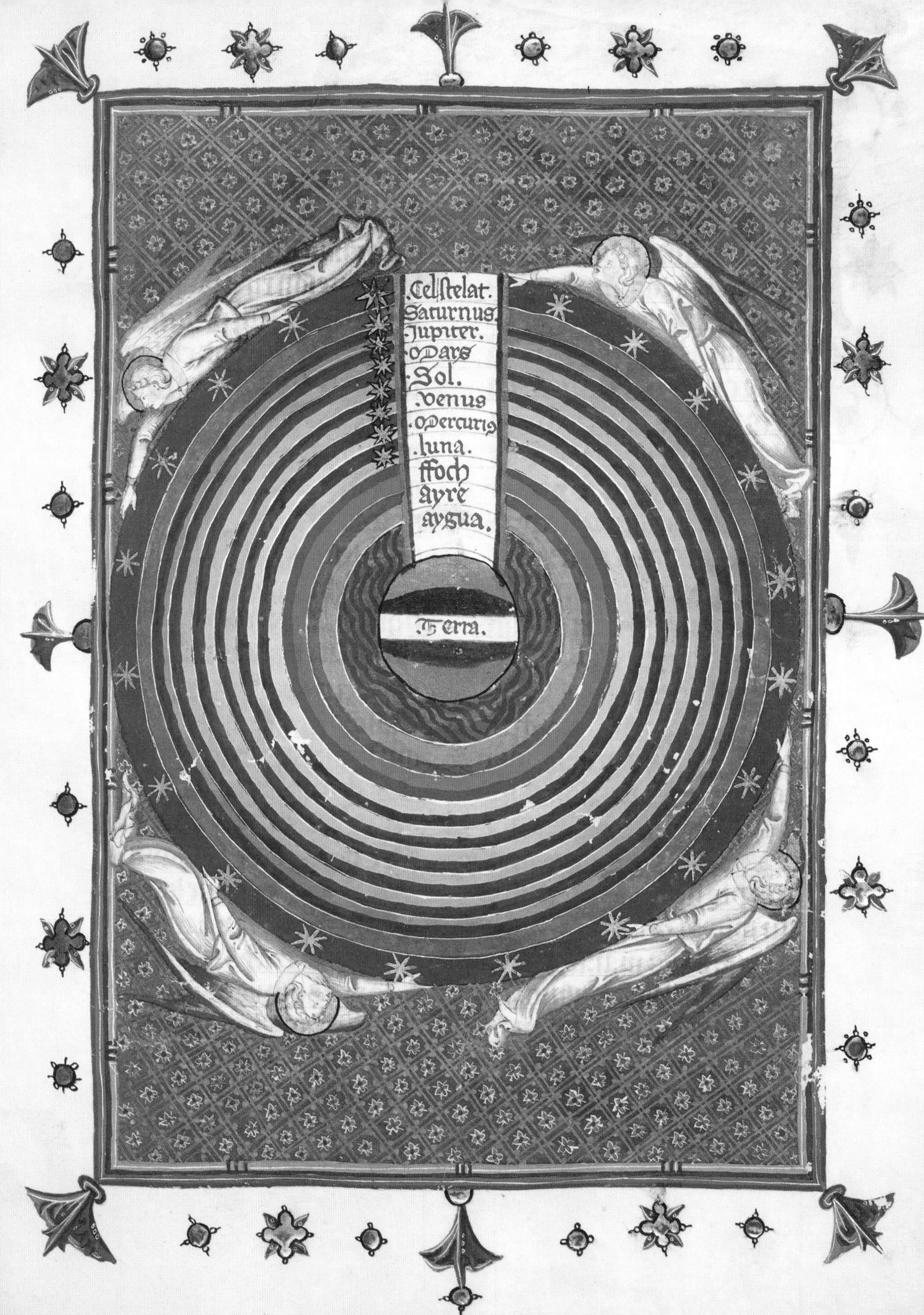
.Cel stelat.
Saturnus.
Jupiter.
.Mars
Sol.
.Venus
.Mercuris
.luna.
ffoch
ayre
aygua.
.Terra.

暇』(1214年頃)を書いた。皇帝を楽しませるために書かれたこの作品は、神話や伝説などの脅威を集めた奇譚(きたん)集で、イングランドに出現した天上の海の話も収録されている。

厚い雲が垂れ込めていた日曜日、教会に向かっていたイングランドのとある村の人々は、墓石の一つに船の錨(いかり)が引っかかっているのを目にした。錨の綱はぴんと張られ、綱の先は空へと続いていた。村人たちが驚き、どうしたものかと相談していると、突然、誰かが錨を引き上げようとするかのように、綱が動いた。綱は墓石にしっかりと固定されていたが、空から船乗りたちの叫び声のような大きな音が聞こえてきた。やがて、一人の男が錨を外すために綱を伝って降りてくるのが見えた。男が錨を外し終わるやいなや、村人たちは男を捕まえたが、男は村人たちの手から逃れようともがき、すぐさま死んでしまった。その様子はまるで溺れた人のようであった。およそ1時間後、上空の船乗りたちは、仲間がもう戻ってこないことを悟り、綱を切って船出した。この尋常ならざる出来事を記念して、村人たちは錨の鉄を使って教会の扉の蝶番(ちょうつがい)を作り、現在でもその扉はその教会に残っているという。

さらに時代をさかのぼると、フランスのリヨンの大司教だった聖アゴバルドゥス(779～840年頃)が著作『雹と雷』の中で、フランスでは雲の王国「マゴニア」の存在が信じられていたことを書いている。アゴバルドゥスは様々な「天気の魔術」の迷信に対して理性的に反証し、世間が信じる「マゴニア」とは、嵐を起こすフランク族の魔術師テンペスタリイと、それに共謀する極悪な海賊たちが航海する、雲の王国だと書いた。魔術師たちが嵐を呼んで作物をなぎ倒すと、天空の船乗りたちが集めて盗み出すという。

実際のところ、似たような話は古代ローマでも異象として公式に記録されている。異常現象は、神の怒りのしるしだと考えられていたため、そのような現象を目撃したら直ちに報告するように、ローマ市民に義務づけられていた。歴史家ティトゥス・リウィウス(紀元前64年または59年～紀元17年)は、『ローマ建国史』の21章62節と42章2節で異象を引用し、次のように言及している。「船のような光り輝くものが空から降りてきた(中略)巨大船団のように見える何かが、ローマの近くのラヌヴィウムの空で目撃されたといわれている」。これは蜃気楼だった可能性が高いが、もしかすると最古のUFOの目撃情報だったかもしれない。

天使が囲む宇宙

左ページ:四元素、7つの惑星天球、恒星球などで構成されるプトレマイオスの宇宙を、4人の天使が取り囲んでいる絵。中世の奇譚集『皇帝の閑暇(かんか)』の作者ティルベリのゲルウァシウス(1150～1220年頃)の時代に描かれたもので、1375～1400年頃の書物より。

古代ギリシャの宇宙

次ページ左側:1375年の世界地図『カタロニア図』の2枚目。これは金で彩られた宇宙図になっており、太陽暦、太陰暦、および当時知られていた惑星を、ギリシャの同心球宇宙に描いている。

中世の上空

次ページ右側:中世における天球のイメージ。1481年の『自然の書』より。最下層には地上があり、その上は、アリストテレスの元素の中で最も軽い火の層になっている。その上に月、惑星、太陽、恒星の天空の層があり、すべての層が帯状に仕切られている。

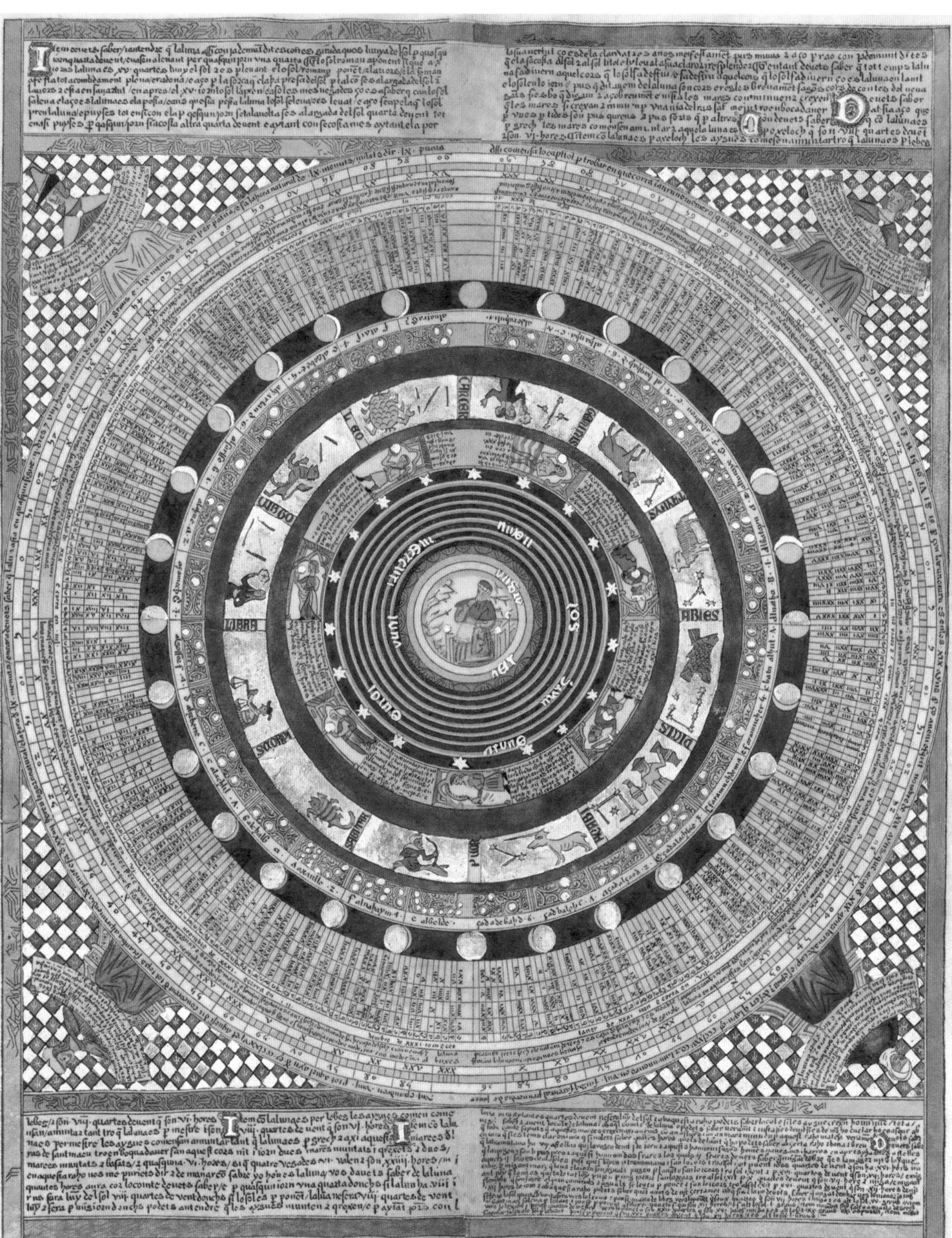

宇宙をこの手に：ぜんまい仕掛けと印刷技術

天文学に影響を与えた素晴らしい発明

宇宙は透明ないくつかの天球でできているという古代ギリシャの考え方は、プトレマイオスの著作が伝わったヨーロッパでも主流となった。だが、天球を回転させている謎の力の正体はわからないままだった。14～15世紀の工芸品には、6世紀のキリスト教神学者で神秘思想家の偽ディオニシウス・アレオパギタが書いた『天使の位階論』を表現したものがある。この説では、神の御業が同心球宇宙の一番外側にある恒星天球を回転させているのなら、それ以外の天球は、それぞれの位階に応じて担当する天使たちが動かしているということになっている。この偽ディオニシウスの説に反対したのが、14世紀のフランスの哲学者ジャン・ビュリダンだった。彼は先人たちの著作を基に、「インペトゥス（現在の慣

同心球の天国

右ページ：ダンテの『神曲』の挿絵として、ギュスターヴ・ドレが描いた同心球構造の天国。

宇宙を回転させる力

ジョヴァンニ・ディ・パオロの『天地創造と楽園追放』（1445年）。同心球状の宇宙で一番外側にある輪に、宇宙を創造した神が回転する力を与えている。

性の力の概念に近い。駆動力とも呼ばれる)」という力を考え出した。さらに彼は、宇宙が「第五元素」でできているとし、その完全性ゆえに抵抗力は生じず、天は絶えず動いていると主張した。つまり、ビュリダンは、時計職人が最初に振り子を揺らして時計を動かすように、すべての始まりである天地創造の瞬間に、神が与えた力によって天球は永久に回転し続けていると考えたわけだ。「そして、神が天体に与えたこれらのインペトゥスは、時間が経っても弱まったり、損なわれることはない」と書いている。「なぜなら、天体にほかの動きをさせる意志は存在しないからだ。さらに、インペトゥスを損なったり、抑えたりする抵抗力も存在しない」

せんまい仕掛けの天文時計

中世フランスでこのような力学的発想が現れた理由は、単に知的思索が進んだだけではない。ヨーロッパに天文台ができるのは、もっと後の16世紀のティコ・ブラーエの時代になってからだが、14世紀に別の素晴らしい発明があった。時計にも使われる「ぜんまい仕掛け」だ。紀元前1世紀にアンティキティラ島の機械(51ページ参照)を作り上げたギリシャの高度な技術力は、はるか昔に廃れていたが、10世紀にイスラムの知識がなだれを打ってヨーロッパに流れ込んだ結果、ぜんまい仕掛けの技術は再び進歩し始めた。

修道院では、何百年も前から、原始的な水時計を使って祈りの時間を正確に測っていた。聖オールバン修道院の修道院長だ

太陽天球と賢者

ダンテは、読者に彼の作品の出典を教えるために、実在の人物をできるだけ多く登場させた。例えば、智恵深き魂が置かれる第4天(太陽天)で、ダンテとベアトリーチェは、ディオニシウス、ベーダ、アルベルトゥス・マグヌス、トマス・アクィナスなど12人の賢者に出会う。

ったウォリングフォードのリチャードは、1336年に亡くなる前に、当時としては驚異的な機械仕掛けの天文時計を完成させた。この時計は時刻を正確に告げるだけでなく、差動歯車（回転数が異なる2つの歯車を組み合わせたもの）を使って、宇宙の動きを再現しようとしていた。月が回転して月相と月食を示し（平均的な運動の誤差は1000万分の18以内）、惑星の運動もわかったらしい。詳細が不明なわけは、リチャードによる設計図の大半は残っているものの、時計そのものはヘンリー8世の宗教改革に伴って、1539年に聖オールバン修道院が解体されたときに破棄されたからだ。

1364年、イタリアのパドヴァで天文学者兼技師として活躍して

ペルシャの象時計

ペルシャの作家アル=ジャザリーによる、『巧妙な機械装置に関する知識の書』（1206年）の挿絵。彼はこの本で、自ら発明した素晴らしい装置の数々について学術的に解説している。特にアル=ジャザリーの象時計は複雑で、半時間ごとにドームの頂上で鳥が鳴き、すぐ下にいる男が玉を落として竜の口に入れる。御者は突き棒で象をたたいて追い立てる。

いたジョヴァンニ・デ・ドンティ(1318〜1389年)は「アストラリウム」を完成させ、高い評判を呼んだ。107個の輪と歯車を使った複雑な仕組みで、惑星系の動きを計算して正確に再現するように設計されていた。時計としての機能に加え、年によって日付が変わる祭日を示す年間暦輪、惑星目盛盤、それに昼間の恒星の動きと、恒星を背景とした太陽の1年間の動きを表す24時間の第十天目盛盤がある。このアストラリウムも(おそらくはイタリア・マントヴァで1630年に起こった戦争により)現物はすでに壊れているが、デ・ドンディが詳細な説明を書き残していたため、のちに復元品が作られた。細かい部品をすべて手作業で組み立てたこの作品のことを、パヴィアのジョヴァンニ・マンジーニは1388年に、「工夫の限りを尽くし(中略)掘り込みにはどのような熟練の職人の手をもってしても実現できなかったであろう技巧が凝らされている」と感嘆している。「これほど素晴らしく秀逸で、たぐいまれな細工は、これまでに発明されたことがないと断言できる」

アストラリウム

上:12世紀半ばにデ・ドンディが製作した有名なアストラリウムの復元品。プトレマイオスの宇宙を機械で再現している。

現在の時計と似た文字盤が登場したのは15世紀後半だ。それをアストロラーベ(75〜76ページ参照)と並べると、現在の文字盤のデザインがアストロラーベから直接的な影響を受けたことがはっきりわかる。時計の文字盤は円形の宇宙で、宇宙の混沌は機械で制御されている。時計の針はアストロラーベの棒の部分を模し、天球と同じく360度の範囲で回転する。現代の私たちは腕時計をすることで、中世の宇宙を手首に巻いていると考えると、これは感嘆に値することではないだろうか。

見渡す限りの海で

天文時計のみならず、航海術にも創意あふれる画期的な発明が取り入れられた。およそ15世紀初めから18世紀末まで続く大航海時代に突入したヨーロッパの船は、海岸線を離れた海域を進むことが増え、航海は以前よりかなり冒険的になった。

海上で自分がいる緯度を正しく知るため、緯度測定は極めて重要な作業だった(経度は測定が難しく、1760年代にジョン・ハリソンが航海用高精度時計(マリンクロノメーター)を発明するまで正確に測定できなかった)。日中には、船乗りたちがアストロラーベで正午の太陽高度を測定し、航海士が、年間を通して天の赤道の上下を動く太陽のあらゆる位置が載っている表と、測定された高度を突き合わせる作業を担当した。夜に緯度を測定するには、もう少し工夫が必要だった。「ノクタラーべ」という、アストロラーベを基に作られた機械を使うと、航海士は夜でも星の位置から時間を調べることができた。さらに、北極星の高度を測って、天の北極との相対的な位置関係を確認すれば、緯度を知ることもできる。ノクタラーベは縁に沿って刻み目が入り、真っ暗闇の中でも数値が読み取れるようになっているものが多かった。

コロンブスも使った印刷本

1440年頃、ドイツの金細工師ヨハネス・グーテンベルクは、ヨーロッパに初めて活版印刷機を登場させた*。これは天文学研究に絶大な影響を及ぼし、情報伝達を根本から変えた大発明だった。原稿を印刷する技術は学術研究を大きく変えた。過去の優れた文献を苦労して手で書き写す必要は、もはやなくなったのだ。手書き文字がいかに美しくとも、手で書き写された写本には、どこかで生じた誤りがそのままずっと引き継がれてしまう。特に天文学の込み入った公式や図表には間違いが入り込みやすかった。

どこかの時代の一般的な学説を知りたければ、その時代の教科書が最も確実な手がかりになる。印刷機の登場により、印刷業という新たな産業が誕生し、教科書も次々と印刷されるようになった。つまり私たちは、印刷機の登場以降の時代のことなら、はっきりと知ることができるわけだ。

この分野で特に有名な名前を一人挙げるなら、15世紀のウィーンで活躍した天文学者ヨハネス・ミュラー・フォン・ケーニヒスベルク、通称レギオモンタヌスだろう。教皇使節で古典研究者のバレイシオス・ベッサリオンの命を受け、レギオモンタヌスと友人ゲオルグ・フォン・ポイエルバッハは、プトレマイオスの『アルマゲスト』を、原典のギリシャ語からラテン語に正確かつ簡潔に翻訳することになった。しかし、フォン・ポイエルバッハは道半ばで病に倒れ、レギオモンタヌスは友人の死の床で、この仕事を最後までやり遂げると約束した。こうして完成した『プトレマイオスの天文学大全の抜粋』は、文章の長さこそ原本の『アルマゲスト』の半分程度だったが、非常にわかりやすくまとめられていた。この本は1496年に印刷されて、ヨーロッパ中に「アレクサンドリアの偉人プトレマイオス」の説を広める手引きとなった。

実際のところ、レギオモンタヌスの本の影響は、はるか遠くまで

*しかし西洋以外の世界では、この技術はそれほど歓迎されなかった。アジアでは、活字印刷がかなり前に発明されていたからだ。例えば、中国では1040年頃に畢昇(ひっしょう)という発明家が、粘土に1文字ずつ彫って焼いた「膠泥(こうでい)活字」を鉄板に取り付けるという印刷技術を考え出していた。

中国の香り時計

時を計るものには、水時計や機械仕掛けの時計、ろうそく時計などがあったが、宋の時代(960～1279年)の中国では、香り時計なる時計が登場した。決まった速度で燃える線香を焚くと、一定の時間が経過した後、受け皿におもりが落ち、音を立てる。

神と科学の架け橋

左ページ下:アストロラーベを模した1570年頃のドイツの時計。様々な天文測定器具が付属している。これらの機械は、神の秩序とルネサンスの科学をつなぐ架け橋でもあり、カトリックの聖餐式でパンとぶどう酒を置く聖体顕示台に似ているため、「聖体顕示台時計」とも呼ばれた。

及んでいた。彼は1474年に刊行した天文年鑑に、天文現象が起こる日時を予測した天文表を掲載した。この本は、クリストファー・コロンブスが新世界を目指した4回目の航海の船にも積まれていた。ジャマイカ島で船が座礁し、食糧も尽きて窮地に立たされたコロンブスは、先住民のアラワク族に向かって次のように言った。自分たちを助けてくれないためにスペインの神が怒っており、月が「神の怒りで燃え上がる」と。はたせるかな、1504年2月29日、月は鈍い赤色に変わった。コロンブスの息子フェルディナンドによれば、アラワク族はコロンブスの予言通りの赤い月に恐れをなし、「悲嘆の叫びとともに、あらゆる方角から船に大急ぎで大量の食糧が運ばれ、提督に神へのとりなしを懇願する声があふれた」。もちろん、コロンブスはレギオモンタヌスの天文年鑑を使って月食が起こる日時を計算しただけだった。

宇宙を測る紙の回転円盤

レオンハルト・トゥルナイサーは、自著の占星術書『アルキドクサ』(1569年)に合わせて、1575年に紙の回転盤を多く入れた「アストロラビウム(アストロラーベ)」を発表した。

レギオモンタヌスは1476年に死去するまで、出版物の刊行を続けた。彼の観測結果は、ティコ・ブラーエ(124～129ページ参照)やヨハネス・ケプラー(130～135ページ参照)をはじめとする多数の天文学者たちの参考となった。しかし、まもなく天文学界に革命を起こす、ポーランドの若き天文学者ニコラウス・コペルニクスの宇宙(120～123ページ参照)も、レギオモンタヌスの本の助けを借りて生まれたことを忘れてはならない。

プトレマイオスと翻訳者

書かれてから1000年以上経っても、プトレマイオスの著作には次々と新たな翻訳が登場し、議論の対象となった。ルネサンス期に出版された『プトレマイオスの天文学大全の抜粋』の扉絵では、この本の翻訳者レギオモンタヌスとプトレマイオスが、アーミラリ天球儀のたもとに並んで腰かけている。

天文現象：その1

さまざまな彗星——中世の人が見た彗星

数世紀にわたる記録

上と左：『彗星の書』の挿絵。過去数世紀に記録された彗星や隕石を水彩で描いた細密画が集められている。この本は1587年にフランドル地方またはフランス北部で製作されたが、著者や挿絵画家については一切が謎に包まれている。

落下した火の玉

左：1550年頃の『アウクスブルクの奇跡の書』の図には、次のような説明が添えられている。「紀元1007年、不思議な彗星が現れた。これは輝きながら、あらゆる方向に炎を出していた。ドイツとヴェルシュラントで目撃され、地上に落下した」

災いを運ぶ

『アウクスブルクの奇跡の書』の別のページ。「紀元1401年、派手な尾を引く大型の彗星がドイツ上空に現れた。その後、シュヴァーベンは、かつてないほどに深刻な疫病に襲われた」

UFO出現？

1561年4月14日、ドイツ、ニュルンベルクの空全体で奇妙な天文現象が観測された。市民は、巨大な、黒い、三角形の物体と、たくさんの球体や円筒、ほかにも奇妙な形の物体が空を飛び回っていたと証言している。絵に残された最初の「UFO」の目撃情報といわれることが多いが、もしUFOでなかったのなら、「幻日（げんじつ）」と呼ばれる大気光学現象だった可能性がある。

（208ページの「天文現象：その2」も参照）

Mesoamerica

メソアメリカ

アステカ王国やインカ帝国の空

まばゆいばかりの南半球の空は、スペイン人がやってくる前のメソアメリカ（中米の古代文明圏）の文化において、重要な役割を果たしていた。現在のエクアドルからチリにかけた地域を統治していたインカ帝国では、マユ（天の川）は天を流れる生命の川で、アンデス山脈の聖なる谷を流れるウルバンバ川（現在のペルーを流れる川）と対を成していると考えられていた。インカ帝国にも星座はあり、彼らの天空の生物はマユの星の間の暗い部分に潜んでいた。インカ人は、このような「暗黒星雲」のうちに、空を流れる川のほとりに水を飲みにやってきた動物たちの姿を見出していたのだ。

アステカの暦石（こよみいし）

太陽の石とも呼ばれる。1502～1521年に彫られたと考えられ、アステカ王国やコロンブス以前のメキシコ中央部で使われていた暦が刻まれている。

神の化身

明けの明星である金星。スペイン人が入植する前の予言書『ボルギア絵文書』を、19世紀に精密に再現したもの。

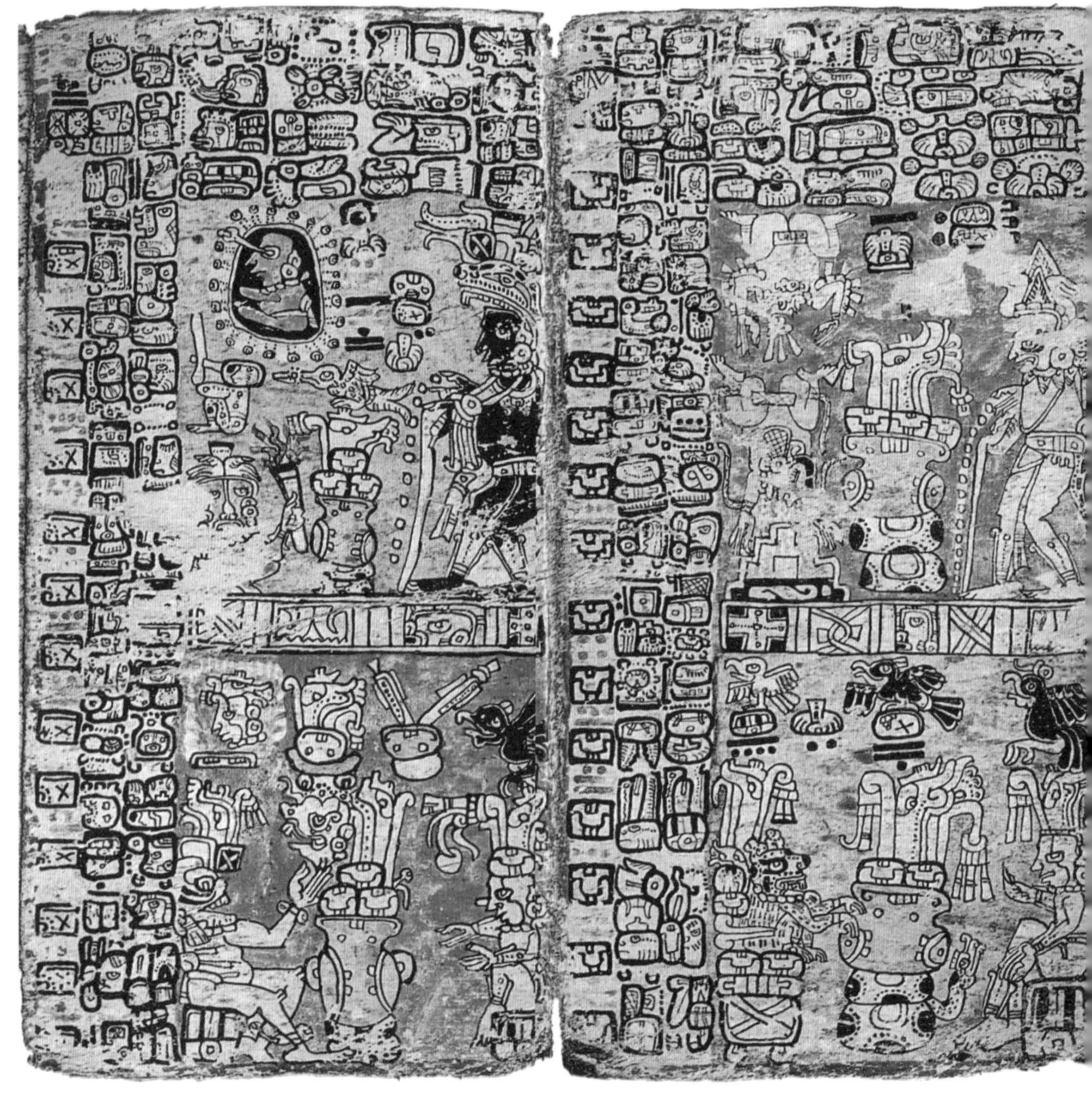

コロンブス以前のマヤの暦

マヤ文明や、のちに同地域で興ったアステカ帝国は、時間を計算して高度な暦をつくる、優れた数学的な技術を持っていた。ただし中米文化の星図などはまったく残っていない。彼らの天文学は様々な神・悪魔信仰と結びついていた。神聖なる太陽に基づいたシウポワリという365日周期の農業暦があり、トナルポワリという260日間の祭式暦も併用していた。この2つの暦が一致する52年に1回、暦が一巡りし、これが「世紀」と数えられた。

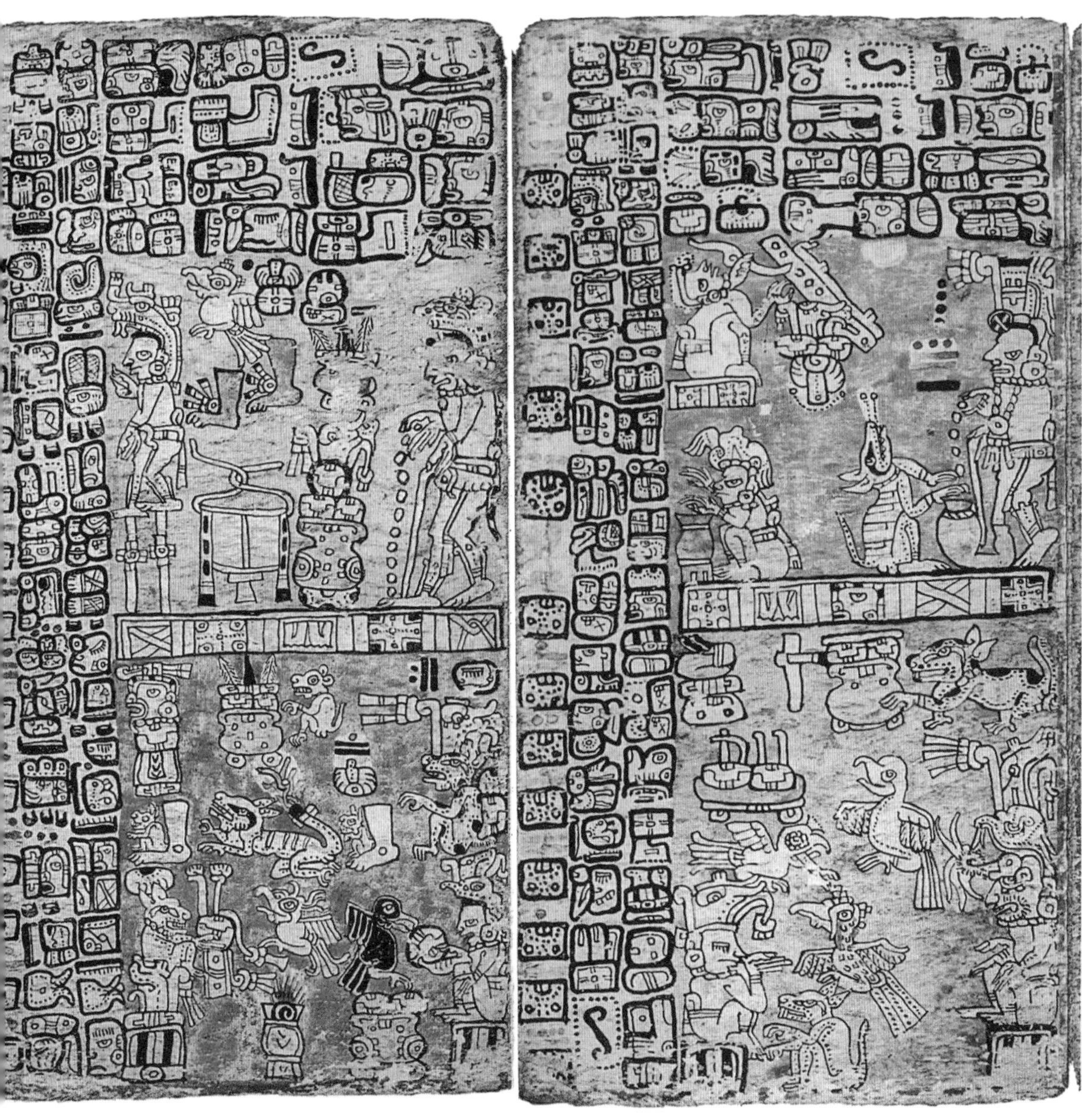

彼らが行った最も長い計算は、宇宙が創造された日付で、紀元前3114年となっている。なぜこの数字になったのかはわかっていない。太陽が誕生したいきさつは、神が人間のために自らをいけにえとして捧げたからだと信じられていた。現在の太陽は5番目であり、過去の4個の太陽は地上を襲った災害によって滅びたという。金星も特別に重要な意味を持っていた。これは、羽毛を持つヘビの姿をした神ケツァルコアトルが、明けの明星（金星）に姿を変えたと言い伝えられていたからだ。また、金星は雨季の到来を告げる星としても重要視されていた。

マヤの絵文書

マドリッド絵文書の一部。コロンブス以前の現存する3つのマヤ文書のうちの一つで、900年頃から1521年にかけて書かれた。左上で座っている人物は、マヤの天文学者だと考えられている。

科学の空

「それでも地球は回っている」

——カトリック教会から地動説の撤回を迫られたガリレオ・ガリレイがつぶやいたとされる言葉

14世紀に入ると、ヨーロッパでルネサンスと呼ばれる文化の再生・復興運動が始まり、学問のあり方も変わり始めた。古典を研究して古代ギリシャの哲学や知識を学び、当時こそが学問の黄金時代だったと考えたヨーロッパの人々は、古代ギリシャ時代に憧れ、当時の芸術や建築、政治、科学、文学を新しく再現しようとした。ちょうど西洋で印刷機が発明された時期とも重なり、文化の再生・復興運動の波はあっという間にイタリア全土を席巻し、ヨ

ルネサンス期の星座

ローマ郊外のカプラローラに建つファルネーゼ宮の天井に描かれた星座のフレスコ画。1575年作。作者不詳。

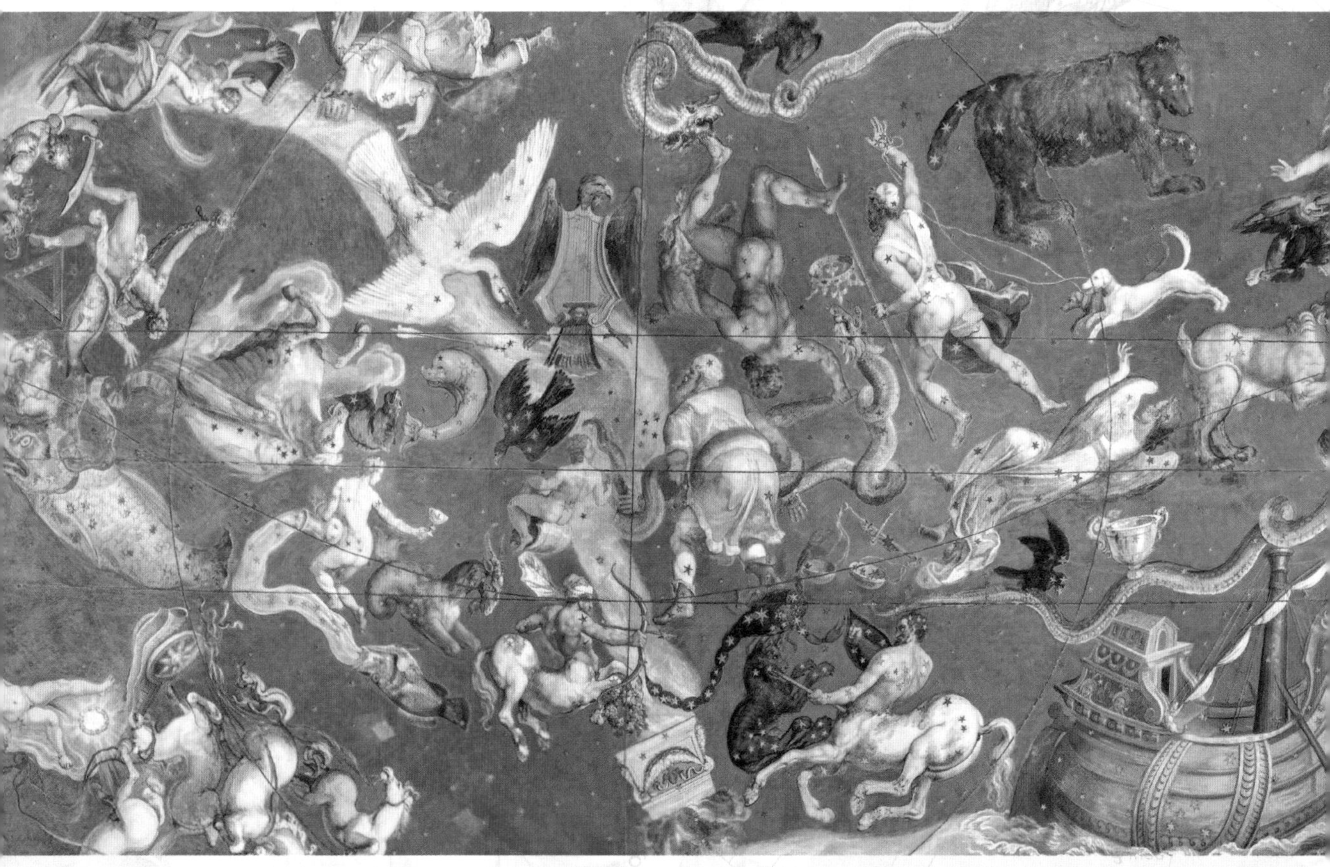

ーロッパ大陸全体に広まった。

ルネサンスの大波が天文学の分野に届いたのは遅く、15世紀も末に近づいた頃だった。2世紀にプトレマイオスが提唱した地球を中心とする同心球宇宙の天動説は、この時代になっても大勢の支持を受けて健在だった。一方、太陽を中心とする宇宙モデルも、遅くとも紀元前4世紀のサモスのアリスタルコス（紀元前310～230年）の頃には登場していた（この説はアリストテレスの自然学により、ありえないとして否定された）。

プトレマイオスの宇宙論は西洋の天文学を支配していたものの、その真偽に疑問を投げかける声は高まりつつあった。特に目立って批判的な声を上げていたのは、ポーランドのクラクフ大学の教授陣だった。当時のクラクフ大学には、天文学の研究に邁進する名高い学科が2つあった。1405年に設立された数学・天文学科と、医学との関わりから「実用天文学」と称され、1453年に設立された占星術学科だ。クラクフ大学の天文学科は、ヨーロッパの中でも特に際立っていた。教授陣は、プトレマイオスの「エカント」（観測されている惑星の動きを説明するために『アルマゲスト』で導入された数学上の概念）に対し、等速円運動（物体が一定の速度で円軌道をたどる運動）に反することから異議を唱えていた。クラクフ大学の妥協のない教育こそ、1491年に18歳で入学したニコラウス・コペルニクスがまさに求めていたものだった。

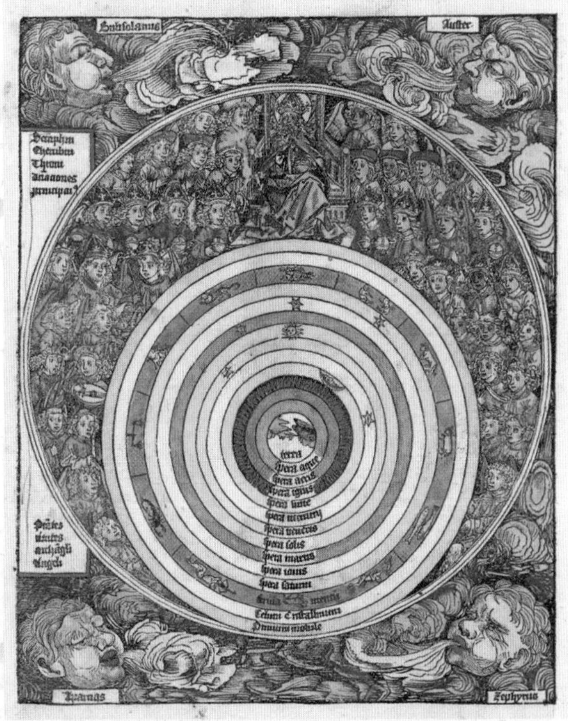

地球の中心と神の宇宙

キリスト教とアリストテレスの世界観が融合した宇宙図。宇宙は地球を中心とする同心天球で成っている。宇宙の上では神が玉座に座り、両脇を居並ぶ天使たちが固めている。『ニュルンベルク年代記』（1493年）より。

コペルニクスが起こした革命

地球を単なる惑星に変えた天文学者

中世ヨーロッパの天文学を支配していたプトレオマイオス(62～65ページ参照)の宇宙モデルを、ニコラウス・コペルニクス(1473～1543年)が根本から否定したのは、著書『天球の回転について』が最初だとされる。この本は彼が死んだ年に印刷、出版された(古い原稿を見る限り、コペルニクスは遅くとも1510年頃からこの考えを温めていたようだ)。コペルニクスはどのように、社会をひっくり返すような大胆な学説に至ったのだろうか?

世界観を変えた男

ニコラウス・コペルニクス。

宇宙の中心にあるのは太陽だ

プトレマイオスが天体運動を説明するために導入した「エカント」という概念には問題があり、論争の的になっていた(コペルニクスの弟子だった16世紀の天文学者ゲオルク・ヨアヒム・レティクスは、エカントを「自然が許さない話」と表現した)。もう一つ、月も問題になっていた。数学を使って計算していくと、彼の宇宙モデルでは月の運動を説明できないのだ。プトレマイオスは、惑星と月は、地球を中心とする大きな円(導円)に沿って、小さな円(周転円)を描きながら動くとした。そして、著書『アルマゲスト』で、月の周転円はなぜか導円より大きいため、地球から見た月の高度は大きく変わると述べている。少し観測すれば、すぐにこれは間違いだとわかる。彼の説は現代の数学で計算しても実際の天体運動とは明らかに合わない。惑星の運動にはばらばらに理由がつけられており、一貫した説明はない。プトレマイオスの宇宙は、彼自身が思い描いたような、美しく見事に調和のとれた世界とは程遠かったわけだ。

コペルニクスは、先人たちができなかった、完全に調和した宇宙を理論的に説明する作業に夢中になった。「これは、あちこちから別人の手と足と頭と、その他の体の部位を集めたようなものだ」と彼は書いている。「よくできたように思えても、どれも違う体のものなのだから、かみ合うはずがない。寄せ集めの部位から生まれるのは、人間ではなく怪物だ」。1510～1540年の30年間で、コペルニクスはデータを集め、理論の改良を重ねて、太陽を中心に置いた宇宙モデルに行きついた。地球は惑星の一つであり、月はその衛星で、ほかに6個の惑星が順番に並んでいる。コペルニクスは最初に書いたこの理論を弟子のレティクスが発表することを許可し、激しい批判も出なかったため、1543年に『天球の回転について』がニュルンベルクで印刷される運びとなった。

> 万物の中心には太陽がある(この本で最も有名な一節だ)。この最も美しい神殿(宇宙)の中で、この光り輝くものがいちどきにすべてを照らせる場所として、これ以上の場所があるだろうか? 実際に、太陽を宇宙の燭、宇宙の心、宇宙の支配者などと呼ぶ人もいる。そうした呼び名は太陽にふさわしい。太陽は玉座に座り、その周りを回る惑星の群れを支配している。

王(太陽)は宇宙の中心に

コペルニクスの太陽中心説の宇宙。
アンドレアス・セラリウス画(1660年)。

コペルニクスの説のように、地球が太陽を周回する単なる惑星だと考えれば、長年科学者たちを悩ませてきた宇宙の謎は一瞬にして氷解する。例えば、夜空の惑星がときおり逆方向に動くことがあり、これを「逆行」という。この現象もコペルニクスの説なら説明がつく。例えば地球は、火星などの外側の惑星よりも内側の軌道で太陽の周りを回っている。火星と私たちは同じ方向に公転しているが、内側にある地球は公転軌道が火星より短いため、ある時点で火星を追い抜く。すると、その先で私たちには夜空で火星が後退しているように見える。これこそ、長年探し求められていた単純で美しい答えだ。

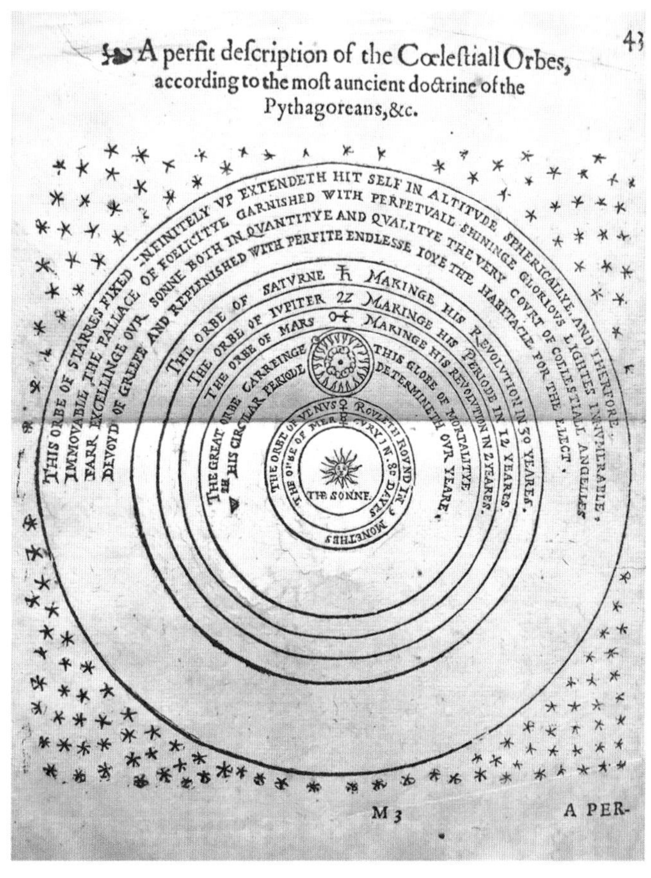

もちろん、新たな説は新たな謎も呼んだ。特に大きな問題は宇宙の大きさだった。地球が太陽の周りを回っているのなら（コペルニクスは太陽と地球の距離を実際とはかけ離れた450万マイル/700万km前後と計算した）、恒星を観測する場所も常に動くため、視差が生じて、恒星が見える方向も変化するはずだ。しかし、実際には視差はない。ということは、宇宙は従来の説よりもはるかに大きく、地球の公転による観測者の移動が問題にならないほど、恒星ははるか遠方にあるのだろうか。コペルニクスはまた、アリストテレスの物理学を支える大前提にも疑問を投げかけた。土と水の元素でできた天体や、投げ上げた物体はすべて、あるべき場所、すなわち宇宙の中心（地球）に向かって落ちるという説に対してだ。もし、コペルニクスがいうように、宇宙の中心が地球ではないのなら、（恐ろしいことに）重さや運動に関するこれまでの物理理論はすべて間違っていることになる。すべてを一から見直さなければならないのだ。例えば、地球はなぜ球形で、なぜ回転しているのか？ 地球はすさまじい速度で太陽の周囲を駆け巡っているのに、地球の表面にいる私たちがそれをまったく感じないのはどうしたわけなのか？

無限大の宇宙の登場

イギリスの数学者トーマス・ディッグスによる『天体運動の完全な記述』（1576年）に掲載された、有名な宇宙図。ディッグスはイギリスで最初にコペルニクスの説を支持し、さらに踏み込んで、宇宙の一番外側に設置された「恒星天球」を否定した。そして、宇宙は無限に広がり、無数の星が存在すると主張した。イギリスでは、この宇宙図によって、無限の宇宙という考え方がコペルニクスの理論の一部とみなされるようになった。

皇帝のためのアストロラーベ

『皇帝天文学』(1540年)に綴じ込まれたアストロラーベ。この本は、16世紀最高の印刷芸術といわれる。ペトルス・アピアヌスが、彼の後援者であったハプスブルク家の皇帝カール5世と弟のフェルディナントのためにデザインした。工夫に富んだ紙製の回転円盤(ボルベルまたはミツバチの円盤とも呼ばれる)を使った早見盤で、惑星の位置、月食、恒星の位置を求められる。

Tycho Brahe

ティコ・ブラーエ

精密に天の星を測った天文学者

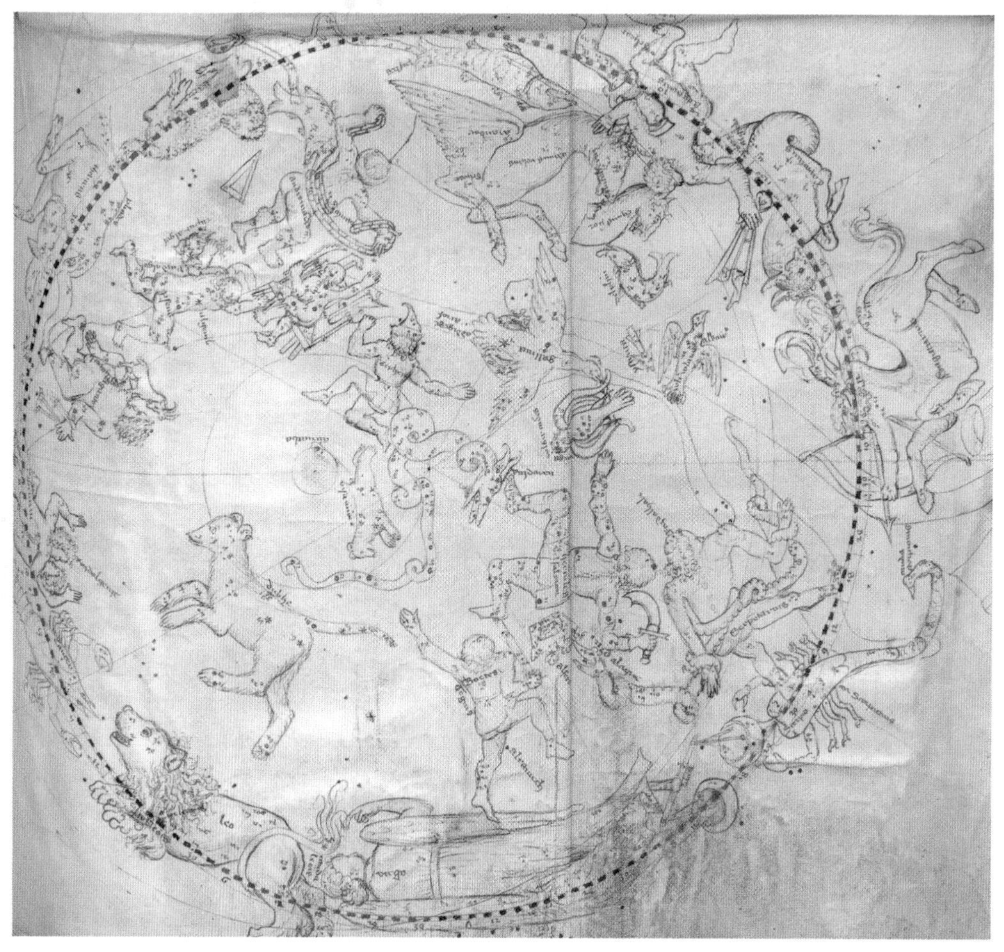

コペルニクスの著書『天球の回転について』は新たな謎を生んだが（122ページ参照）、その答えはほとんど示されなかった。その結果、コペルニクスの「大胆」な宇宙構造と自然法則を解明するなり反論するなりの取り組みから、科学界の革命が始まった。同じ頃、天文学は幾何学から物理学の一分野へと変貌しようとしていた。15世紀後半に印刷された地図が登場すると、古典的なプトレマイオスの宇宙論が再び注目され、地理座標を当てはめて、より現実的な形にする動きが起こった（ルネサンス期の測量への強いこだわりもその一因だった）。最初に印刷された天球図は、ドイツの大画家アルブレヒト・デューラー（1471～1528年）が1515年に制作した作品で（右ページ図）、ヨーロッパでは最古の星図である、ウィーン写本（上図）の図案を踏襲していた。

ヨーロッパ最古の天球図

ウィーン写本にあった、ヨーロッパ最古の北天の天球図。星にはプトレマイオスの星表の番号がつけられている。この様式はのちの時代のあらゆる天球図の手本となった。作者不詳の『固体球の構成』（1440年）に掲載されたもの。

観測の答えは「天球など存在しない」

天文学は、古典的な権威よりも、実際の観測結果が重んじられる科学へと変わった。新しい道具を作り、技術の改良を重ね、より正確に空を調べることこそが、まだ見ぬ宇宙へとつながる道だった。このような変化に一役買ったのが、黄金の鼻を持つ男*とも呼ばれたデンマークの貴族ティコ・ブラーエ（1546～1601年）だ。彼は天文学に強い関心を抱き、観測を始めた16歳の年に、12年ぶりとなる木星と土星の合（2つの惑星が重なる瞬間）を目撃した。そして、1483年にプトレマイオスの体系に基づいて刊行されたアルフォンソ天文表や、コペルニクス以降の時代の観測データが、この天文現象を正確に予測できていないことに気づいた。

やがて、空で爆発が起こった。1572年、ブラーエはカシオペア座に現れた新しい天体を観測した。古代の偉大なアリストテレスが提唱した、宇宙は完全かつ不変であるという従来の考え方からすれば、ありえない現象だった。ブラーエが見た非常に明るい光

天球説を壊した貴族

ティコ・ブラーエ。

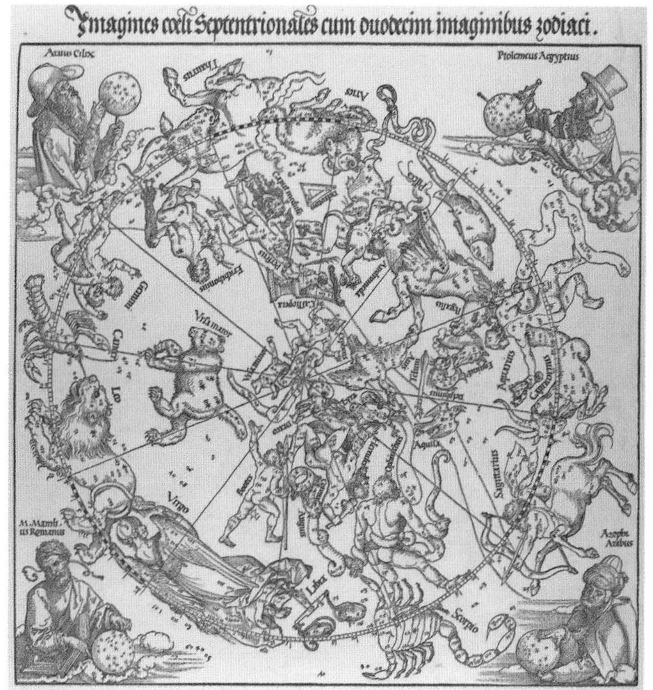

ヨーロッパで最初の印刷星図

大画家アルブレヒト・デューラーによる、ヨーロッパで最初に印刷された北天の星図。1515年にドイツのニュルンベルクで出版された。

*ブラーエは1566年12月29日、同期生だったデンマーク人のメンドルプ・パースベアウと数学の公式をめぐって口論となり、暗闇の決闘で鼻の一部を剣で切り落とされた。そのため、ブラーエはつけ鼻をつけて残りの人生を送ることになった。このつけ鼻は金でできているといわれていたが、真偽を確かめるために2010年にブラーエの遺体が掘り返され、化学分析が行われた。その結果、ブラーエのつけ鼻は真鍮製だったことが明らかになった（特別な場では金のつけ鼻をつけていた可能性もある）。

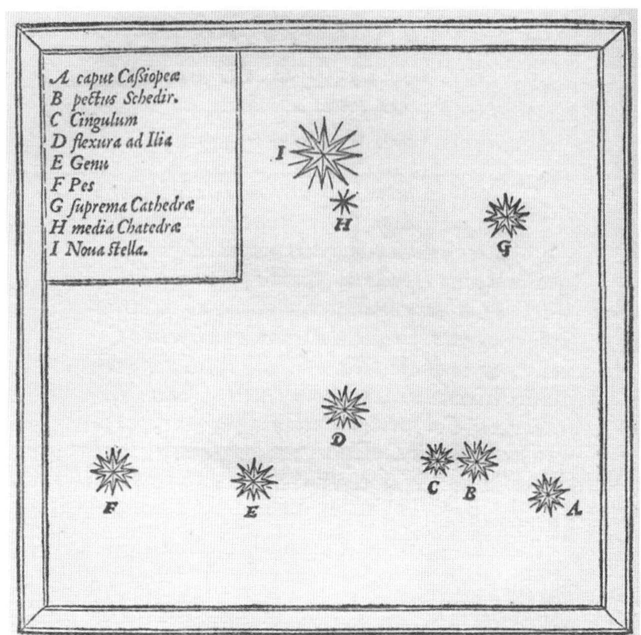

ティコの超新星

ティコ・ブラーエによる『新星』(1573年)の挿絵。1572年にカシオペア座で観測された超新星(ブラーエはこれを新星と呼んだ)には「I」の文字が添えられている。

ティコの天文台

ブラーエのステルネボリ天文台。ステルネボリとはデンマーク語で「星の城」を意味する。

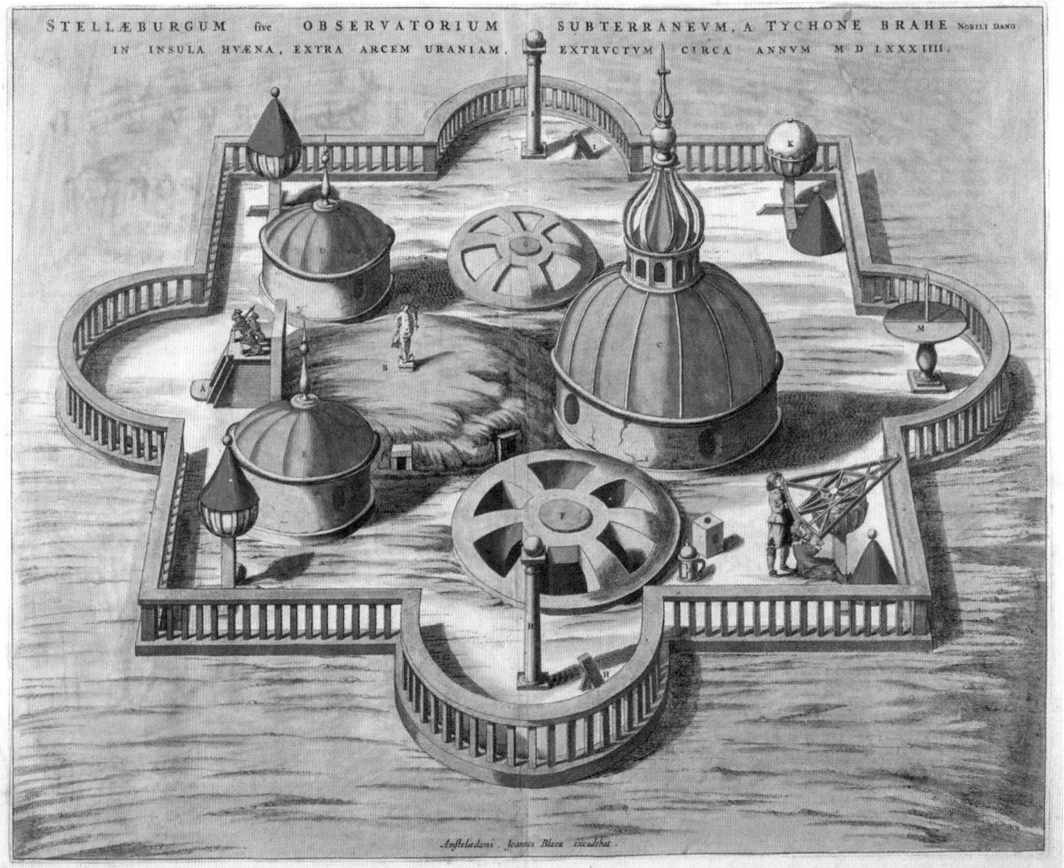

の正体は、星が一生を終えるときに爆発する現象、すなわち超新星だった。この超新星は現在、SN1572またはティコの超新星と呼ばれている。つまり実際の空が変化することは明らかだ。1577年には、夜空を切り裂くまばゆい大彗星が現れた。彗星は一時的にしか姿を現さず、夜空を移動する速度が極めて速いことから、当時は天文現象ではなく、地上で起こる大気現象の一種とされていた。この彗星を目撃したブラーエは、彗星が惑星の間を移動しており、この現象が従来の説よりはるかに遠く、むしろ天体の領域で起こっていることを示した。そうなると、新たな問題が持ち上がる。宇宙が固い透明な球から成り、それらの球が惑星を運んでいるのだとしたら、彗星はどうやって惑星の間を通り抜けているのだろうか? その問いに、ブラーエは単純ながらも、それまでの宇宙論を根本から揺るがせるような答えを出した。そもそも、天球など存在しないというのが、彼のたどり着いた結論だった。

デンマーク国王フレゼリク2世の後押しを受けて、ブラーエはヨーロッパで初めての天文台をヴェン島に建設し、ウラニボリ(天空の城)と名づけた。しかし、目的を果たすにはウラニボリでは小さすぎることがわかり、ブラーエはすぐそばに2番目の天文台、ステルネボリ(星の城)を建てた。天文台にはブラーエが2個の星の間の角度を測るために考案した六分儀などの最新鋭の道具がそろい、大勢の助手たちが住み込みで観測を行って記録した。彼らはこつこつと観測を続け、北天の777個の星を精密な星表にまとめた。星の位置は繰り返し測定され、しっかりと確かめられた。こうして、当時の天文学者たちが使っていた時代遅れのプトレマイオスの星表に代わる新たな星表が誕生した(ブラーエは1個1個の星を刻み込んだ巨大な天球儀を作ったが、残念ながらその素晴らしい作品は残っていない)。

天文台の天球儀

ステルネボリ天文台のアーミラリ天球儀。

それでも天動説を捨てない

星の観測と精密な星図製作を長く続けるうちに、ブラーエは「ティコの体系」と呼ばれる独自の宇宙モデルにたどり着いた。ブラーエは単純明快なコペルニクスの理論を理解していたが、敬虔なプロテスタントとして、天地創造の中心は地上世界であるという旧約聖書の言葉を無視できなかった。特に地球が高速で動くという説は受け入れがたかった。なぜ動く地球上で空に放った矢が

ティコの宇宙

アンドレアス・セラリウスの星図帳『大宇宙の調和』(1660年)から「遠近図法で表現したブラーエの世界の構造」。星図の最高峰と評される。この図ではティコの天文体系が示され、太陽、月、恒星(黄道帯)が地球の周りを回転し、5個の惑星が太陽の周りを回転している。

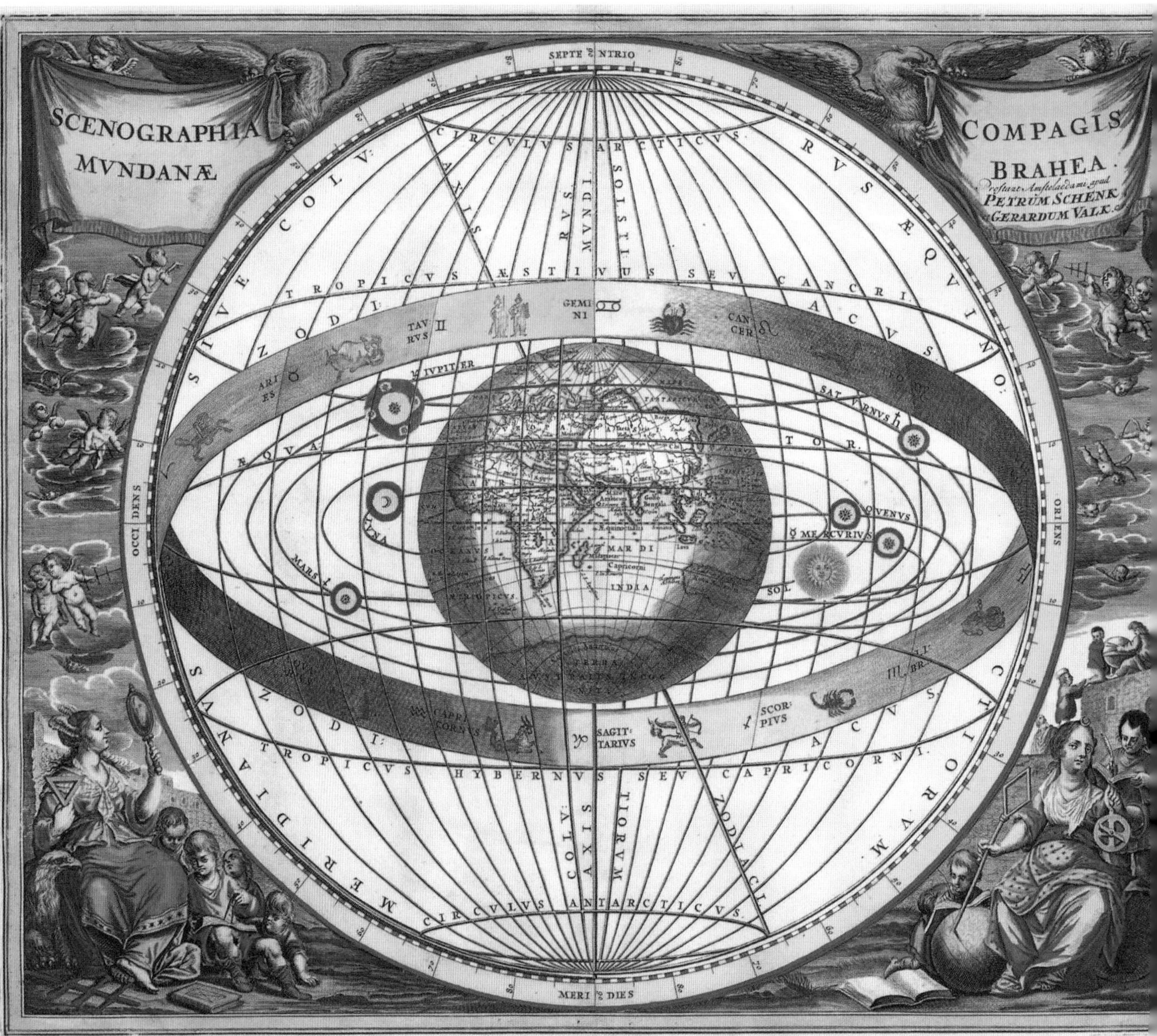

足元に落ちてくるのか？ ブラーエの宇宙モデルはコペルニクスの運動理論の多くを取り入れていたが、大きな違いが一つあった。宇宙の中心に位置するのは静止した地球である。その周囲を太陽や月が回り、土星、火星、木星、金星、水星は太陽の周りを回っている。最遠の惑星軌道のすぐ外側に薄い層があり、恒星はその層に収まっていると考えたのだ。そして、宇宙の半径は地球半径のわずか1万4000倍とコペルニクスの宇宙よりはるかに小さく、地球半径の2万倍のプトレマイオス宇宙よりもなお小さかった。

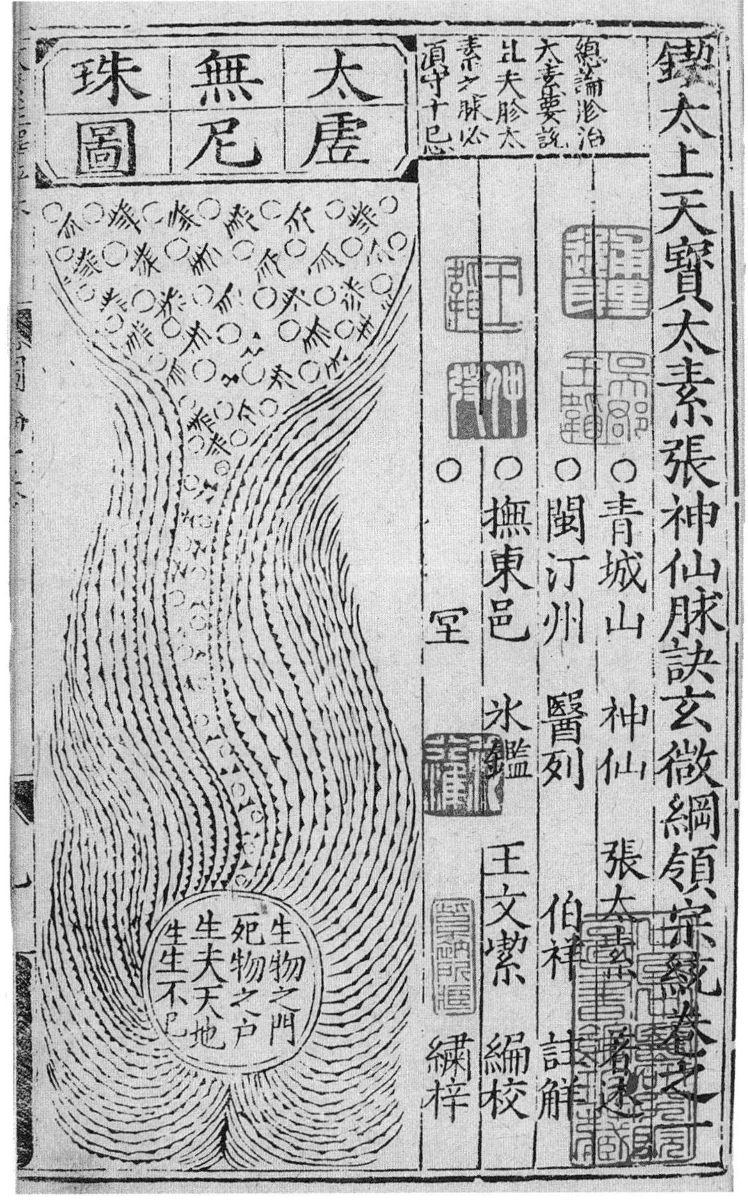

無から万物が生まれる中国の宇宙観

ブラーエと同時代の中国の木版画。1599年の版で、無から宇宙の万物が生まれる様子を表している。陰と陽の無限の生成と変化を経て、宇宙と森羅万象が形作られたというのが当時の中国の宇宙論だった。

ヨハネス・ケプラー

地動説を加速させたケプラーの法則

太陽を宇宙の中心に置くコペルニクスの宇宙論をきっかけとして天文学の過渡期が始まった。だが、17世紀頃の天文学と宇宙観は迷走していた。最初に古代ギリシャで登場した概念「天球」と、天球から成る宇宙構造は、天文学者たちに長く圧倒的に信じられていた。彼らの仕事は、惑星運動を幾何学で予測する天文体系を考えることであり、天球を動かす力については二の次だった。それは神の力だと言えばよかったからだ（インペトゥスの考え方でも、天球を回転させる力は、神なる第一動者と神に仕える天使たちだった。104ページ参照）。コペルニクスでさえも、有名な著書の題名『天球の回転について』からわかるように、惑星の運動を説明するために天球という基本概念を捨てず、本の中で回転の原動力についてはほとんど言及していない。ティコ・ブラーエが宇宙は不変ではないこと、あるはずの天球と天球の間を彗星が抵抗なく通過していくことを示したのは、大きな前進だった。ただし、彼が地球を中心に置いた宇宙モデルにこだわったことは天文学の足踏みを招いた。

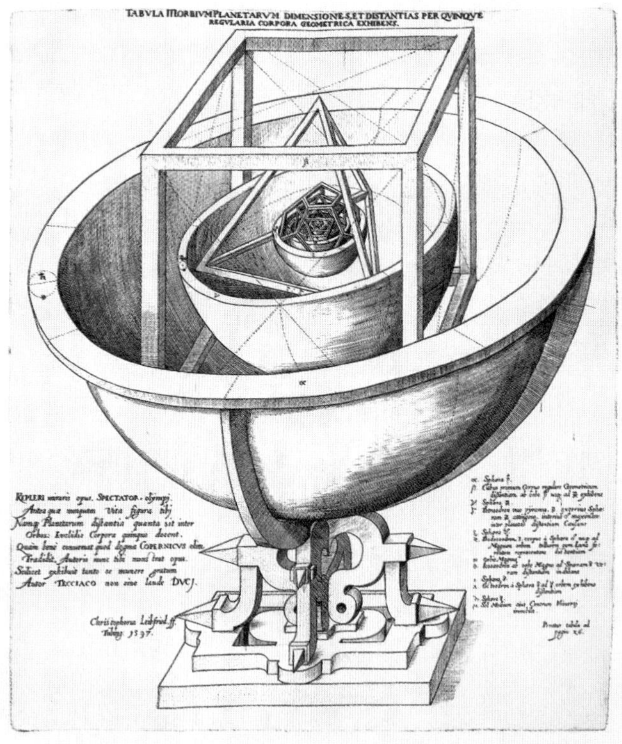

多面体で仕切られた天球

ケプラーの極めて高度な（しかし現代人から見れば非常に奇怪な）宇宙モデル。惑星の天球がそれぞれ形の異なる正多面体によって仕切られている。この図を見ると、最も外側にある土星の天球は、巨大な立方体によって、その内側にある木星の天球と仕切られていることがわかる。

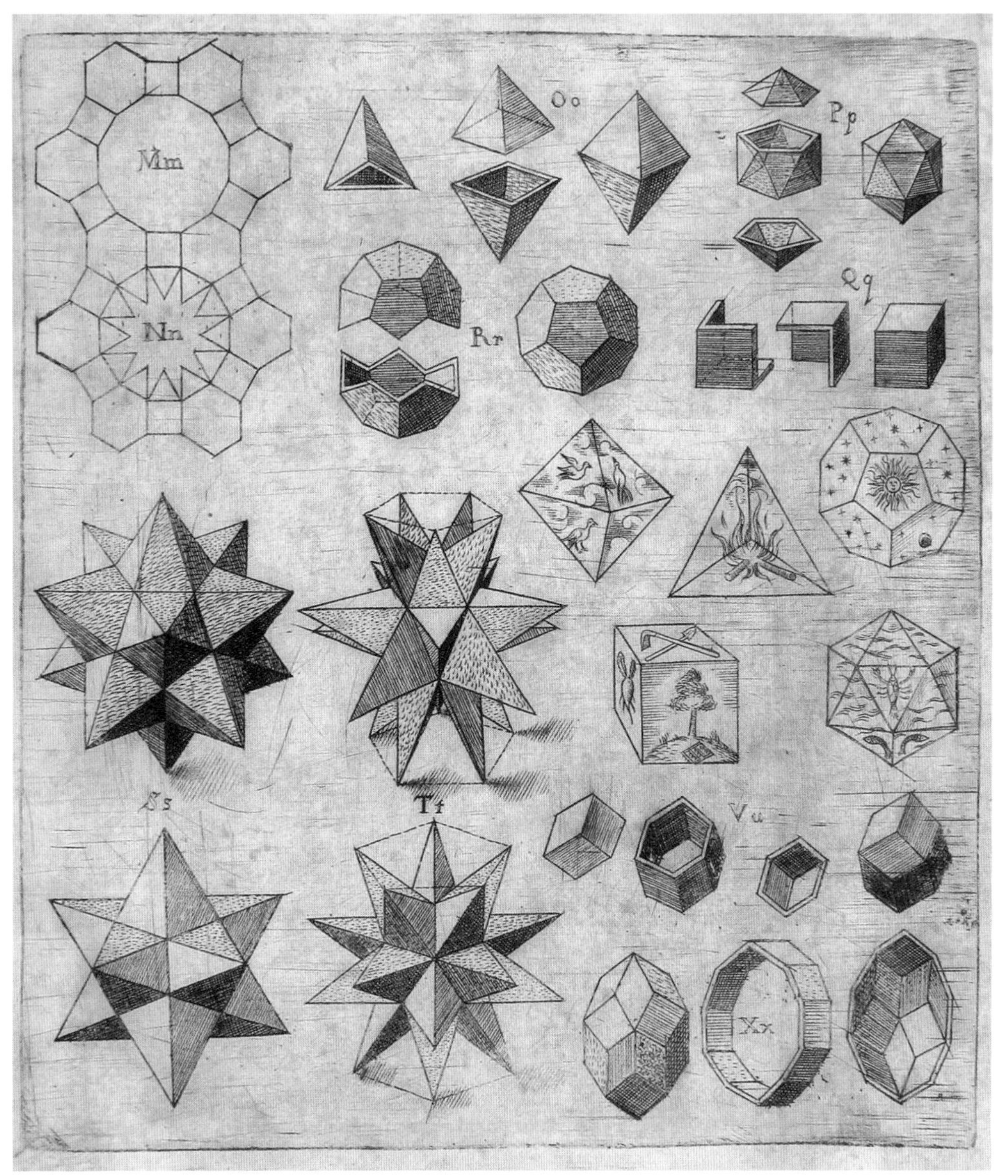

神がつくった「プラトンの立体」

ケプラーの『宇宙の調和』(1619年)に描かれた多面体。このうち、プラトンの立体とも呼ばれる5種類の正多面体を、アリストテレスは、五大元素(火、土、水、空気、不朽のエーテル)の形であるに違いないと考えた。

美しい規則性を求めて

ドイツの数学者ヨハネス・ケプラー(1571〜1630年)は、まごうことなき天才だった。彼はコペルニクスの宇宙モデルを擁護し、その惑星運動の謎の解明に取り組むうちに、惑星の軌道と運動速度に関する独自のアイデアを生み出した。かつてルーテル派の牧師になるために神学を学んでいたケプラーにとって、完全なる神の単純性という考え方は、敬服するコペルニクスと同様に、答えを探すうえで重要な要素だった。彼の好奇心の源は信仰にあった。なぜ神は6個という数の惑星をおつくりになったのだろうか？ なぜ太陽からの距離は惑星によって違うのだろうか？

ケプラーは、1596年に出版した『宇宙の神秘』で驚くような答えを示した。宇宙の幾何学的構造の基礎となっているのは、「プラトンの立体」と呼ばれる、5種類の正多面体ではないかというのだ。古代の哲学者プラトンは著書『ティマイオス』の中で、正多面体が5種類（正四面体、正六面体、正八面体、正十二面体、正二十面体）しかないことに言及し、のちにアリストテレスはそれぞれを五大元素に対応するとした。ケプラーは、巨大な5つの正多面体が特定の順番で入れ子状に重なり合い、それらによって各惑星の天球が区切られ、惑星間の距離が決められていると考えた。6個の惑星天球の間に、ぴったりと5個の多面体が収まっているわけだ（驚くことに、この比率は実際の惑星間の距離とある程度一致している）。惑星天球間の距離がばらばらな理由はこれで説明がつくし、さらに惑星軌道の距離が違う理由も説明できる。

ケプラーの宇宙モデルについては、『宇宙の神秘』に掲載された図（131ページ）を見てもらうのが早いだろう。これを見ると、この宇宙モデルがどれほど突飛で、同時にどれほど考え抜かれた概念であったかがわかるはずだ。

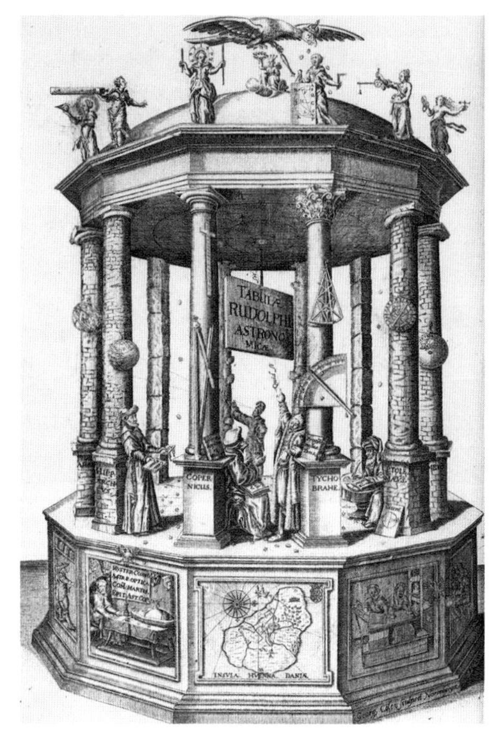

ケプラーの最新天文表

ケプラーの『ルドルフ表』の扉絵。ケプラーとともにプトレマイオスやコペルニクスの姿も描かれている。ルドルフ表を使えば、恒星と惑星の位置関係を調べられる。

惑星軌道は神の完全なる円ではなかった

ティコ・ブラーエはケプラーの素晴らしい数学的才能を見抜き、1600年にプラハの新しい天文台に惑星研究の助手として招いた。すぐにケプラーは、コペルニクスの宇宙モデルではどうしても説明がつかない火星の運動の解明にとりかかった。1年後にブラーエが死去し、後任の座についたケプラーは、ブラーエが生涯をかけて集めた観測データを自由に扱える立場になった。ケプラーは、太陽が回転しており、磁力のような不思議な力を惑星に及ぼしているため、惑星が軌道運動をしていると信じていた。しかし、火星軌道が円の形だとすると、どうしても観測結果と合わない。そこでケプラーは、最初は候補から外していた、惑星の軌道が楕円形である可能性について考え始めた。最初に楕円形を除外したのは、楕円軌道という単純なアイデアが円軌道よりも優れているなら、先人たちがそれを証明したはずだと考えたからだ。ブラーエの詳細な観測結果のおかげで、ケプラーは、火星の軌道を円だと仮定すると角度に8分という大きな誤差が生じるが（これではモデルが正しいとはいえない）、楕円軌道なら結果を完璧に説明できることに気づいた。そこから生まれたのがケプラーの大発見、惑星の運動に関する有名なケプラーの法則のうち、「惑星は太陽を一つの焦点とする楕円軌道を描く」という第一法則だ。

天体力学の誕生

実は第一法則よりも前に発見されていたケプラーの第二法則は、太陽の周りを楕円軌道で動く惑星の速度について説明している。これは、太陽と惑星を結ぶ線分が等しい時間内で通る面積は、常に等しいというものだ。つまり惑星の速度は、太陽に近づくにつれて速くなり、遠ざかるにつれて遅くなっていく。この第二法則について、ケプラーは軌道を適当な数に分け、それぞれの惑星の位置を計算して星表と照らし合わせた。だが、それぞれの瞬間の惑星の位置を正確に特定するところで壁に当たった。位置を正確に計算できなかった理由は、惑星の速度が常に変化していたためだった。ケプラーはこの第一法則と第二法則を1609年の大著『新天文学』で発表した。

1619年*に刊行した『世界の調和』で、ケプラーは惑星運動の第三法則を発表している。第三法則は、惑星の公転周期の2乗は、軌道の長半径の3乗に比例するというもので、太陽から惑星までの距離と公転周期の長さの直接的な関係を表している。

1627年、ケプラーは発見したこれらの法則を取り入れて、天文学者の信念の表明というべき最新の天文表を完成させた。この天文表は、神聖ローマ皇帝ルドルフ2世にちなんで『ルドルフ表』と呼ばれ、1005個の恒星の位置が記され、以前よりもはるかに高い精度で天体の軌道を予測できるようになった。ケプラーが死んだ1年後の1631年には、フランスの天文学者ピエール・ガッサンディが『ルドルフ表』を使って、史上初となる水星の太陽面通過の観測を成功させた。ケプラーの予測は見事に当たっていた。

「私は空を測ってきた」と、ケプラーの墓碑には書かれている。「今の私は影を測る。心は空にあり、体は地上で眠る」。太陽が惑星を動かしている力の正体をはじめ、宇宙の根本についての謎はまだ多く残っていたが、ケプラーは天体力学という新たな科学分野を生み出し、大きな変化をもたらした。こうして、天文学は幾何学から物理学の領域へと移っていくことになる。

*1615〜1621年、ケプラーは魔女裁判にかけられた母カタリーナのために奔走していた。それを考えれば、ケプラーの発見がいっそう驚くべき成果であることがわかるだろう。友人たちの助けを借りて、ケプラーは法廷に立って母を弁護し、安全なオーストリアのリンツに母を連れて行った。しかし、1620年にカタリーナは逮捕され、1年と2カ月にわたって投獄された。彼女は頻繁な拷問により自白を強要されたが、頑としてそれを拒んだ。カタリーナは1621年に釈放されたものの、そのわずか6カ月後に死んだ。

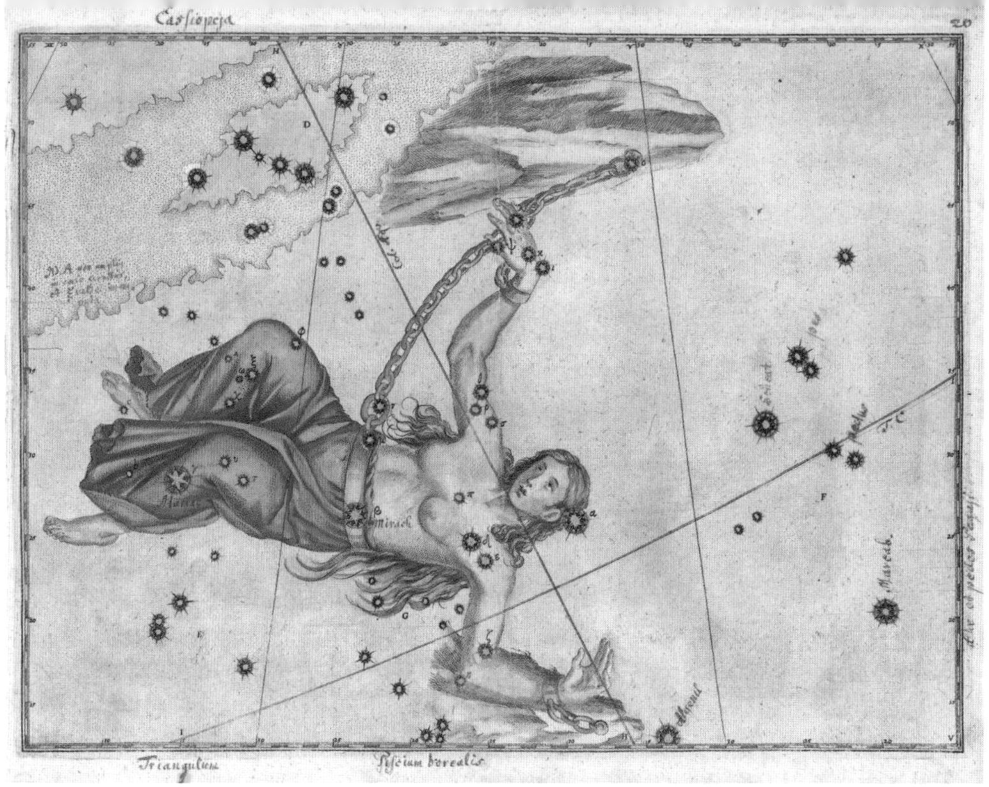

バイエルの星座たち

上：ケプラーとブラーエが観測を行っている頃、ヨハン・バイエルは過去の星図を参考にして、全天をおさめた初の星図書『ウラノメトリア』(1603年)を作成した。バイエルは、例えば「ケンタウルス座α星」のように、各星座の明るい星から順番にギリシャ文字を名前にふった。このような星の命名方法はのちの天文学に採用された。図はアンドロメダ座。

おとめ座

左：全天で2番目に大きい星座である、おとめ座。

わし座

右ページ上：バイエルのわし座。

りゅう座

右ページ下：りゅう座の竜。プトレマイオスの48星座の一つ。

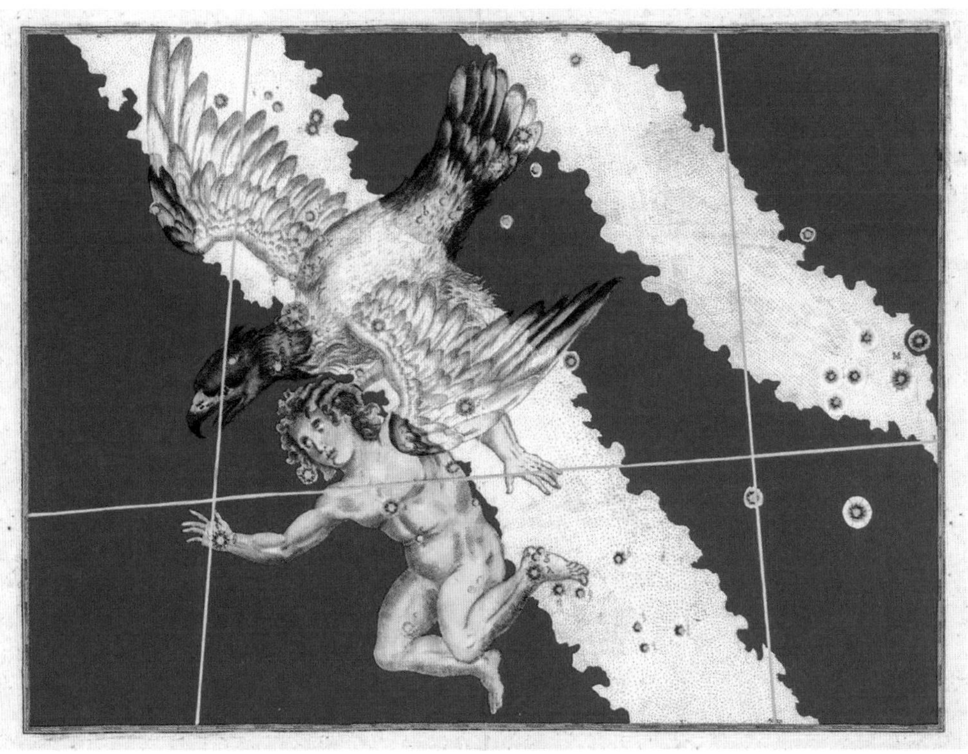

ガリレオ・ガリレイ
望遠鏡で見た宇宙の新しい世界

宇宙の形や天地創造を説明する神話は、時代や文化によって大きく異なるが、どれほど優秀な天才が想像力を働かせたとしても、昔の人々は肉眼でしか空を見ることができなかった。17世紀に入る頃には、数千年に及ぶ肉眼での観測によって、私たちが見られる空の領域はきれいに調べ尽くされていた。そんな状況は、1608年にドイツ生まれのオランダ人で眼鏡職人だったハンス・リッペルハイが「遠くのものがすぐ近くに見える」道具の特許を申請したことから一変する。この道具は最古の望遠鏡といわれる。凸レンズと凹レンズ（接眼レンズ）を使ったこの「オランダの遠眼鏡」（「望遠鏡」という名称は3年後にジョヴァンニ・デミシアニがつけた）は、シャム王国の使節訪問に関するオランダの外交報告書に記載され、発明の噂はヨーロッパ全土に広まった。科学界もこのニュースに飛びついた。イギリスのトーマス・ハリオットは、1609年頃から倍率6倍の望遠鏡を使って観測を行い、イタリアの学者ガリレオ・ガリレイ（1564～1642年）も噂を聞いて関心を持った。

ガリレオ、望遠鏡を空に向ける

ガリレオはヴェネツィアのパドヴァ大学で18年間にわたって数学教授を務めていたが、1609年、眼鏡職人リッペルハイの発明を改良した倍率8倍の望遠鏡を完成させた。まもなくフィレンツェで20倍望遠鏡を作り上げ、次々と有名な発見をしていった。肉眼では見えなかった多くの星や天文現象を、初めて人間が目にしたわけだ。これにより、彼はメディチ家のトスカーナ大公コジモ2世のもとで数学者兼哲学者の職を高待遇で得ることに成功した。望遠鏡をのぞき込む前から、ガリレオは、太陽を中心とするコペルニクスの宇宙モデルを裏づける証拠が十分でないことに気づいていた。ケプラーは1597年にコペルニクスを擁護した自著『宇宙の神秘』をガリレオに送っていたが、この本は説得力が足りず、コペルニクスの説の支持者はまだ少数派だった。だが、望遠鏡を使ったガリレオの発見により、懐疑派はたちまち態度を変えた。

1610年3月、ガリレオは天体観測結果を集めた『星界の報告』を刊行した。あわただしく出版された本だったが、70枚以上の挿絵が入り、特に衝撃的な発見の数々が初めて紹介された。彼は肉眼で見える星の10倍以上の数の恒星を発見し、オリオン座、おうし座、プレアデス星団の姿を詳細にスケッチし、天地創造以

望遠鏡を宣伝

右ページ：1609年8月、ガリレオがヴェネツィア元首レオナルド・ドナートに書き送った手紙の下書き。自分が製作した望遠鏡についてと、軍事目的に使用できる可能性について説明している。注目に値するこの書簡の下半分の内容は、ガリレオ自身による月と木星の観測結果。

Ser.mo Principe.

Galileo Galilei Humiliss.o Servo della Ser.tà V.a invigilando assiduam.te, et con ogni spirito per potere non solam.te satisfare al carico che tiene della lettura di Matematiche nello Studio di Padova,

Scrivere d'havere determinato di presentare al Ser.mo Principe l'Occhiale et quello per essere di giovamento inestimabile per ogni negozio et impresa marittima o terrestre stimo di tenere questo nuovo artifizio nel maggior segreto et solam.te a disposizione di S. Ser.tà L'Occhiale cavato dalle più recondite speculazioni di prospettiva ha il vantaggio di scoprire Legni et Vele dell'inimico per due hore et più di tempo prima che egli scuopra noi et distinguendo il numero et la qualità dei Vasselli giudicare le sue forze pallestirsi alla caccia al combattimento o alla fuga, o pure ancora nella campagna aperta vedere et particolarm.te distinguere ogni suo moto et preparamento.

Adi 7. di Gennaio Giove si vedde così * * ♃ * occ.

Adi 8 così or. * * * ♃ * * * 10. ♃ * * * 11. ♃ * * *

♃ * * * era dunque diretto et non retrogrado

Adi 12. si vedde in tale costituzione or. * * ♃ * occ.

Il 13 si veddono vicinissimi à Giove 4 stelle * ♃ * * * o meglio così * ♃ * * *

Adi 14 è nugolo

Il 15 ♃ * * * * occ. la prossima à ♃ era la minore la 4.a era distante dalla 3.a il doppio in circa.

Lo spazio delle 3 occidentali non era maggiore del diametro di ♃ et erano in linea retta.

♃ long. 71.38 lat. 1.13

来初めて観測された小さい星を新しく付け加えた。以前はおうし座の星の数は6個だったが、ガリレオははるかに多い29個の星をおうし座の中に見つけた。もともと9個の星しかなかったオリオン座にも、ガリレオは71個の星を付け加えた。ガリレオはプトレマイオスの星表にある「星雲」を実際に観測し、これらの正体が多くの小さな星の集まりであることに気づいた。このことから、これまで星雲とされてきた天体や天の川も、実際は無数の星の集団であろうと彼は推測した。星までの距離が遠く、星が小さすぎるせいで、肉眼では一つ一つを見分けることができなかったのだ(かつてアリストテレスも似たようなことを考えていた)。

これまで誰も見たことがない領域を初めて目にしたガリレオの興奮は想像に難くない。しかも、新発見はさらに続いた。1610年1月、望遠鏡を木星に向けた彼は、木星のそばに3個(のちに4個目も発見された)の天体が一直線に並び、木星と一緒に動いていることに気がついた。それらの天体は木星の後ろに隠れて見えなくなることもあった。これらは衛星に違いない。ガリレオはゼウス神が愛した女性たちにちなんで、木星で発見した4個の衛星にイオ、エウロパ、ガニメデ、カリストという名前をつけ、記録した。ガリレオは後援者であったメディチ家のコジモ2世に敬意を表し、これらの衛星を「メディチ家の星」と呼んだ(現在までに木星の衛星は79個が確認されている)。それまで、衛星を持つのは地球だけだと考えられてきたが、地球以外でも衛星がある惑星の存在が明らかになったことで、地球を特別視するプトレマイオスやブラーエの天動説の立場は以前よりも危うくなった。ガリレオは丹念な月の調査も行い、完全な平面だと考えられていた月の表面に、巨大な山脈(ガリレオはその高さまで見積もった)や、あばたのようなクレーターがあることを発見した。この発見は大きな反響を呼んだ。

その後も、ガリレオは次々と宇宙の謎を解いていった。当時太陽の衛星とされていた黒点は、著書『太陽黒点とその諸現象に関する誌および証明(太陽黒点論)』の中で、太陽の一部であることを

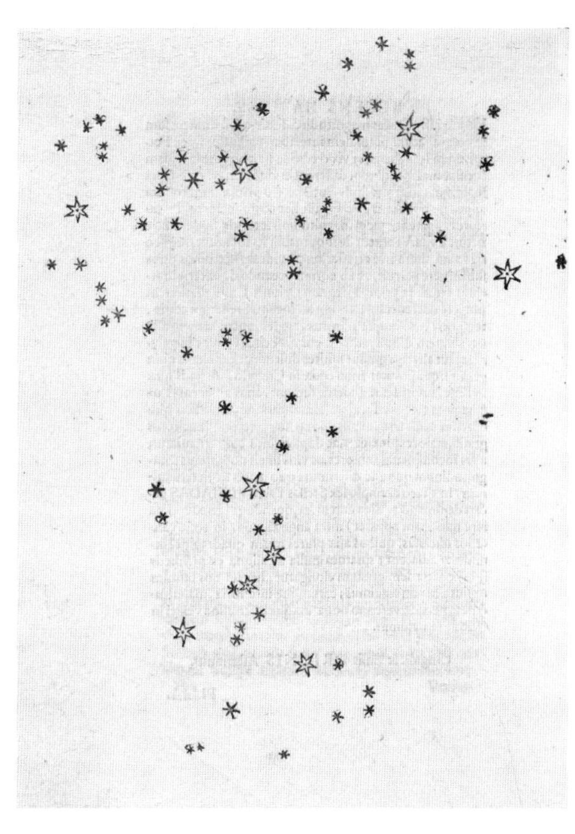

ガリレオが見た オリオン座中心部

ガリレオによる、オリオン座の三ツ星(図の一番上に並んだ3個の明るい星。英語では「オリオンのベルト」と呼ぶ)と、その周辺の星のスケッチ。その多くは、ガリレオが歴史上初めての目撃者となった。

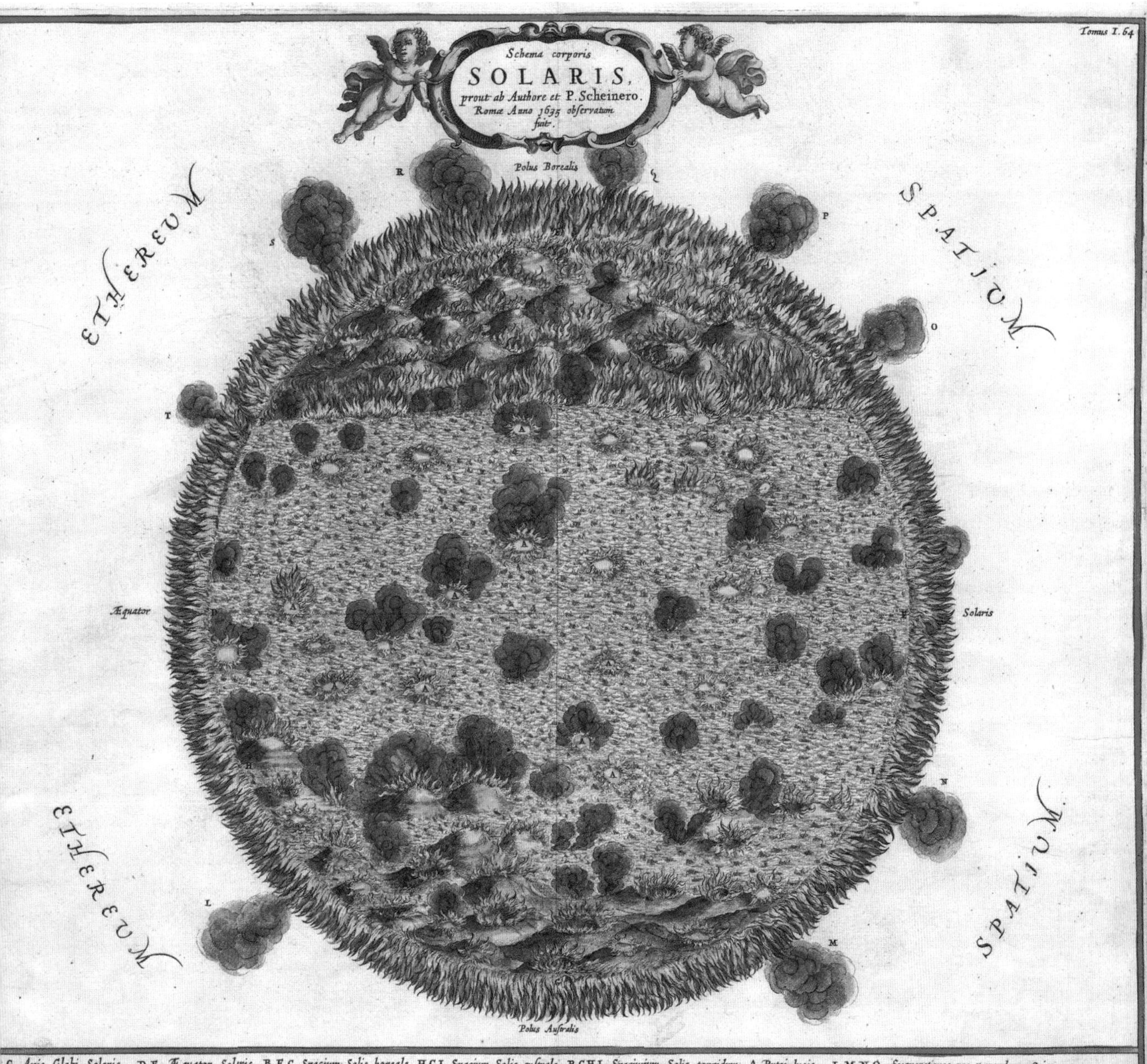

ガリレオの論争相手の太陽

アタナシウス・キルヒャーによる太陽図(1665年)。両極は山脈で覆われ、赤道付近では太陽の海が渦巻いている。キルヒャーはこの不思議で素晴らしい地図の作成にあたり、ドイツのイエスズ会修道士クリストフ・シャイナー(1573～1650年)の黒点の観測結果を基にした。シャイナーは黒点を太陽の衛星だと考えていた。1612年、ガリレオは『太陽黒点とその諸現象に関する誌および証明(太陽黒点論)』を発表し、黒点は太陽の一部であるとしてシャイナーの主張に反論した。

ガリレオを裁く法廷

ジョセフ=ニコラ・ロベール=フルーリー画『ガリレオ裁判』。

示した。金星が月と同様に満ち欠けすることを確認したのも大発見だった。これはプトレマイオスの説を否定することになるからだ。もしもプトレマイオスの宇宙モデルがいうように、金星が常に太陽と地球の間にあるのなら、地球の観測者から「満月」の金星が見えるはずはない。しかし、実際には丸い形の金星が地球から見えるのだ。

ガリレオ裁判

ガリレオは、天動説を否定するような示唆をなるべく表に出さず、自らの発見を観測結果に基づいて穏便に発表しようとした。扇動者のレッテルを貼られれば、メディチ家の庇護を失い、それ以上のリスクも背負うかもしれない。教会は、旧約聖書の詩編104章5節「主は地をその基の上に据えられた。地は、世々限りなく、揺らぐことがない」、コヘレトの言葉1章5節「日は昇り、日は沈み、あえぎ戻り、また昇る」などの記述を地動説に反対する根拠としていた。ガリレオの観測結果は大勢のイエスズ会士の学者たちによって裏づけられていたが、彼の主張は聖書に反していた。ガリレオは異端として告発され、何年もの間、裁判で争わなければならなかった。いわゆるガリレオ裁判である。異端審問の結果、ガリレオは地動説を支持したとして、1633年に有罪判決を受けた。ガリレオは「聖書に反する内容の公表後、それがさも真実であるかのように意見を曲げず、擁護し続けた」ため、「異端であることが強く疑われる」とされた。彼はそのような意見を「捨て去り、呪い、忌み嫌う」ことを要求され、終身禁固の判決を受けたが、のちに自宅軟禁に減刑され、残りの生涯を研究にあてた。

キリスト教の星座

右ページ上：ノアの方舟座。1627年に刊行された、法律家のユリウス・シラーの『キリスト教星図』は、古来の神話の登場人物に代わって、聖書の物語や初期の聖人を星座に当てはめたユニークな書物だった。

土星の「耳」と「環」

右ページ左下：オランダの天文学者クリスティアーン・ホイヘンスの『土星環の確認』(1659年)にある土星の軌道。ガリレオには土星が3個の星が並んだ形に見え、中央の星の横に衛星が2個あると考えて、土星の形を「土星には耳がある」と表現した。1655年にホイヘンスは、土星は「薄く、平たく、どこにも接触することがなく、黄道に対して大きく傾いた環に囲まれている」ことを発見した。同じ年に、ホイヘンスは土星の惑星タイタンも発見した。

ガリレオが見た月

右ページ右下：1610年にガリレオが観測した月。

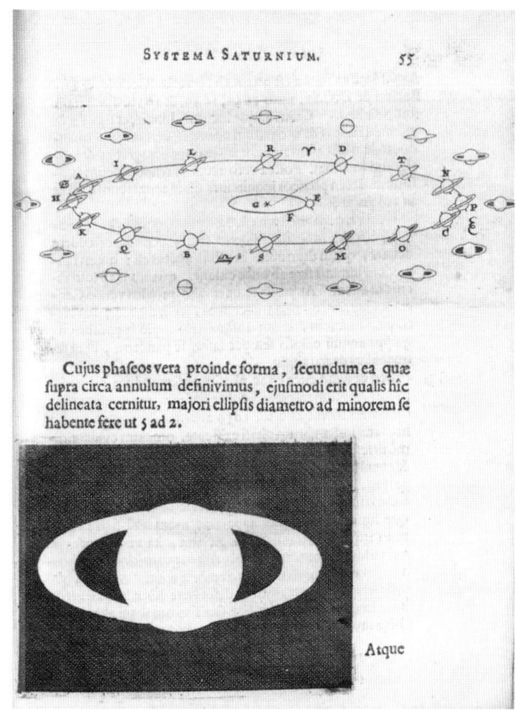

SYSTEMA SATURNIUM. 55

Cujus phaseos vera proinde forma, secundum ea quæ supra circa annulum definivimus, ejusmodi erit qualis hîc delineata cernitur, majori ellipsis diametro ad minorem se habente fere ut 5 ad 2.

Atque

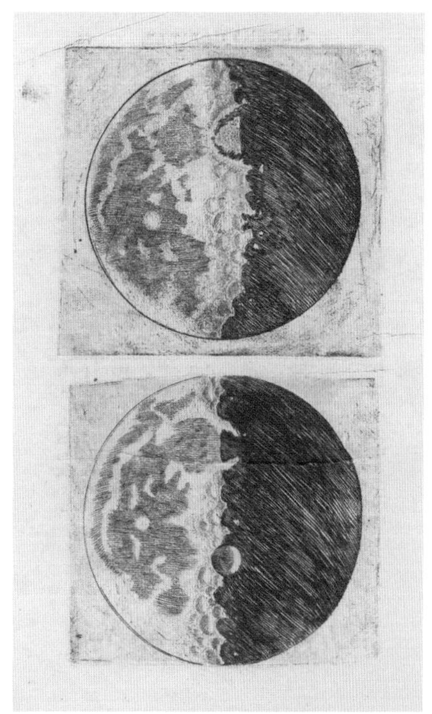

デカルトの渦動説

粒子が渦巻く宇宙構造

古いアリストテレスの理論や伝統的なキリスト教の教義とガリレオが闘っていた頃、同時代の若きフランスの哲学者で数学者のルネ・デカルト（1596～1650年）は、古代ギリシャの書物に頼らず、絶対的な真理の礎を自らの中に探し求める道を選んでいた。

無限に動き続ける粒子が惑星を運ぶ

デカルトは、既成概念を捨て去ってあらゆることを疑い、まったく疑いのない確かなものだけを残して真理を得ようとした。そして、

18世紀後半の科学

1769年当時の天体観測器械、世界地図、コペルニクスやブラーエの宇宙モデルを集めたイラスト。上中央の図の右下に、デカルトの宇宙モデルがある。

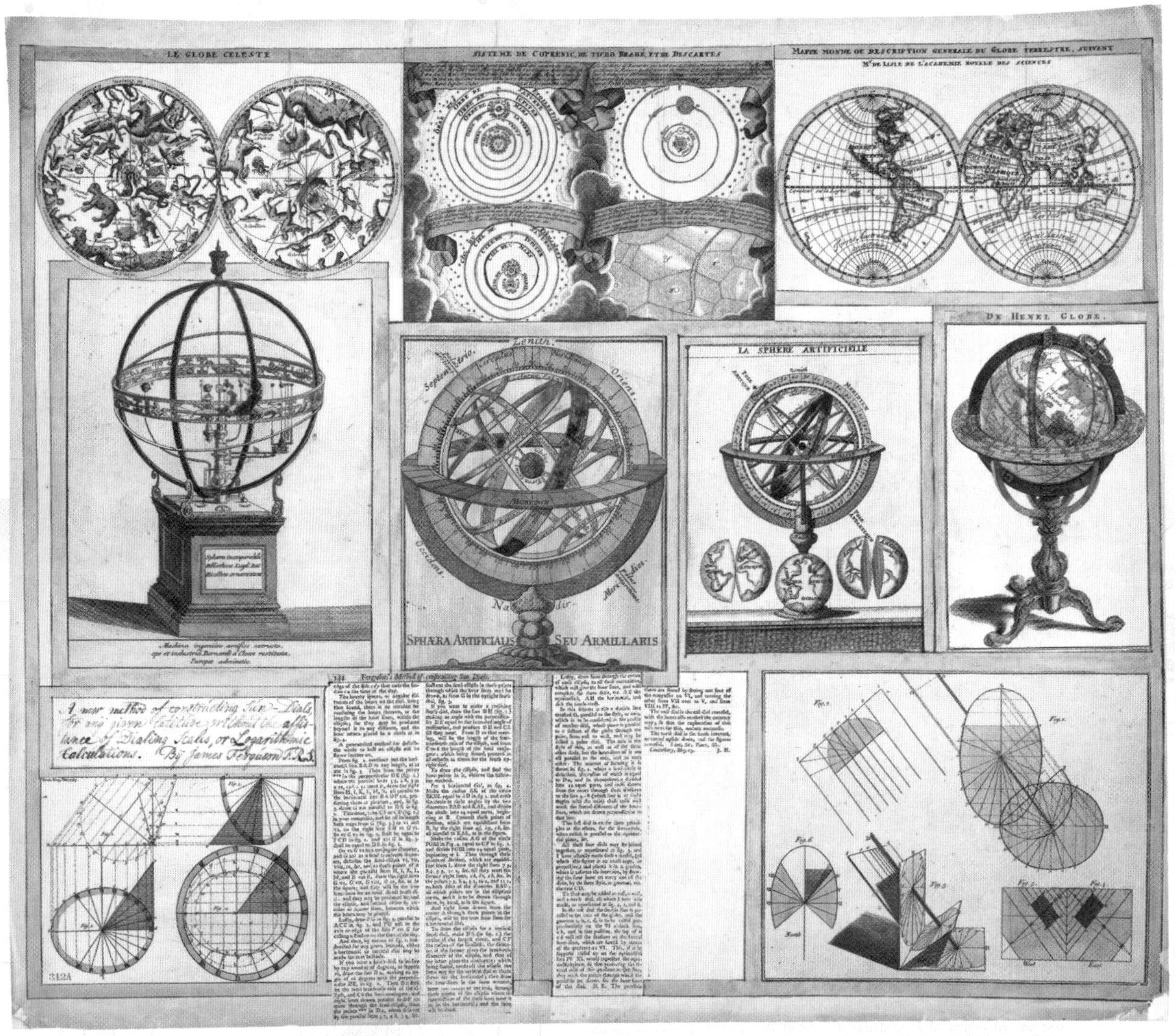

疑問を持って思考する自分自身の存在は疑いようがないことを知り、「われ思う、ゆえにわれあり」という名言を残した。また、敬虔なカトリック信者だったデカルトは、完全な存在について思索を重ね、自分も含めた不完全な人間から神が生まれることはないと神の存在を証明した。「私のうちにあるすべての観念のうちで、神に関する観念は最も真実であり、最も確かなものである」と1641年に出版した『省察』で書いている。

しかし、宇宙についてはどうだろうか？ この時代、真空という概念はなかった。デカルトは宇宙は何かで満たされていると考え、宇宙を満たしているものを「プレナム」と呼んだ。そして、まったくの混沌から現れた、元素で満ちた宇宙モデルを考えた。宇宙を満たす粒子は一体となって円運動をして巨大な渦を作っており、デカルトが唱える運動の法則に従う。1個の粒子が移動すると、隣の粒子がその場所に入る。そうして物質は空間の中を移動していく。ここに空間と物質は本質的に同じ一つのものであるという驚くべき理論が誕生し、渦動説と呼ばれるようになった。

これは、遠くて長い軌道を進む惑星の運動を説明している。急に曲がった川でボートが川岸にぶつかるように、周囲の軽い粒子より重い粒子のほうが重みのために進路をそれず、遠くまで運ばれるというのだ。古代のアリストテレスやその後の宇宙モデルでは、天体は独立した物体として存在し、各自の本質に従って動くとされていた。だが、デカルトの宇宙論では、惑星は運動によって定義され、宇宙は無限に動き続ける巨大な渦巻く砂山のようなものとだという。これは当時としては（現在もだが）実に非凡なアイデアだ（次ページのデカルトが説明に用いた図もぜひ見てほしい）。宇宙全体がこのような渦で満たされているとする渦動説は、恒星がそれぞれの系における太陽であり、それらの系が互いにぶつかり合っているという考えにつながる点も意義深い。デカルトの渦動説は、その後の宇宙論に多大な影響を与えた。

多くの恒星系の存在を考えた哲学者

ルネ・デカルト。

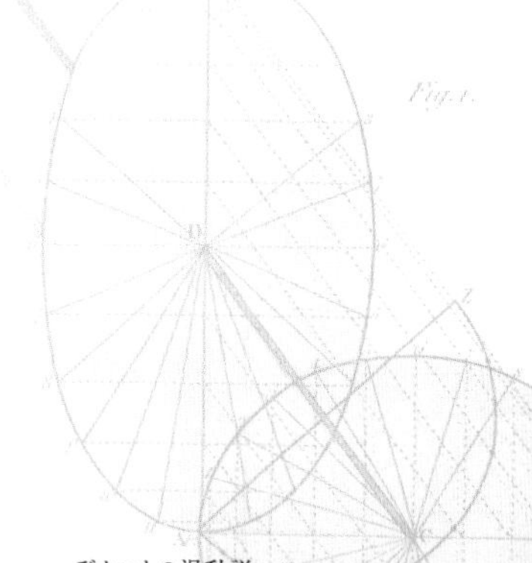

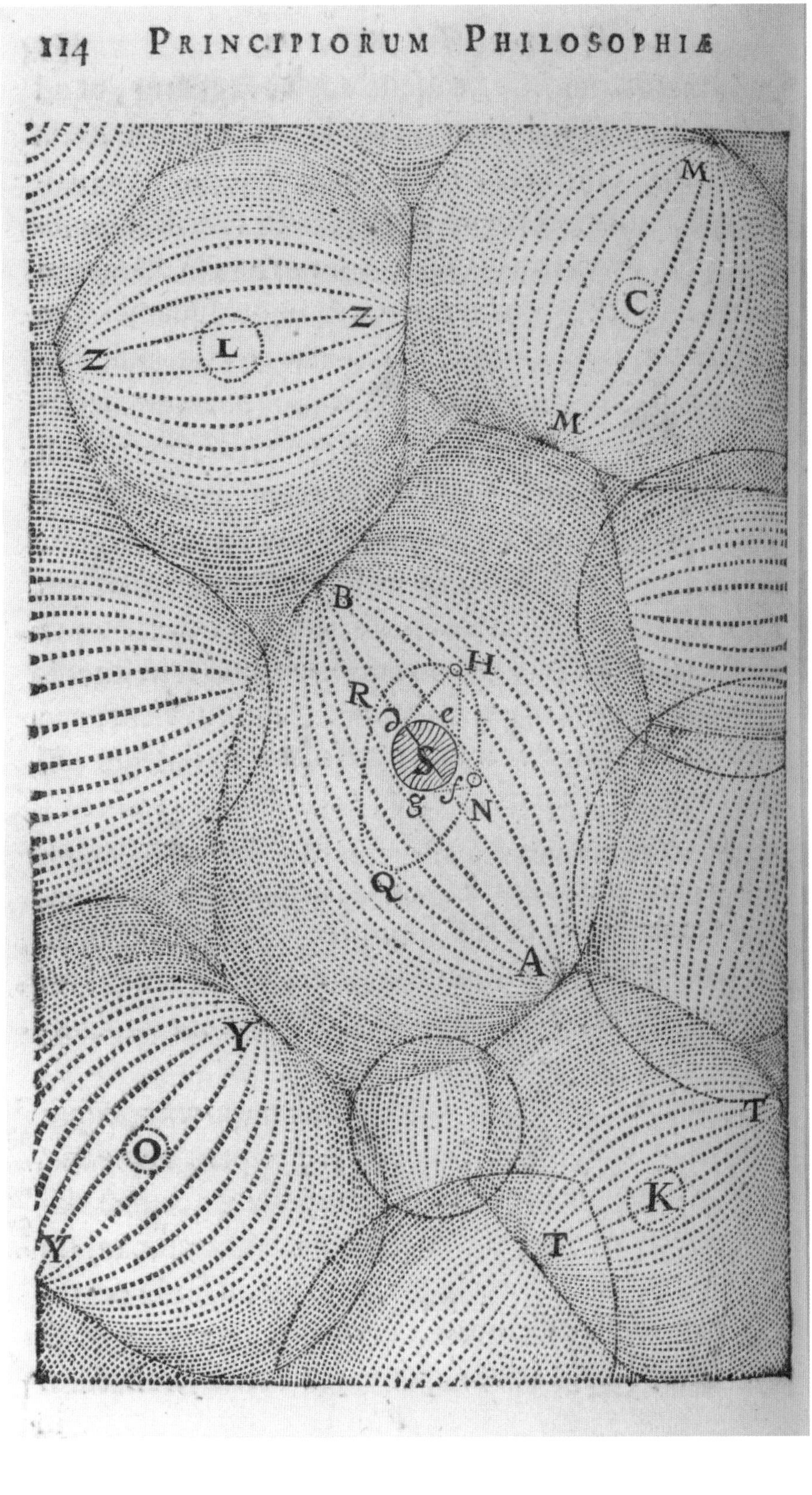
114 PRINCIPIORUM PHILOSOPHIÆ
M
C
Z
L
Z
M
B
H
R
S
N
Q
A
Y
O
Y
T
K
T

惑星を動かす粒子の渦

デカルトの宇宙論に登場する渦。それぞれの渦で、軽い元素で構成されている太陽は中心に残ったが、重い粒子でできている惑星は渦動流によって遠くまで運ばれ、それぞれの軌道で太陽の周囲を回るようになった。

彗星の説明

右ページ：デカルトが渦動説を説明するために用いた図。星が死ぬと、その星（「N」の文字で表された星）の周囲を取り巻いていた渦が崩壊し、星が近くにある別の渦へと引きずり込まれる様子を描いている。星がその場にとどまれば惑星になるが、別の渦に吸い込まれると彗星になる。つまり、デカルトが考える彗星は、直線運動で移動することになる。1758年にハレー彗星が周期的に戻って来ることがわかり、デカルトの説は否定された。

96 PRINCIPIORUM PHILOSOPHIÆ

月の地図を作ったヨハネス・ヘヴェリウス

月面観測のパイオニア

火元は御者のロウソクだった。1679年9月26日に発生した火事は馬小屋全体に広がり、隣のステラブルグム（星の城）天文台にも燃え移った。皮肉なことに、はるか彼方で燃え続ける星の炎を40年近くも観測し続けてきた天文台は、自らも燃えて灰になった。この天文台は、ヨーロッパ最高の天文台として、天文学者のヨハネス・ヘヴェリウス（1611～1687年）が1641年、ダンツィヒ（現在のポーランドのグダニスク）に自らの手で建てたものだった。ロンドン郊外のグリニッジやパリの天文台は、まだ計画すら持ち上がっていなかった時代だ。建物が完全に焼け落ちる前に、いくらかの本を持

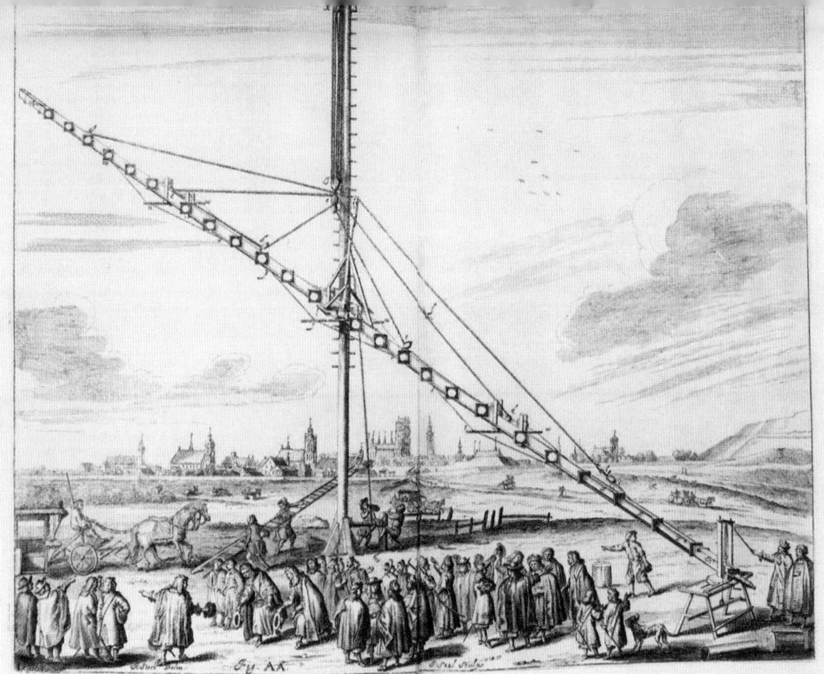

ち出すことはできたが、観測データやヘヴェリウスが自作した観測装置のほとんどは燃えてしまった。このとき、ヘヴェリウスは68歳という高齢にさしかかっていた。しかし、彼は迷うことなく、すぐさま天文台の建て直しにとりかかった。

ヨーロッパ随一の私設天文台で

月の地形学の創始者にして星座の設定者でもあったヘヴェリウスは、ビールの醸造業を営む家に生まれた。だが、1639年6月1日の日食を観測したことをきっかけに、家業を放り出して天文学にのめり込んだ。1641年にヘヴェリウスは所有していた3軒続きの長屋の屋根の上に天文台を作り上げ、順次拡張していった。天文台にはヨハネス・ケプラーによる1611年の設計を基にした望遠鏡をはじめ、複雑な装置が備えられていた。ガリレオの設計を改良したケプラー式望遠鏡は、凹レンズではなく凸レンズを接眼レンズに使用し、広い視野を確保しながら倍率を大幅に高めていた。ただ、そのためには望遠鏡の筒をかなり長くする必要があった。最終的にヘヴェリウスが造った望遠鏡は、長さが150フィート(46m)もあった。鏡筒がない空気望遠鏡の登場以前に作られた望遠鏡としては、おそらく最長だったのではないだろうか。

ヘヴェリウスは醸造所で働きながら、1647年、観測した月面を細部までまとめた最初の月面地図『セレノグラフィア』を刊行する。図まですべて自分で描き、自らの天文台の印刷機で印刷した。満月を描いた図の中には、回転円盤(回して月の方向に合わせる目盛り付きの円盤)に仕立てたものもあった。『セレノグラフィア』のおかげで

ヘヴェリウスの巨大望遠鏡

ヘヴェリウスの天文台の目玉となった、長さ150フィート(46m)の巨大望遠鏡。彼の著書『天文機械』より。

新しい月面地図

左ページ：ヨハン・ドッペルマイヤーによる月の両半球地図。最初の刊行は1707年。この地図は、醸造所で働きながら天体観測をしていたヨハネス・ヘヴェリウスの1647年の観測と、イタリアの天文学者ジョヴァンニ・バティスタ・リッチョーリの観測結果を基に作られた。リッチョーリは月面の地名を初めて体系的にまとめ、それらの名前は今も使われている(1969年にアポロ11号で人類が初めて着陸した「静かの海」もリッチョーリが命名した地名だ)。

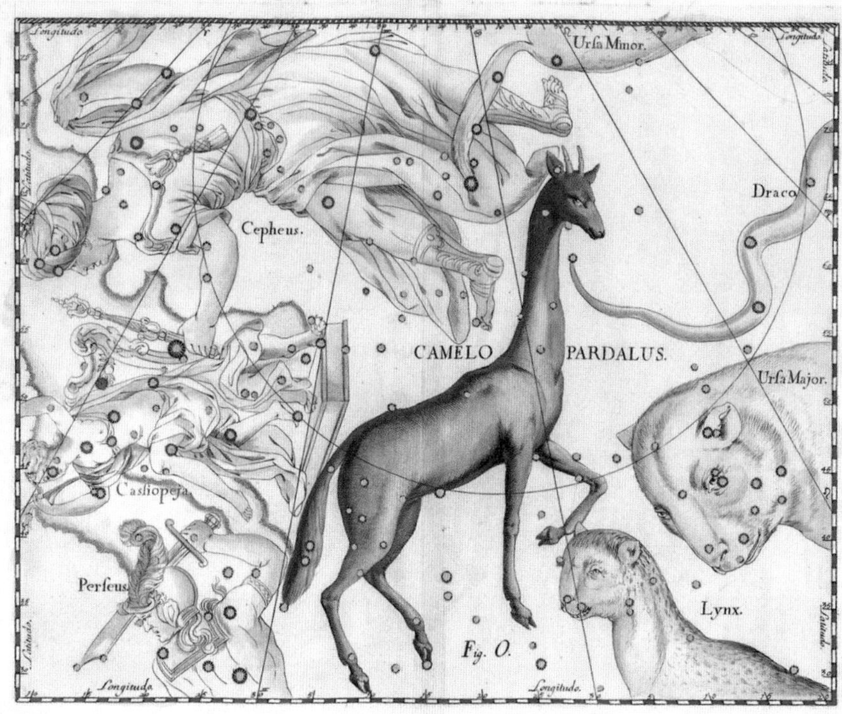

ヘヴェリウスが描いた星座(きりん座)

ヘヴェリウスは多くの星座図を残した。

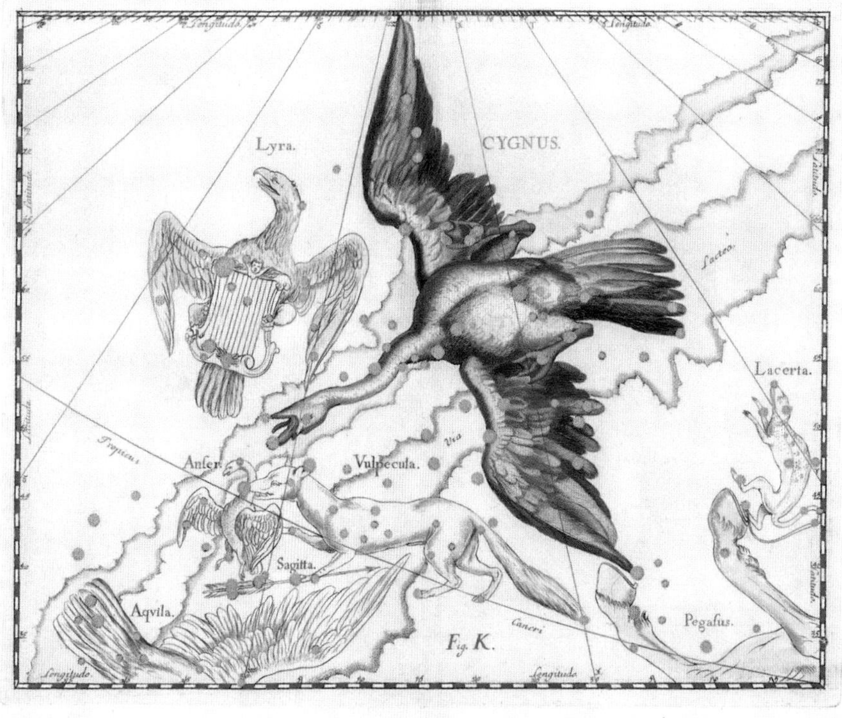

はくちょう座

ヘヴェリウスによる図。はくちょう座はゼウス神の化身とされ、プトレマイオスの星表に見られる。

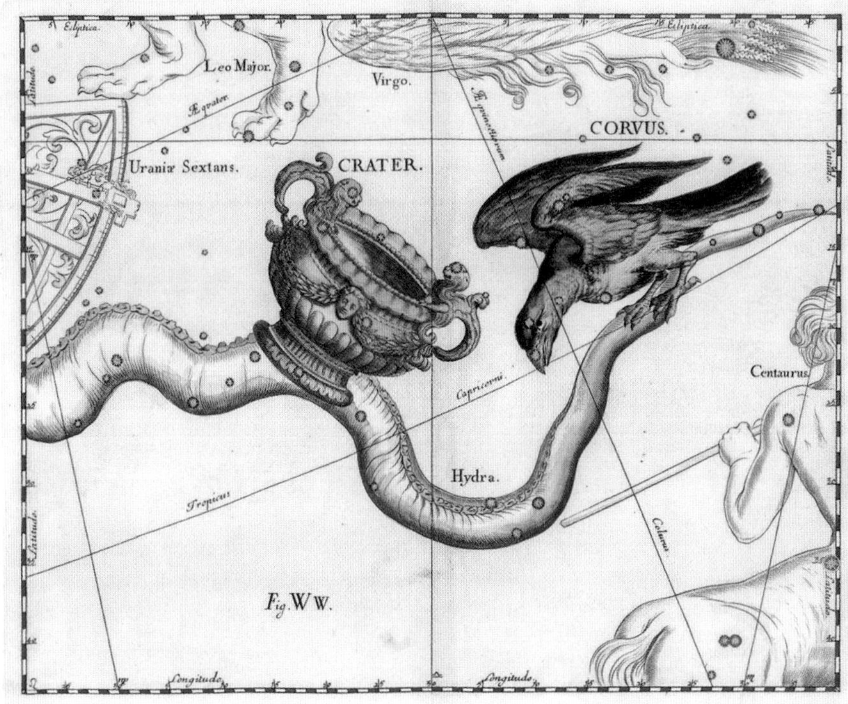

うみへび座

ヘヴェリウスによる図。うみへび座はギリシャ神話の怪物とされ、プトレマイオスの星表に見られる。

やまねこ座

ヘヴェリウスが設定した新しい星座。北の空の暗い星の並びからなる。

ヘヴェリウスの名はあっという間にヨーロッパ中に知れ渡った。イギリスの旅商人ピーター・マンディは日記に称賛を込めて次のように記している。「彼は大判地図、版画、日々の満ち欠けの様子を表した銅片を30枚以上も作り、月の陸地と海、山、谷、島、湖などを判別し、私たちの世界の地図と同じように、もう一つの小さな世界のあらゆる部分に名前をつけた」

大航海時代の南の空

1651年の南半球の星図。アントワン・ド・フェール作。珍しいことに、左右逆に印刷されている。おそらく、ひそかに占星術の研究に使われていたのだろう。

妻エリザベスの協力

ヘヴェリウスは1649年に醸造所を継ぎ、町の議員も務めていたが、相変わらず天体観測に取りつかれていた。1652〜1677年の間に4個の新たな彗星を発見し（そのおかげで彼は、彗星が放物線軌道を描いて公転しているという理論に至った）、10個の新たな星座を設定した（そのうちの7個は現在も使われている）。だが、彼を最も喜ばせた発見は、再婚した若い妻エリザベスと、天文学への強い関心を共有できるとわかったことではないだろうか。2人は協力し合い、細心の注意を払って星座の位置を記録していった。夫妻の観測結果は、宇宙が一定の速度で少しずつ動いていることを示し、

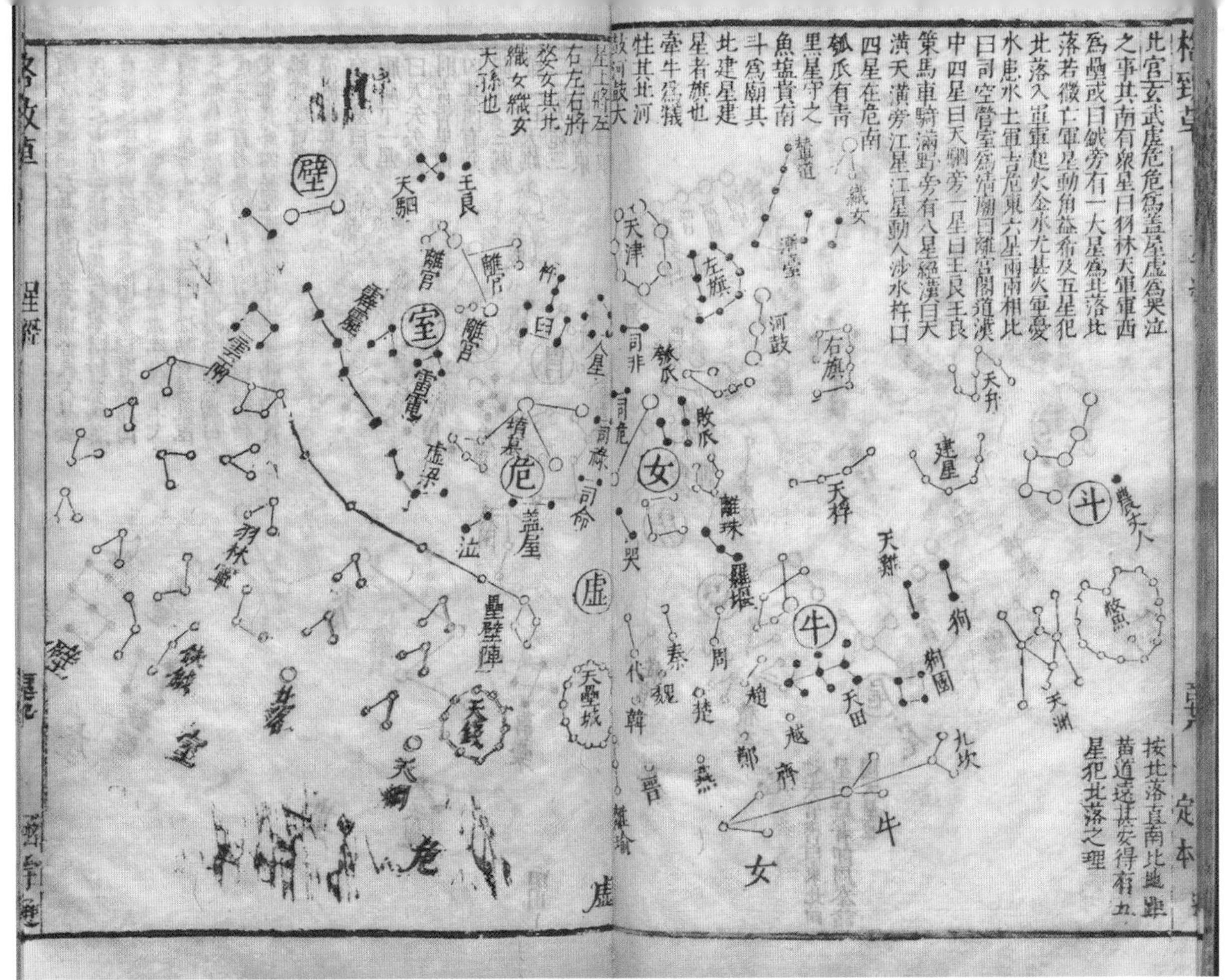

当時まだ疑われていた地動説を裏付けた。火事が起こった1679年には、ヘヴェリウスはすでに高い評価を得ていた。そこで彼は、名声を生かしてフランス国王ルイ14世に天文台再建の財政支援を求め、希望はすぐにかなった（資金援助を願う国王宛ての手紙にはこう書かれていた。「私は以前にはなかった700個近くの星を空に当てはめ、そのうちのいくつかに陛下にちなんだ名前を付けております」。すぐに支援が得られたのはこの手紙のおかげかもしれない）。

ヘヴェリウスはエリザベスについて「私の夜間観測の忠実なる助手」と書いている。1687年のヘヴェリウスの死後もエリザベスは一人で観測を続け、2人で観測した1564個の星をまとめた星表『天文報告』の出版にこぎつけた。女性が研究にかかわることなど前代未聞だった時代背景を考えれば、エリザベスの業績はより一層の注目に値する。こうして、エリザベスは初の女性天文学者として有名になった。一方、ヘヴェリウスの月面地図が1世紀以上も標準的な地図として使われ続け、彼が発見した天体が今日まで語り継がれているという事実は、彼の才能の素晴らしさを証明しているといえるだろう。

同時代の中国の星座

同時代の別の地域も見てみよう。これは1648年に中国で出版された星座の図。熊明遇はこの『格致草（格物致知に関する草稿：格物致知とは物事の道理や本質を深く追求し、理解して、知識や学問を深めること）』で、天体運動や月や星について述べており、西洋との共通点も見られる。

夫婦の絆

左ページ下：一緒に観測を行うヨハネスとエリザベスのヘヴェリウス夫妻。

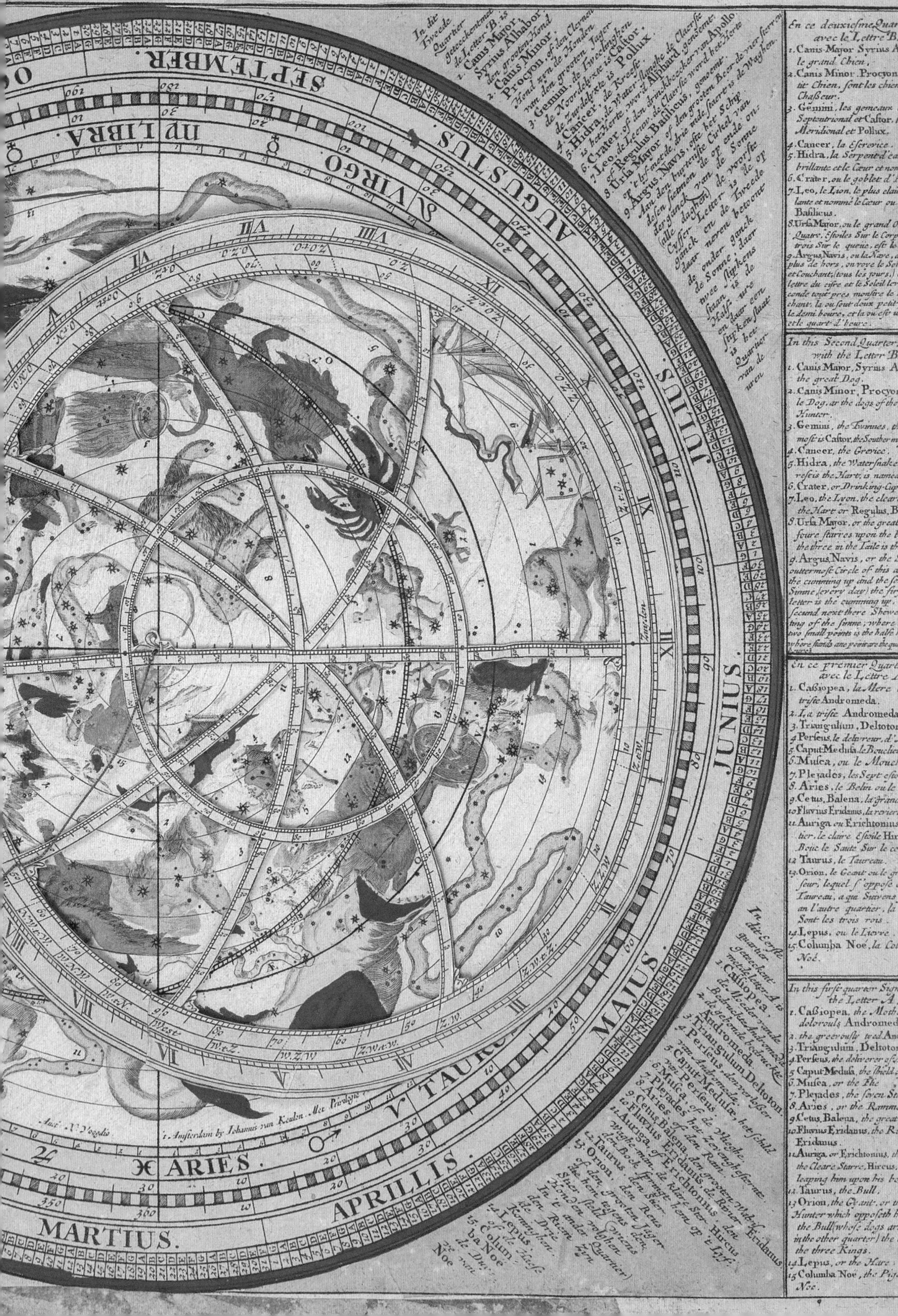

SEPTEMBER.
LIBRA
VIRGO
AUGUSTUS
JULIUS.
JUNIUS.
MAIUS
TAURUS
ARIES
APRILLIS
MARTIUS.
t' Amsterdam by Johannis van Keulen. Met Privilegie
En ce deuxiesme Quartier Signé avec le Lettre B. est
1. Canis Major Syrius Alhabor, le grand Chien,
2. Canis Minor Procyon, ou le petit Chien, sont les chien du grand Chasseur.
3. Gemini, les gemeaux les Plus Septentrional et Castor, les Plus Meridional et Pollux.
4. Cancer, la Escrevice.
5. Hidra, la Serpent d'eau la Plus brillante et le Cœur et nommé Alphard
6. Crater, ou le goblet d'Apollo.
7. Leo, le Lion, le plus claire ou brillante et nommé le Cœur ou Regulus Basilicus.
8. Ursa Major, ou le grand Ours, les Quatre estoiles Sur le Corps avec le trois Sur le queue, est le Chariot.
9. Argus Navis, ou la Nave, a le Cercle plus de hors, on voye le Soleil Levant et Couchant, (tous les jours) l'anterieure lettre du cifre et le Soleil levant et la Seconde toute pres monstre le Soleil couchant, la ou sont deux petit poincts est le demi heure, et la ou est un petit point est le quart d'heure.
In this Second Quarter, Signed with the Letter B. is
1. Canis Major, Syrius Alhabor, the great Dog.
2. Canis Minor, Procyon or the litle Dog, ar the dogs of the great Hunter.
3. Gemini, the Twinnes, the Northermost is Castor, the Southermost is Pollux
4. Cancer, the Grevice.
5. Hidra, the Watersnake, the clearest is the Hart, is named Alphard
6. Crater, or Drinking-Cup of Apollo
7. Leo, the Lyon, the clearest is named the Hart or Regulus Basilicus.
8. Ursa Major, or the great Urse, the foure starres upon the body with the three in the Taile is the Wagon.
9. Argus Navis, or the Ship, on the outtermost Circle of this doth men see the cumming up and the setting of the Sunne (every day) the first cyphring letter is the cumming up, and the second next there Sheweth the setting of the Sunne; where that stand two small points is the halfe houre, and where stands one point are the quarters of the houre.
En ce premier Quartier Signé avec le Lettre A. est
1. Cassiopea, la Mere de la triste Andromeda.
2. La triste Andromeda garotté.
3. Triangulum, Deltoton.
4. Perseus, le delivreur, d'Andromeda
5. Caput Medusa le Bouclier de Perseus
6. Musca, ou le Mouche.
7. Plejades, les Sept estoiles.
8. Aries, le Belin ou le Ram.
9. Cetus Balena, la grande Baleine.
10. Fluvius Eridanus, la reviere Eridanus
11. Auriga ou Erichtonius, le chartier, le claire Estoile Hircus le Bouc le Saute Sur le corps.
12. Taurus, le Taureau.
13. Orion, le Geant ou le grand chasseur, lequel s'oppose contre le Taureau, a qui Suivens ses chiens an l'autre quartier, la ceinture Sont les trois rois.
14. Lepus, ou le Lievre
15. Columba Noe, la Colombe de Noé.
In this first quarter Signed with the Letter A. is
1. Cassiopea, the Mother of the dolorouls Andromeda.
2. the greevously tyed Andromeda.
3. Triangulum, Deltoton.
4. Perseus, the deliverer of Andromeda
5. Caput Medusa, the shield of Perseus
6. Musca, or the Flie
7. Plejades, the seven Starres.
8. Aries, or the Ramme
9. Cetus Balena, the great Whale
10. Fluvius Eridanus, the River Eridanus.
11. Auriga, or Erichtonius, the wagoner the Cleare Starre Hircus, the Hegoat leaping him upon his body
12. Taurus, the Bull.
13. Orion, the Gyant, or the great Hunter which opposeth him against the Bull (whose dogs are following in the other quarter) the Girdle are the three Kings.
14. Lepus, or the Hare
15. Columba Noe, the Pigeon of Noe.

17世紀の星座早見盤

オランダ、アムステルダムのクラース・ジャンツ・ボーフトの巨大星図（1680年頃）。紙に印刷された回転円盤を回して、星座の計算ができる。

SITVS
CIRCVLIS
CIRCVN
ZENITH
NADIR
OCCIDENS
MERIDIES
Mare Arabicum
et
Indicum
Circulus Æquinoctialis
Golfo
de
Bengala
MAR DI INDIA
Tropicus
NOVA HOLLANDIA
Nova Guinea
Linea
H O R I
LEO
AXIS GLOBI
G. van Loon f.

最も美しい空の地図

アンドレアス・セラリウスの『大宇宙の調和』の中の1枚、プトレマイオスの体系を描いた地図「地球図」。地球の周りを固定された恒星が回っている。1660年にヤン・ヤンソニウスが出版したこの本は、史上最も美しい星の地図帳と評価されている。

ニュートンの物理学
宇宙像を一新した万有引力

パリやケンブリッジの若き頭脳たちは、過去の宇宙観を完全に否定するデカルトの渦動説に沸いていた(142〜145ページ参照)。この新説は刺激的であり、ある時点で観測される惑星の位置をとりあえずは説明することができたが、天体の運動を予測する天文学者たちの役には立たなかった。デカルトの宇宙は一種の混沌であり、天体の動きを予測することはできなかったからだ。

ついに惑星を動かす力の正体が

17世紀半ばになっても、惑星を動かす力の正体は謎のままだった。ヨハネス・ケプラー(130〜135ページ参照)は、その力がどのようなものであれ、宇宙の「霊」なる太陽から放出されていると信じていた。デカルトは、宇宙は物質で満たされ、太陽を中心とする巨大な渦の動きに流されて、天体は楕円軌道をたどると言った。両者の説には共通性がうかがえる。また、ほかにもいくつもの説が現れた。ケプラー自身はイギリスの医師ウィリアム・ギルバートが1600年に出版した『磁石論』の影響を受けている。この本の中でギルバートは、地球が引力を持った巨大な磁石であると唱えた。そう考えると、物体が地面に向かって落下する理由や、方位磁針の動きを説明できる。

1660年に設立されたイギリス王立学会でも、惑星の運動、彗星の軌道、地球の磁気による引力などのテーマについて、多くの議論が交わされた。王立学会で実験監督も務めた多才な天才ロバート・フック(1635〜1703年)は、1674年、現在でいう万有引力、すなわち重力の概念に迫る極めて重要な「仮説」を書いた本を出版した。

第一の仮説でフックは、(地球を含む)すべての天体は、自らの一部だけでなく、ほかの天体にも影響を及ぼす引力を持っていると述べた。第二の仮説では、すべての天体の運動は単純であり、すなわち「別の力によって進む方向を変えられ、円、楕円、またはそれ以外の複雑な曲線を描く運動に曲げられない限り、物体はそのまま直線上を動き続ける」と述べている。第三の仮説では、引力の強さは「中心から天体までの距離」によって変わるという。フックは第二の仮説を用いて、軌道運動の力学について正しい説明を初めて発表した。しかし、第三の仮説については、天体が別の物体に及ぼす引力が、両者の距離によってどのように増減するか

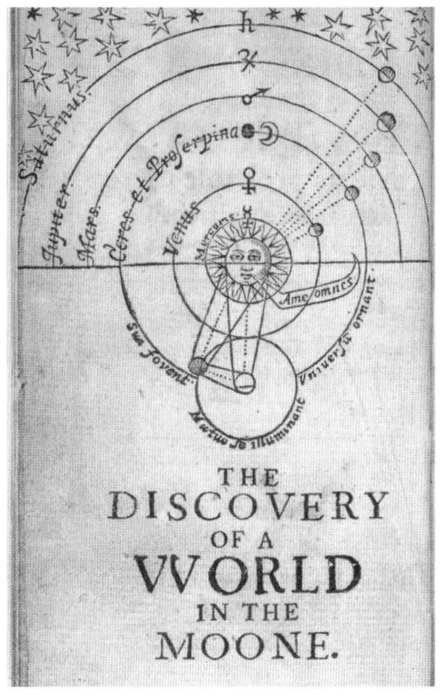

月へ行ける?

ジョン・ウィルキンスによる『月世界の発見』(1638年)。自然哲学者で王立学会の創設者の一人でもあるウィルキンスは、この本の中で、ウィリアム・ギルバートが最初に指摘した、地球の磁力による引力から人間が逃れ、月に行くことができるかどうかについて論じている。

宇宙論のベストセラー

右ページ:ベルナール・ル・ボヴィエ・ド・フォントネルによる『世界の複数性についての対話』(1686年)。コペルニクスの世界観とデカルトの力学を、哲学者と貴婦人の間で交わされる優雅な対話という形式で論じている。

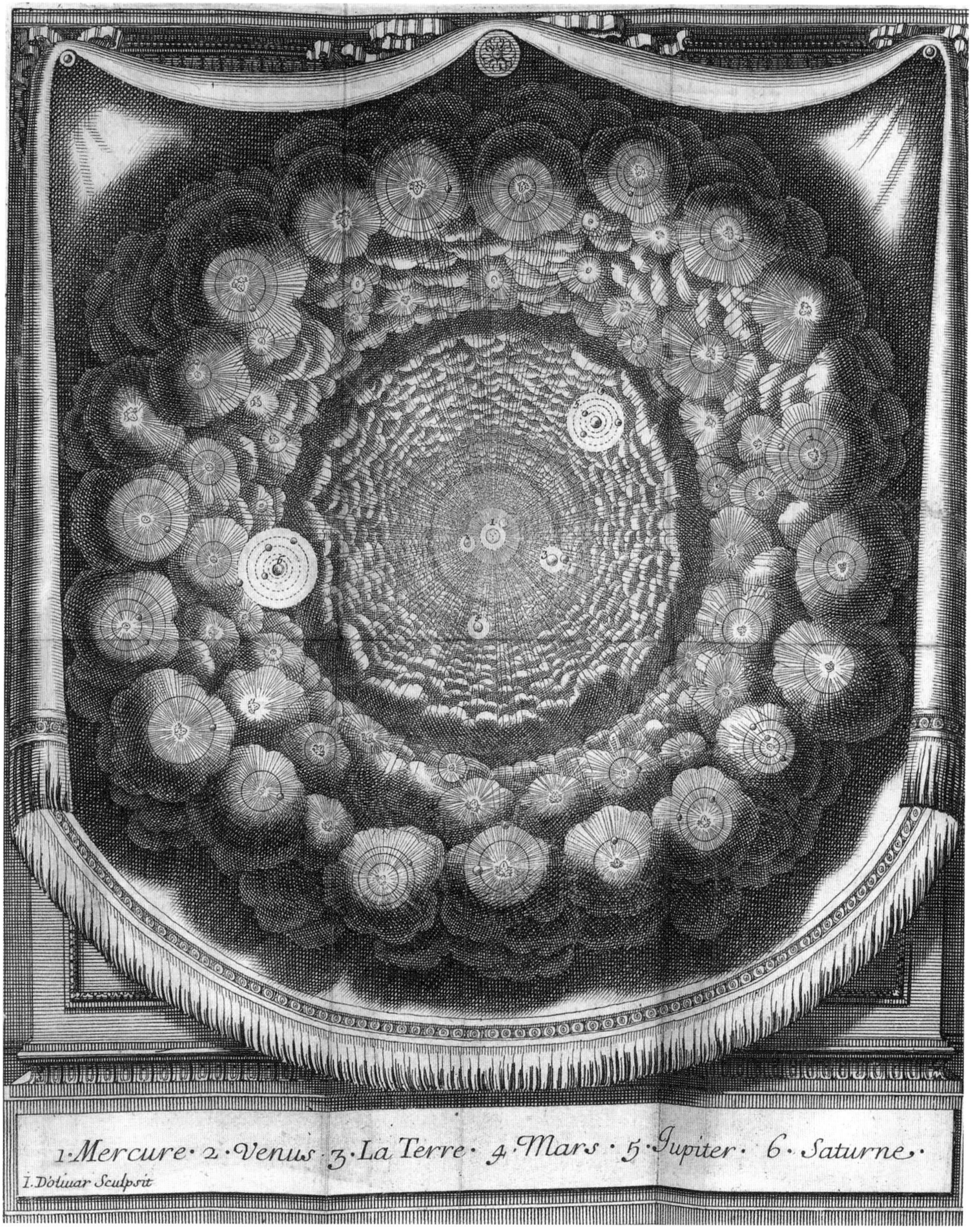
1·Mercure· 2·Venus 3·La Terre· 4·Mars·5·Jupiter· 6·Saturne·
I. Dolivar Sculpsit

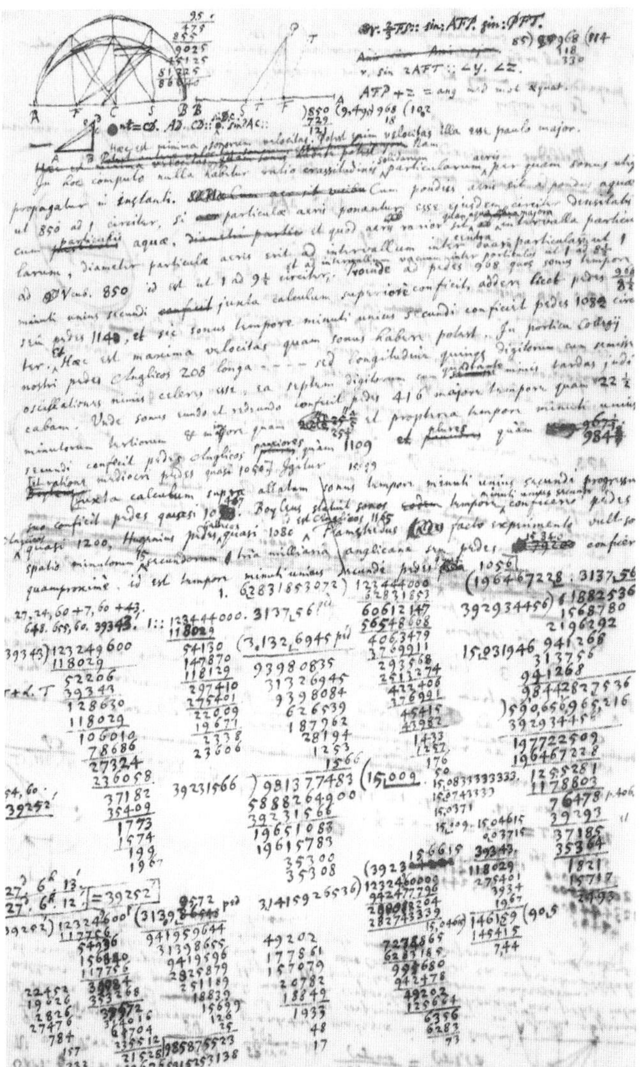

ニュートンのメモ

『プリンキピア』に掲載されたアイザック・ニュートンのメモ。

を正確に計算できる式がわからなかった。

第三の仮説を証明できる式を求めて、フックは「逆二乗」の法則（力の強さは距離の二乗に反比例するという法則）で説明しようとし、ケンブリッジ大学のアイザック・ニュートン（1642～1727年）に自説を書き送った。ニュートンは当時デカルトを支持し、渦動説の問題点を解決しようと悪戦苦闘していたため、フックの説に興味を引かれた。1679年から1680年の冬にかけてフックと手紙をやり取りした後で、ニュートンはこの問題に取り組み始めた。

ニュートンの証明

エドモンド・ハレー（1656～1742年）は、フックとクリストファー・

レン卿(1632〜1723年)と惑星の軌道について議論したのち、1684年1月にケンブリッジのニュートンのもとを訪れた。数学者のアブラーム・ド・モアブルによれば、ハレーはニュートンに「惑星が太陽によって引っ張られる力が、距離の二乗の逆数であると仮定すると、惑星がたどる曲線はどのようになると思われますか?」と尋ねたという。ニュートンは楕円になると答えた。彼はどうやって答えを知ったのか?「だって……もう計算してみたからだよ」

その証拠としてニュートンは、自分の仮説と計算をわずか9ページにごく簡単にまとめた草稿を、最初にハレーに送った。この草稿は、のちの1687年、全3巻の『自然哲学の数学的諸原理』として出版された。これは科学史上最も重要な著作の一つで、『プリンキピア』という略称で呼ばれることが多い*。この新たなカギを使って天体力学の運動の多くを読み解く挑戦は、「私が間違っていなければ、人間のあらゆる思いに勝る」とニュートンは述べている。デカルトのプレナムで満たされた宇宙は過去のものとなり、新たな宇宙像は、引力に引かれて(そして同時にほかの天体に引力を及ぼしながら)、周期的に天体がめぐる空っぽの空間となった。

ニュートンはフックの説の数学的な証明に取りかかった。引力の逆二乗の法則は、石ころから惑星まで、大きさにかかわらずあらゆる物体に当てはまり、一つの天体の力の大きさは距離によってのみ変わる。例えば、同じ大きさの2つの物体が月から同じ距離にある場合、一つが地球の地中深くに埋まっていたとしても、月に及ぼす引力は同じになる。だが、この考え方はニュートンの支持者にもなかなか受け入れられず、力の源は神だと言い出すものもいた。しかし、ニュートンはあきらめなかった。そうして、ついに彼は、地球の地面に向かって落ちる石を引き寄せる力と同じように、地球が月に及ぼす引力が月の軌道を曲げ、地球の周囲を回転させていることを数学的に証明した。

さまざまな謎を解明する「引力」

ニュートンの本では、驚くような新発見が次々と紹介された。例えば潮汐だ。潮汐は、月と太陽の引力の結果として生じている。春分点と秋分点の歳差はヒッパルコス以来の謎だったが(59ページ参照)、地球が自転によって赤道方向にやや膨らみ、北極と南極

*一時は深刻な資金不足のため、この偉大な著作の出版は頓挫しかけた。出版の援助を約束していた王立学会が、少し前にフランシス・ウィラビイの図鑑『魚類史』の不評で大損をしたばかりだったからだ。そこで、ハレーが立ち上がり、『プリンキピア』を出版する資金提供をかってでた。王立学会はハレーの申し出を認めたが、同時にハレーの給料50ポンドを現金で支払う余裕はないと告げ、彼は売れ残った『魚類史』を給料として受け取ることになった。

気難しい天才

アイザック・ニュートン卿(1689年)。

付近が扁平になっているために回転が不安定になり、重力の影響で首ふり運動が起こって、本来の軌道から少しずれることで説明ができた(とはいえ、ニュートンによる歳差運動の方程式には不備があり、1749年にジャン・ル・ロン・ダランベールによって修正された)。新しい引力の法則を使い、ニュートンは衛星のふるまいから、衛星を持つ惑星の質量を計算した。これにより、木星と土星は地球に比べてはるかに巨大な惑星だが、太陽から比較的遠い位置にあるために、太陽系が安定していることが判明した(神による時折の介入も影響しているという意見もあった)。だが、ニュートンは恒星に対してはほとんど興味を持たなかった*。恒星が(相対的に)動いていることを示唆する証拠はなく、古代ギリシャで「動かない」と断定された天体にあえて異議を唱える理由もなかったからだ。実際に、『プリンキピア』の中でニュートンは恒星をラテン語で「不動の星(stella fixa)」と呼んでいる。

*しかし、ニュートンは目をこすったときに見える「星」形の光について初めて言及した人物だ。現在では、この現象は眼閃(目の細胞に圧力がかかり、目を閉じた状態で光が見える現象)と呼ばれる。アポロ11号の乗組員は眼閃を見たが、体調不良だと思われることを恐れて言わなかった(暗闇で長時間過ごした服役囚が訴える『囚人の映画[Prisoner's cinema]』と呼ばれる現象もこれに関連している)。

ニュートンの理解者

天文学者エドモンド・ハレー。ジョン・フェイバーによる肖像。

彗星を予測した万有引力

デカルトの体系は、哲学的な表現と、無限に衝突が繰り返される宇宙という物理学的な説明を使ったわかりやすさが魅力だった。一方のニュートンの『プリンキピア』は、複雑な数学と、ニュートン自身にも説明できない見えない力という、かなり難解な観念で構築され、その力が存在する証として、力の効果を指摘することに徹していた。『プリンキピア』が主流派に受け入れられるまでには多少の時間を要した。しかし、1758年に空に現れた彗星が、ニュートンの理論に対する疑念を一掃した。この彗星は、人類史上初めて、予測された通りに姿を現したからだ。ニュートンの法則を使って彗星の出現を1705年に正確に予測したのは、エドモンド・ハレーだった。

Ordine di tutte le sfere, con le loro dichiarationi
IDEA DELL
VNIUERSO
SETTENTRIONE
MEZOGIORNO
CANCER GEMINI
BOREAS AQUILO
CAPRICORNUS SAGITTARIUS
AUSTER AFRICUS
All'Ill.mo Signore
Il Sig. Abbate Sebastiano Venier
Patritio Veneto.
Ruota perpetua della Settuagesima
Ruota perpetua della Quadragesima
Ruota perpetua della Pasqua
Ruota perpetua dell' Ascensione
Ruota perpetua delle Pentecoste
Ruota perpetua del Corpo di Christo
MONDO NUOVO
AFRICA
NADIR
Nel Laboratorio del P. Coronelli in Venetia

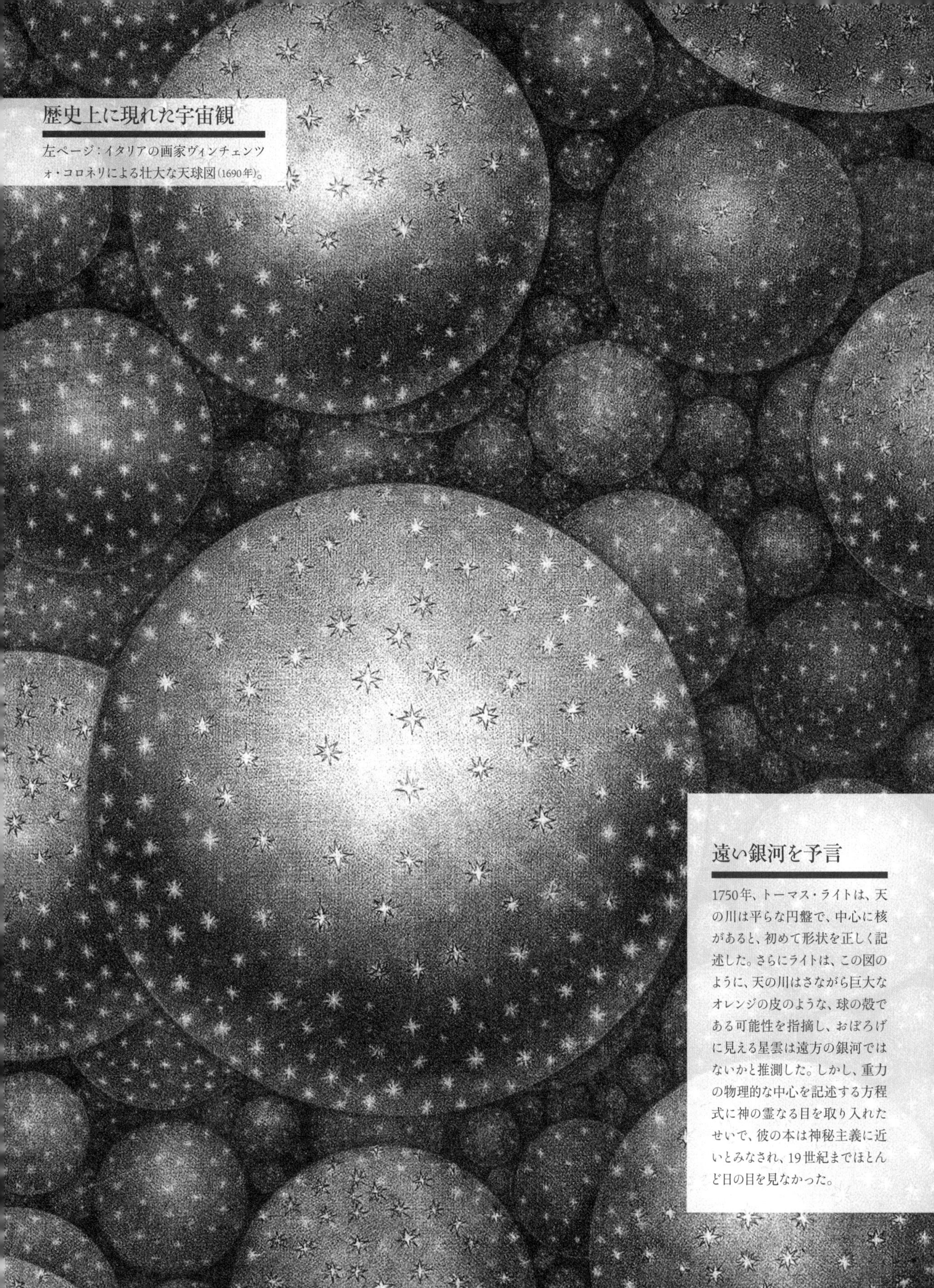

歴史上に現れた宇宙観

左ページ：イタリアの画家ヴィンチェンツォ・コロネリによる壮大な天球図（1690年）。

遠い銀河を予言

1750年、トーマス・ライトは、天の川は平らな円盤で、中心に核があると、初めて形状を正しく記述した。さらにライトは、この図のように、天の川はさながら巨大なオレンジの皮のような、球の殻である可能性を指摘し、おぼろげに見える星雲は遠方の銀河ではないかと推測した。しかし、重力の物理的な中心を記述する方程式に神の霊なる目を取り入れたせいで、彼の本は神秘主義に近いとみなされ、19世紀までほとんど日の目を見なかった。

ハレー彗星
周期的にやってくる彗星の発見

ニュートンに『プリンキピア』の出版を強く勧めたのは、エドモンド・ハレー（1656～1742年）だった。その『プリンキピア』の中で、ニュートンはほかの天体と同様に、彗星も引力の逆二乗の法則に従うことを理論的に示した。彗星も太陽の重力に捕らわれているが（太陽の重力から逃げ出せるほどの高速で動いていれば別だが）、彗星は極めて速いスピードで動いているため、惑星が円に近い楕円軌道を通るのとは異なり、非常に長く引き伸ばされた楕円軌道をたどる。この説明は、彗星は本質的に引力の影響を受けないと以前からフックなどが言っていた説とは異なる。

1680年11月、太陽に接近する1個の彗星が観測され、12月には反対方向に飛び去る彗星が見つかった。グリニッジ天文台の王室天文官ジョン・フラムスティード（1646～1719年）は、この2つが同じ彗星だという画期的な説を唱えた（実際にこの2つは同じものだった）。しかしフラムスティードは、彗星はデカルトが言う太陽の巨

星座の中を移動する彗星

1742年3月と4月に出現した、燃え上がる彗星を図示した天体モデル。マテウス・ゾイターによる。

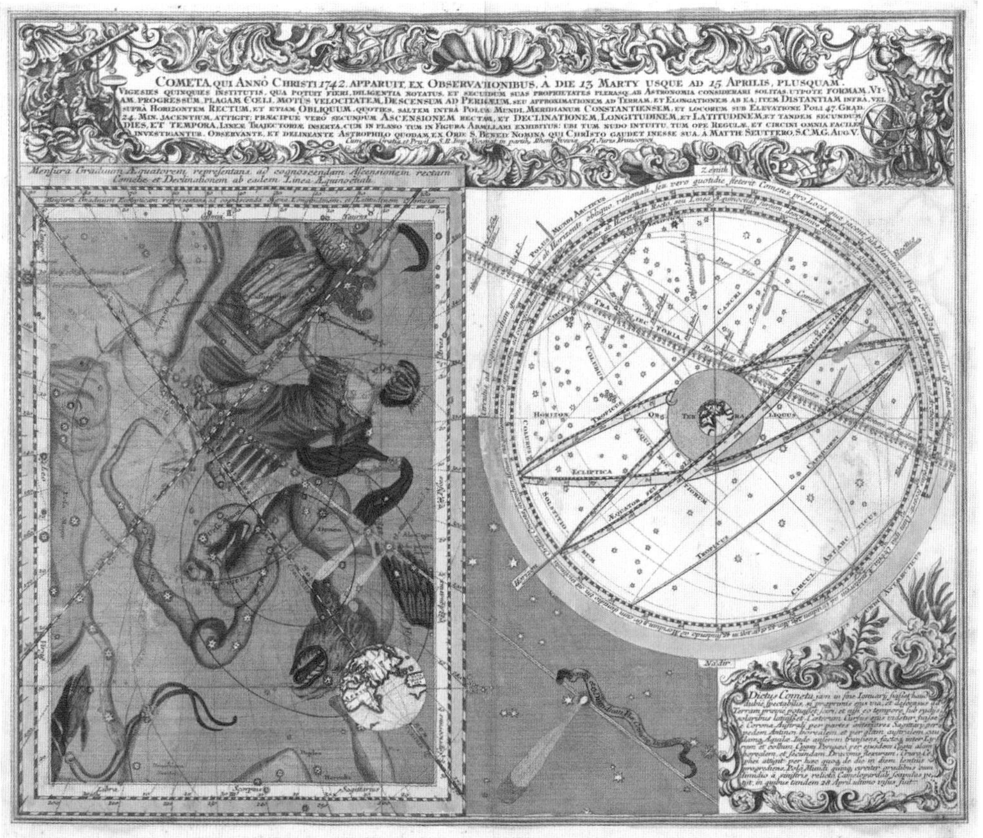

大な渦をまたがって動き、磁石の反発力に似た力によって太陽の外側に跳ね返されたという、まったく見当外れの説明をした。一方、ニュートンは彗星が太陽の周りをぐるりと回って戻ってきたと考えた。つまり、彗星は楕円軌道を描いて太陽を周回しているというのだ。

彗星におののくイングランド王

1066年のハレー彗星(中央上)の出現の様子を描いた「バイユーのタペストリー」。

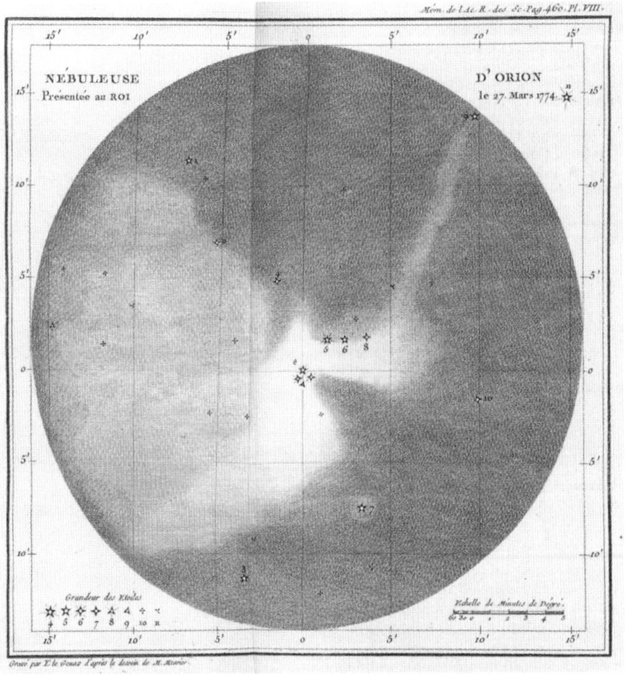

NÉBULEUSE D'ORION
Présentée au ROI le 27. Mars 1774.

メシエのオリオン星雲

シャルル・メシエ(1730〜1817年)が描いたオリオン星雲。メシエは、フランスでアマチュア天文家として彗星探しに取り組んでいた。パリの中心街に建つクリュニー館のがたのきた屋根の上で、1753年から3年間、口径4インチ(10cm)の望遠鏡で観測を続け、100個以上の「遠距離天体」を掲載した星表(カタログ)を作成した。メシエがカタログを作った目的は、同じ天体を繰り返し記録してしまうことにいら立ち、天体記録の重複を防ぐためだったが(彼は彗星にしか興味がなかった)、偶然にも散光星雲、惑星状星雲、散開星団、球状星団、銀河などいくつもの重大な発見をすることになった。以降、遠距離天体の星表『メシエカタログ』は重用されるようになった。

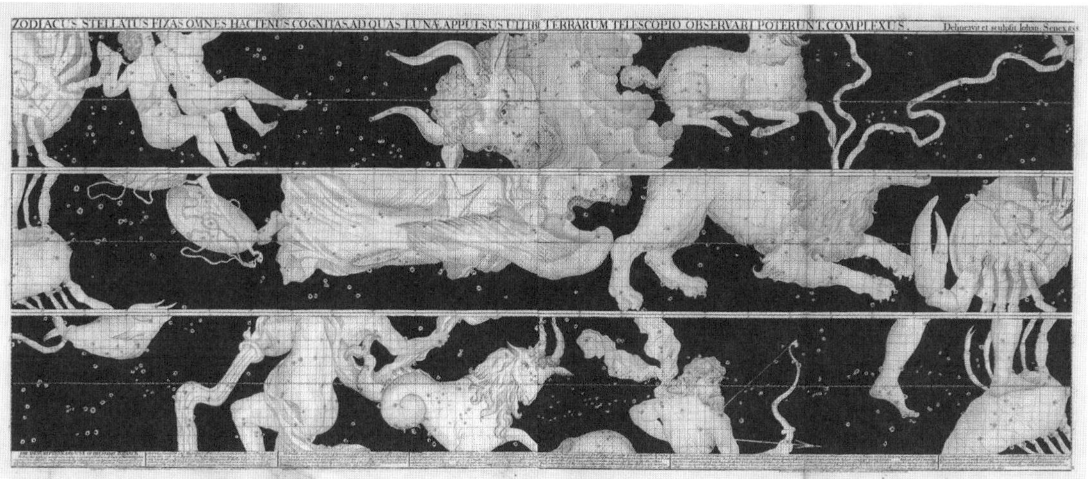

方眼入りの黄道帯星図

1746年頃に刊行されたハレーの『黄道の星』。初版は1718年。ジョン・フラムスティードの観測カタログに基づいたもの。フラムスティードはグリニッジ天文台の王室天文官で、ハレーに自分の観測を基にした文章の出版は認めたが、このような星図作製は許可していなかった。

彗星の到来を予告

ハレーは、いくつかの彗星は楕円軌道で周期的に地球付近にやってくるという考えにこだわった。そして、自説やニュートンの理論を証明するには、歴史上の彗星の出現記録を洗い直し、規則性を見つければよいと考えた。そこで彼は数世紀にわたる彗星

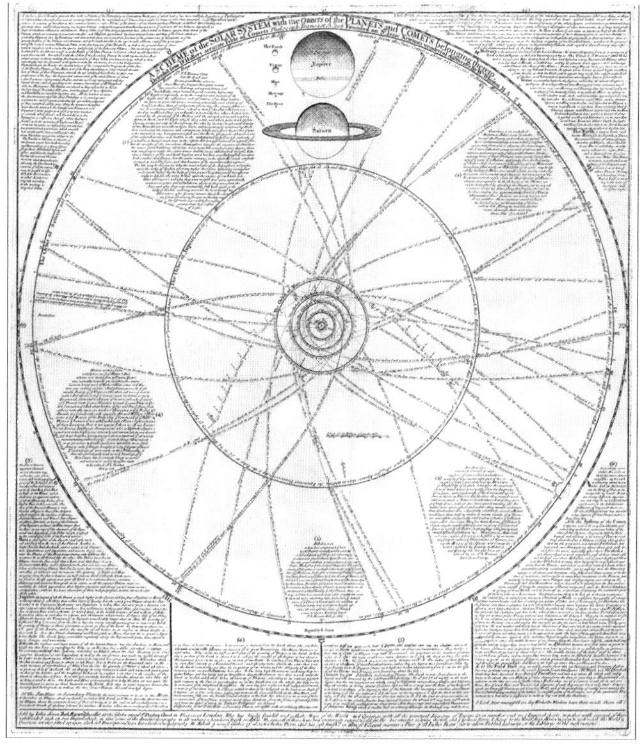

神学者の彗星

ハレーの彗星表を基に、ウィリアム・ホイストンが書いた『太陽系に属する惑星および彗星の軌道を描き入れた太陽系の図式』。イギリスの神学者だったホイストンは、ノアの大洪水をはじめとする人類史上に残る過去の大災害は、彗星が原因だったと信じていた。彗星は「絶え間ない暑さと寒さの試練をもって、永遠に呪われた者を苦しめる多数の地獄」の役割を果たしてきたというわけだ。

新しい南の星座

1787年のヨハン・エレルト・ボーデ(1747～1826年)の星座図。中心が天の北極。ボーデは、フランスの天文学者ニコラ=ルイ・ド・ラカーユ(1713～1762年)が設定した、南天のちょうこくしつ座(図の上)やポンプ座(図の右下、ポンプは当時発明されたばかりだった)を取り入れている。ラカーユは1750年、南アフリカの喜望峰に行き、初めて南半球から見える1万個以上の恒星を網羅した星表をまとめ、三角法で各惑星までの距離を測定した。彼の星座は現在も使われている。

の目撃情報を集め、同じ彗星の記録と思われるものを探した。特に目を引いたのが1682年の彗星で、1607年と1531年にも、惑星などとは逆に動く同様の彗星が観測されていた。しかも、出現間隔は75～76年だった。出現間隔のゆらぎは問題だったが、ハレーは、彗星は途中で通過する様々な惑星の影響を受けて軌道を変えるが、本来の円周からは大きくそれないと考えれば説明できることに気がついた。自分が正しければ、「1758年の終わりから翌年の初め」に再び彗星が出現するとハレーは予測した。

ハレーが予告した日が近づくにつれ、大きな興奮が巻き起こった*。劇的な天体ショーにより、天文予測が正しいと証明されるかもしれないのだ。と同時に、彗星の到来を不吉だと考えて恐れを抱く人々もいた。予想外の惑星の影響によって彗星の到着が遅れることはあるのか。ハレーはその可能性をある程度考慮していたが、太陽から遠ざかる彗星に対して、木星の引力が及ぼす影響は考慮しなかった。だが、フランスの天文学者アレクシス・クロード・クレロー(1713～1765年)や、当時の天文学界で公に活動していた数少ない女性天文学者の一人ニコール=レイヌ・ルポート

*しかし、1910年に再び出現したハレー彗星は恐怖をもって迎えられた。1881年、イギリスの天文学者ウィリアム・ハギンズ卿が彗星の尾にシアン化合物が含まれていることを発見し、1910年2月7日付のニューヨーク・タイムズ紙に、太陽と地球の間を通過するハレー彗星が地球に有毒ガスをまき散らすことを世界中の天文学者が懸念しているという記事が掲載された。この誤報により、世界中でパニックが起こった。

ハレー彗星を探して

シャルル・メシエの『王立科学アカデミーの回想録』(1760年)に掲載された北半球星図。この図はハレー彗星を特定する際にも使用された。

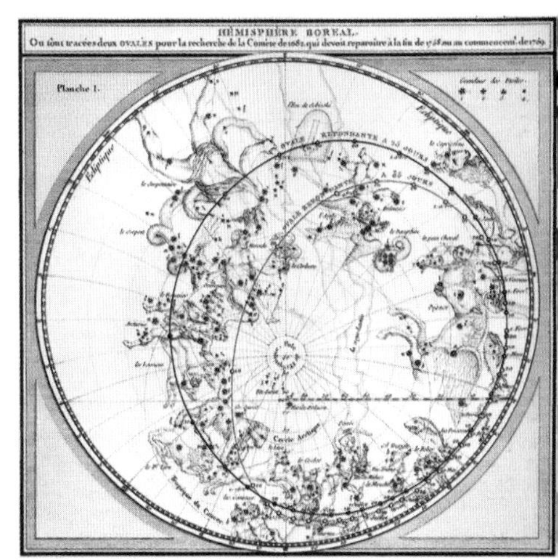

(1723～1788年)、ジェローム・ラランド(1732～1807年)らがこのような影響を指摘し、ハレーが出した数字を計算し直して、1759年4月に彗星が近日点(天体が太陽に最も接近する点)を通過するという、より具体的な予測を行った。ハレーの予測も、フランスの天文学者たちによる予測も、どちらも正しかった。

彗星を最初に観測したのは、ドイツの農夫で天文家のヨハン・ゲオルク・パリッチュ(1723～1788年)で、1758年のクリスマスの日だった。彗星が最終的に近日点を通過したのは1759年3月13日だった(木星と土星の重力の影響で618日間の遅れが生じた)。この彗星は、

最も美しい星座図

上:1729年にジョン・フラムスティードが出版した『天球図譜』は、史上最も美しい星図の一つに挙げられる。ここで描かれているのはおうし座とオリオン座。

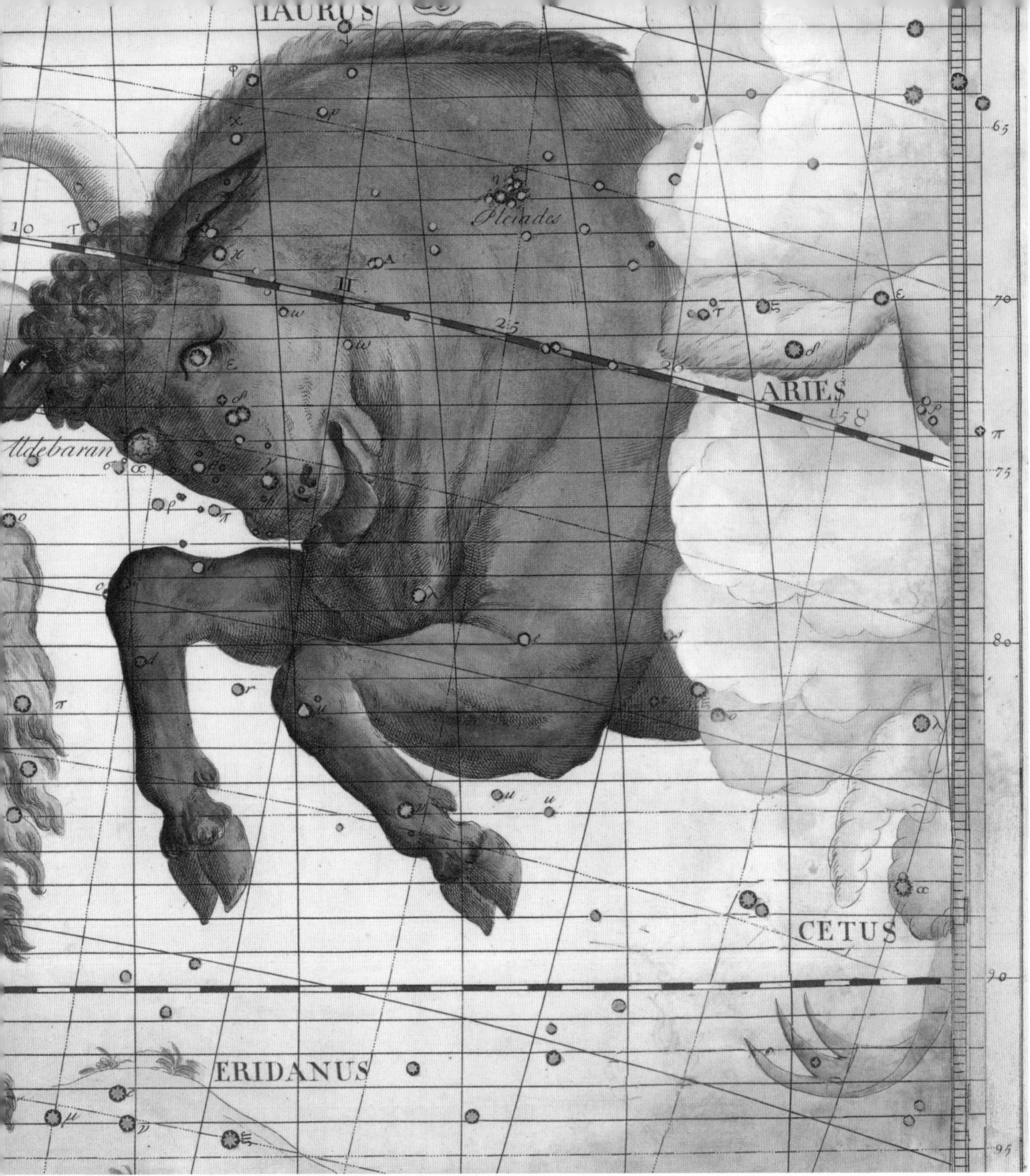

1531年にペトルス・アピアヌスが記録し、1607年にヨハネス・ケプラーが観測したのと同じ彗星で、紀元前164年のバビロニアの天文学者や、紀元前240年の中国の天文学者も、同じ彗星を観測している。著書『彗星天文学概論』(1705年)で、ハレーは初めて彗星が周期的に出現することを示したが、残念ながら次の彗星の出現を自らの目で確かめることはかなわず、1742年に死去した。しかし、彗星はハレーの予言通りに現れ、彼の計算とニュートンの法則の正しさが証明された。

インドの占星術星図

次見開き:インドのラジャスタンで作成された手描きの星図(1780年頃)。左が南天、右が北天。プトレマイオスなどがまとめた古来の星座が金で装飾されている。16世紀にヨーロッパで科学革命が起こった後も、プトレマイオスの天文学は長くインドの天文学に影響を及ぼし、手描きの星表は、主に占星術のために19世紀後半まで作られ続けた。

近代の空

「五感を備えた人間は宇宙を探求し、その冒険を科学と呼ぶ」

——エドウィン・ハッブル

エドモンド・ハレーが予言を見事的中させて以降（164〜169ページ参照）、18世紀半ばにはニュートン科学が支持を集めるようになった。望遠鏡の性能の進歩も手伝って、天体の正確な位置特定と分類は最盛期を迎えた。だが、19世紀になると化学、物理学、数学、地質学が発展し、天文学もそれを受けて新たな方向に向かった。地球の成分が明らかになり、それにつれて恒星や彗星、惑星の組成についても理解が深まっていった。しかし、手の届かないものをどうやって調べたのだろうか？

モンゴルの占星術書

19世紀のモンゴルの占星術書。この本には、仏僧が吉日を計算し、天文現象を予測するために使用した多数の図が掲載されている。本はチベット語で書かれ、昔ながらの仏教の宇宙観を伝えてきた『カーラチャクラ・タントラ』（1024年）などの重要な書物の内容を忠実になぞっている。

THE MODERN SKY

オカルト宇宙

科学によって高度な疑問に答えが得られる一方で、オカルト理論も変わらず人気があった。占星術師エベニーザー・シブリーは、1794年に製作した地図『内側あるいは最高天の体系、ルシファーの堕落の様子』で、別の宇宙像を示している。

あらゆる情報は、光によって運ばれてくる。プリズムを使用して波長ごとに光を分割する分光法の登場により、光を出す天体の化学組成を突き止められるようになった。こうして、新たな天文学の一分野が誕生した。天空の科学の革命、すなわち宇宙物理学だ。18世紀後半、詩的に表現すれば、星の光が奏でるハーモニーを調べる道具作りから行い、数多くの偉大な功績を残した人物がいた。彼は天文学ではなく、音楽の教育を受けていた。その人こそ、ウィリアム・ハーシェルだ。

奴隷廃止のシンボル

次見開き：フレデリック・チャーチ画「オーロラ」(1865年)。この作品は、オーロラが米国の南北戦争中に、奴隷制度を支持する南軍への神の怒りと、北軍が勝利することの重要性を表すしるしだと広く考えられていたことを示唆している。

ウィリアム・ハーシェルとカロリン・ハーシェル

自作の望遠鏡で全天を調べた観測の鉄人

イギリスで素晴らしい発見を重ね、歴史に名を残す偉大な天文学者の一人となったウィリアム・ハーシェル(1738〜1832年)は、もともとドイツからの亡命者だった。ハーシェルの故郷ハノーファーはイギリスと君主が同じことから七年戦争でフランスと戦ったものの敗れ、ハーシェルは1757年にイギリスへ逃れた。熟練の音楽家だった彼は、バースのオクタゴン・チャペルのオルガン奏者に就任したことで運命が好転し、安定した収入を得て、自分の趣味を追求する余裕ができた。なかでも彼が一番熱心だったのが天文学で、ロバート・スミスの『光学完全体系』(1738年)や『アイザック・ニュートン卿のプリンキピアについて説明する天文学』(1756年)を読んで知識を身につけた。特に後者は、数学の素人でもわ

星の光をとらえる鏡作り

望遠鏡の鏡作りにいそしむウィリアム・ハーシェルとカロリン・ハーシェル。

かるように『プリンキピア』を「翻訳」した優れた科学書だった。これらの本に載っている天体やその先の世界を見たくなったハーシェルは、独自の反射望遠鏡の製作に取りかかった。彼は高価だが人気があった屈折望遠鏡のレンズを、希望する性能が得られないという理由から使わず、代わりに、曲面鏡を用いて自分だけの反射望遠鏡を作ろうとした。

天王星の発見

専用の鏡の研磨から手がけて*焦点距離5フィート(1.6m)の反射望遠鏡を完成させたハーシェルは、1774年3月4日、妹のカロリン(1750〜1848年)と協力してオリオン星雲を観測した。ハーシェルは、ロバート・スミスのイラストと比べると、自分が見たオリオン星雲は明らかに形が異なることに気づき、すぐに日記に記した。当時の観測技術では、星雲は乳白色のぼんやりした輪郭がわかる程度で(星雲を意味する英語「nebula」は霧を意味するラテン語が語源)、エドモンド・ハレーの言う「固有の明るさの光を出す」流体のエーテルでできていると考えられていた。だが、実際のところ組成は一切わかっていなかった。ハーシェルは、星雲は形が変わる可能性があり、「恒星の間で疑いようのない変化があった」という驚くべき発見をしたことになる。彼はほかにも、自分とカロリンが夜空の観測で見つけたいくつもの謎の解明に乗り出した。

1781年までにハーシェルは反射望遠鏡の改良を進めて7フィート(2.1m)まで大型化させ、3月のある夜にいつも通り、ふたご座を観測していたとき、恒星とみなされていた星が実際は「放浪者」であることに気づいた。この天体は現在「天王星」と呼ばれている。彼は歴史上初めての、新たな惑星の発見者となったのだ。ハーシェルは当初、この天体を彗星だと思い、王立天文官のネヴィル・

UFO銀河

渦巻き銀河NGC2683(棒渦巻き銀河の可能性もある)。1788年2月5日にウィリアム・ハーシェルが北天のやまねこ座で発見した銀河。空飛ぶ円盤のような形から、のちにUFO銀河というニックネームがつけられた。ちなみに、やまねこ座の名前の由来は、形がネコに似ているからではなく、暗い星ばかりの星座で、かすかにしか見えないため、見つけるにはネコのような鋭い目が必要だからだといわれている。

*ハーシェルは、400台以上の望遠鏡を製作した。それらはすべて、木と石炭の火炉で鉄を熱して専用の鏡を鋳造するところから手がけた。鋳型も試行錯誤を繰り返し、ようやく見つけた最高の材料は一風変わっていた。その材料とは、突き固めた馬糞だったのだ。驚くことに、馬糞の鋳型は20世紀に入っても使われ続けた。例えばパリのサンゴバン社は、ウィルソン山天文台のフッカー望遠鏡の製作に際し、1917年、馬糞の鋳型を使用して100インチ(2.5m)の鏡を完成させた。

マスケリンに知らせたが、マスケリンの望遠鏡は性能が劣っていたため観測できなかった。ロシアの研究者アンダース・ヨハン・レクセルから惑星だというお墨付きを得て、ハーシェルはイギリス国王ジョージ3世にちなんでこの天体に「ジョージの星」と名付けたが、この名前は定着せず、ハーシェルにとっては残念なことに「天王星」という名前で呼ばれることになった（1756年にトビアス・マイヤーが、1690年にはジョン・フラムスティードが天王星を発見していたことをのちにヨハン・ボーデが指摘したが、この2人は天王星を恒星だと思っていた）。天王星発見のおかげで、ハーシェルは国王付き天文官の地位を得た。恩給と望遠鏡製作者としての収入に助けられ、ハーシェル兄妹は空の研究に専念できるようになった。

1781年後半にハーシェルは再び星雲の謎に挑んだ。直径18インチ（45cm）の鏡を使った20フィート（6m）の巨大望遠鏡を武器に、彼は星雲を探してイギリスから見える空のあらゆる領域を調べ上げていった。ハーシェルの手元にはシャルル・メシエが作成した星のカタログがあり（165ページ参照）、そこには68個の星雲と星団、それに銀河が掲載されていた。それから20年間というもの、ウィリアムとカロリンは自分たちの手で作り上げた高性能望遠鏡を使って空の隅々まで丹念に調査を行い、1789年以降はより大型の40フィート（12m）望遠鏡の力を借りて研究を進めた。

ハーシェルを称える星座

まぼろしの星座の一つ、「ハーシェルのぼうえんきょう座」（1825年のこの星図では、やまねこ座の下にぼうえんきょう座がある）。この星座は、天文学者マクシミリアン・ヘルによって、ハーシェルの天王星発見を称えてつくられたが、19世紀以降は使われなくなった。

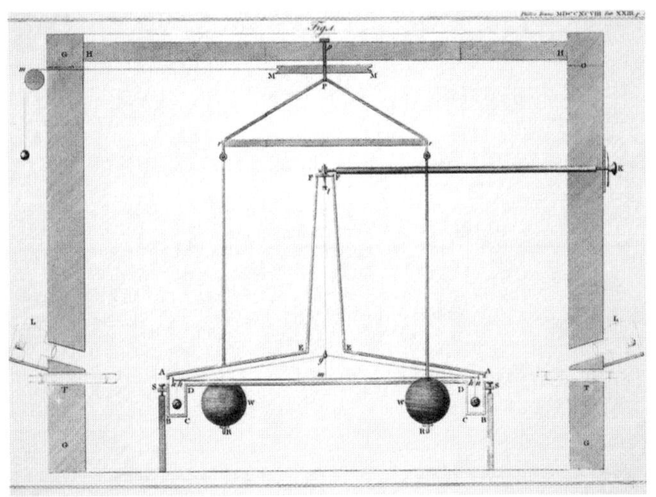

地球の密度

1766年にヘンリー・キャヴェンディッシュは気体の水素を発見し、「燃える気体」と命名した。だが、彼の名を最も世に知らしめたのは、地球の密度を測定する実験の発表だろう。図は実験に使用された器具。これは友人であるジョン・ミッチェルの器具の設計を基にした。1783年にジョン・ミッチェルは、直径が太陽の500倍以上の巨大恒星は、重力により光が逃げ出せないため見えないという、ブラックホールのような存在を理論化したことが最大の功績だ。彼はこのような天体を「暗黒の星」と呼んだ。

妹の功績

ウィリアムの成功を支えたカロリンの協力や、彼女自身による発見は紹介されないことが多い。兄とともに天文観測の経験を積んだカロリンは、女性として初めて彗星を発見し、2400個以上の天体の発見者となった。彼女の不運な生い立ちを考えれば、これは特筆に値する。カロリンは子供時代にチフスにかかって片目の視力を失い、身長は4フィート3インチ(1.3m)ほどしかなかった。さらに、この時代は女性が数学を学ぶことが禁じられていたため、カロリンは掛け算表を見ながら作業をしていた。最初のうち、カロリンの仕事は兄の観測結果を記録することだったが、星座別に並んだジョン・フラムスティードの星表は不便だったため、彼女は北極からの距離ごとに恒星をまとめた独自の星表を作成した。カロリンはこの作業を「空の番をする」仕事と呼んだ。また、観測結果の正しさを確かめるために、自分でも空をくまなく調査した。1783年2月26日、カロリンはメシエカタログに載っていない星雲を見つけた。同じ年、彼女はさらに2つの別の星雲を発見した。この発見を聞いてウィリアムはすぐに自ら星雲探しに乗り出し、カロリンは不本意ながらも兄の観測結果をまとめる役に戻った。「1783年が2カ月を残すばかりになったこのときほど、叫んでも声が届く相手もいない、露や白霜に覆われた草地の上で星明かりの夜を過ごすことにこれっぽっちもやりがいを感じられなくなったことはなかった」と彼女は書いている。

1786〜1797年、カロリンは8個の彗星を発見し、そのうち5個は王立学会の論文誌に発表された。最初の7個の彗星は兄が彼

星雲の観測

ウィリアム・ハーシェルが描いた星雲のイラスト。

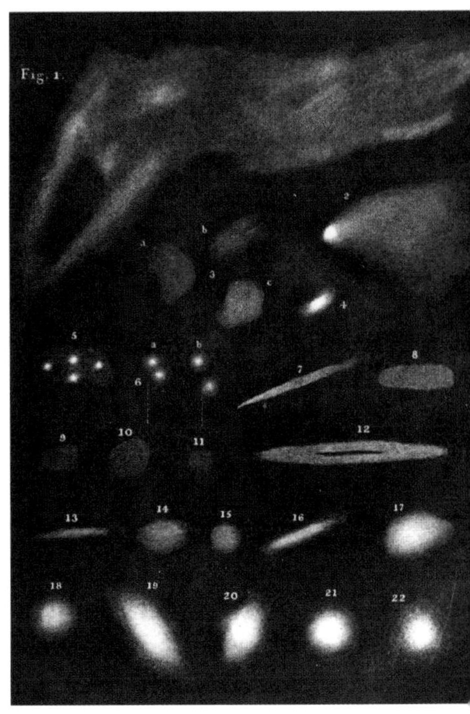

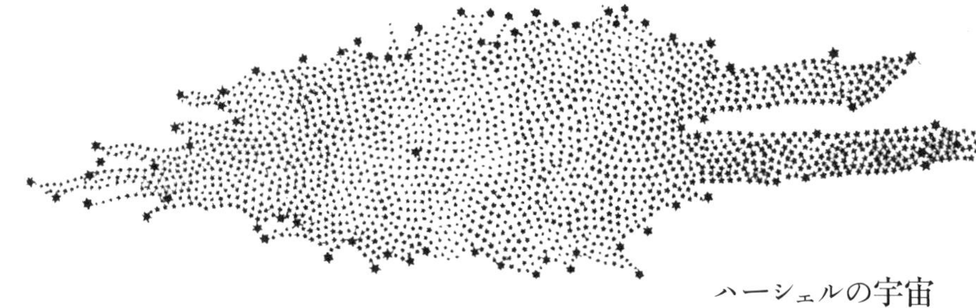

ハーシェルの宇宙

ウィリアム・ハーシェルによる天の川のスケッチ。

女のために製作した望遠鏡を使って発見されたが、1797年8月6日に発見された最後の8個目の彗星はカロリンが肉眼で目撃した。彼女はすぐに30マイル(48km)ばかり先のグリニッジ天文台に駆けつけ、王立天文官のネヴィル・マスケリンにこの発見を知らせた。カロリンは科学的功績で報酬を受け取った最初の女性となった。当時は男性であってもこのような調査で報酬を得るのは難しかった。さらに、彼女は王立天文学会からゴールドメダルを授与され、名誉会員として迎えられた。王立アイルランドアカデミーの名誉会員にも選出され、プロイセン国王からも科学ゴールドメダルを与えられた。カロリンが作成した星表のうち2つは驚くことに現在も使われており、月面の雨の海の西側にあるクレーターは彼女にちなんでC・ハーシェルと命名されている。

銀河系の姿を描く

1802年にハーシェル兄妹が観測して記録にまとめた星雲の数はメシエによる観測を超え、合計2500個という驚異的な数に達した。さらに兄妹は1820年に5000個の星雲を載せたカタログを発表した。それにしても、これらの光を放つ霧のような天体の正体は何なのだろうか? ハーシェルは超高性能の望遠鏡を使い、一部の暗い星雲は高密度の星の集団だが、乳白色の星雲は「本物」の星雲、つまり光る流体であると判断した。だが、1784年6月に王立学会でこの理論を発表した直後、ハーシェルは自分の間違いに気がついた。星雲のように見える乳白色の天体は距離が遠いので流体のように見えるのであり、すべての星雲が星の集団なのだ。

1785年にハーシェルは『天の構造について』という論文を書き、描き直した銀河の描像とその起源について発表した。恒星はもともと一様に散らばっていたが、重力の影響で徐々に集団を形成するようになったと彼は考えた。ハーシェルの説は、フランスの天文学者ピエール=シモン・ラプラス侯爵(1749〜1827年)がのちの1796年に出版した『世界の体系』の結論と完全に一致した。ラプラス

中国の天文図

右ページ:ヨーロッパの黄道座標と中国の赤道座標を組み合わせた天文図(1821年)。

は最初に巨大星雲が太陽を取り巻いており、それらが凝縮して恒星や惑星が誕生したという起源説を唱えた（ラプラスの「星雲説」は、惑星がどれも同じ方向で太陽を公転している理由の説明にもなっている）。1790年にハーシェルは星雲状に見える天体についての考えを修正した。きっかけは「極めて特異な現象」、すなわち、ぼんやりと光る空間の中に明るい星を目撃したことによる。ハーシェルはこれが輝く雲が凝縮して星が誕生する様子ではないかと考えた。彼は星雲状に見える天体を組み込んで銀河に関するアイデアを見直した。それまでオリオン星雲は観測しても恒星の集団に見えないため、私たちの銀河を超えたはるか彼方にある（そして私たちの銀河よりも大きい）と考えられていたが、位置が天の川銀河の内部に修正された。こうして、私たちの銀河は「最も明るく、ほかとは比べられないほど広大な恒星系」となった。

宇宙をくまなく調べた望遠鏡

ウィリアム・ハーシェルの20フィート（6m）反射望遠鏡。

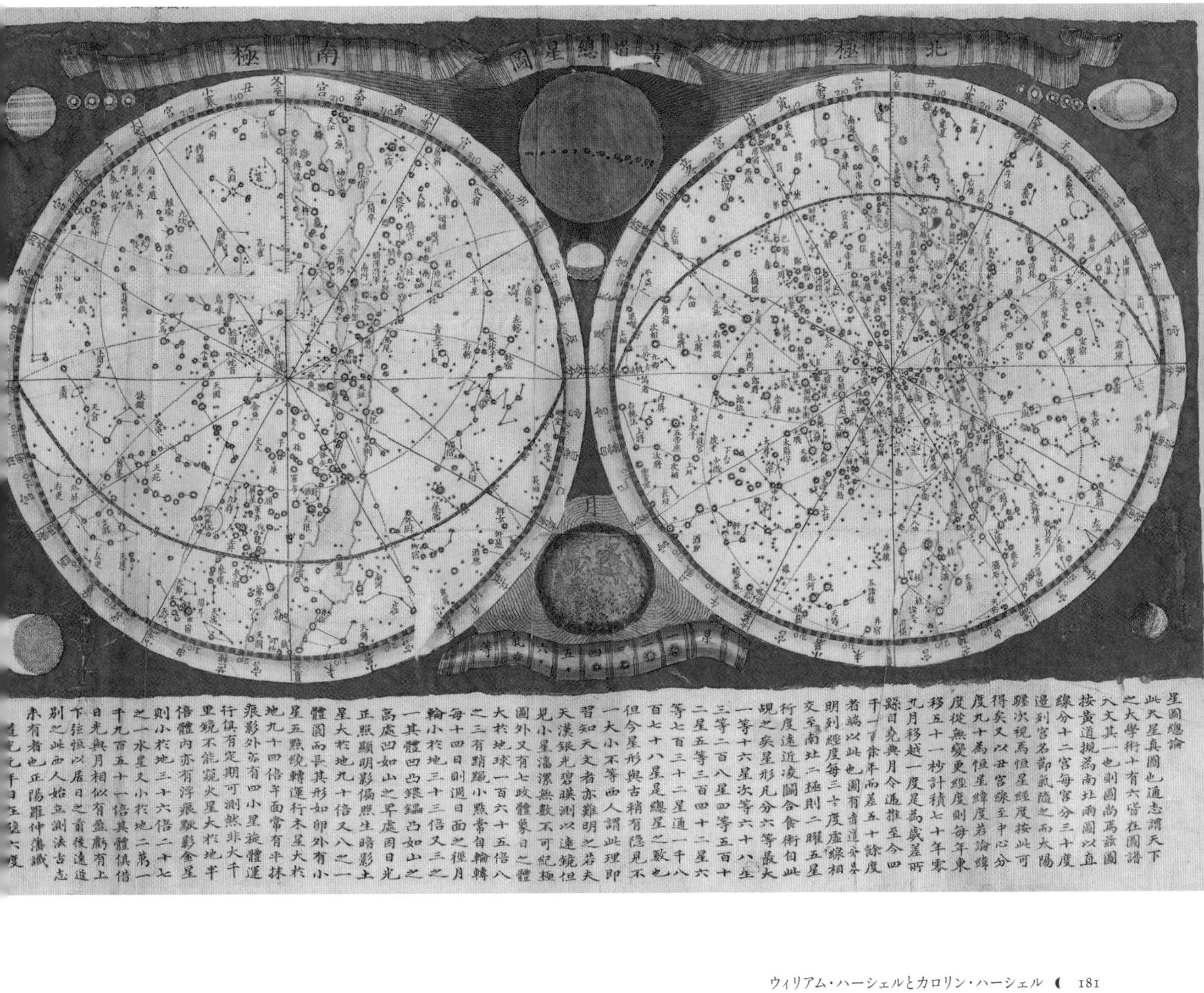

小惑星の名付け親
小惑星が発見される

発明の巨匠

ジェシー・ラムスデンと彼の目盛り刻印機。ラムスデンの後ろにあるのは、パレルモ天文台のために彼が製作した観測装置のパレルモサークル。

ウィリアム・ハーシェルが妹カロリンの助けを借りて発見した天体リストは増える一方だった（176～181ページ参照）。ずば抜けた性能を持つ望遠鏡で、彼は土星の2個の衛星ミマスとエンケラドゥスを発見し、さらに天王星の衛星の中で特に大型のティタニアとオベロンも発見した（これらの天体はすべてハーシェルの死後に息子のジョンによって命名された）。ハーシェルは火星の軌道傾斜角も測定し、最初に1666年にジョヴァンニ・ドメニコ・カッシーニ（1625～1712年）が、1672年にもクリスティアーン・ホイヘンス（1629～1695年）が観測した火星の極冠が、季節によって大きさが変わることを発見した。さらにプリズムを使って独自の分光実験を行い、色ごとの温度を測定した。これは最大の発見につながった。スペクトルの赤のすぐ隣の、まったく色のない領域で、どの波長の光よりも高い温度が計測されたのだ。これは「赤外線」と呼ばれ、分光学にとって極めて重要な発見となった。

小惑星の第一発見者

天文学者ジュゼッペ・ピアッツィ。

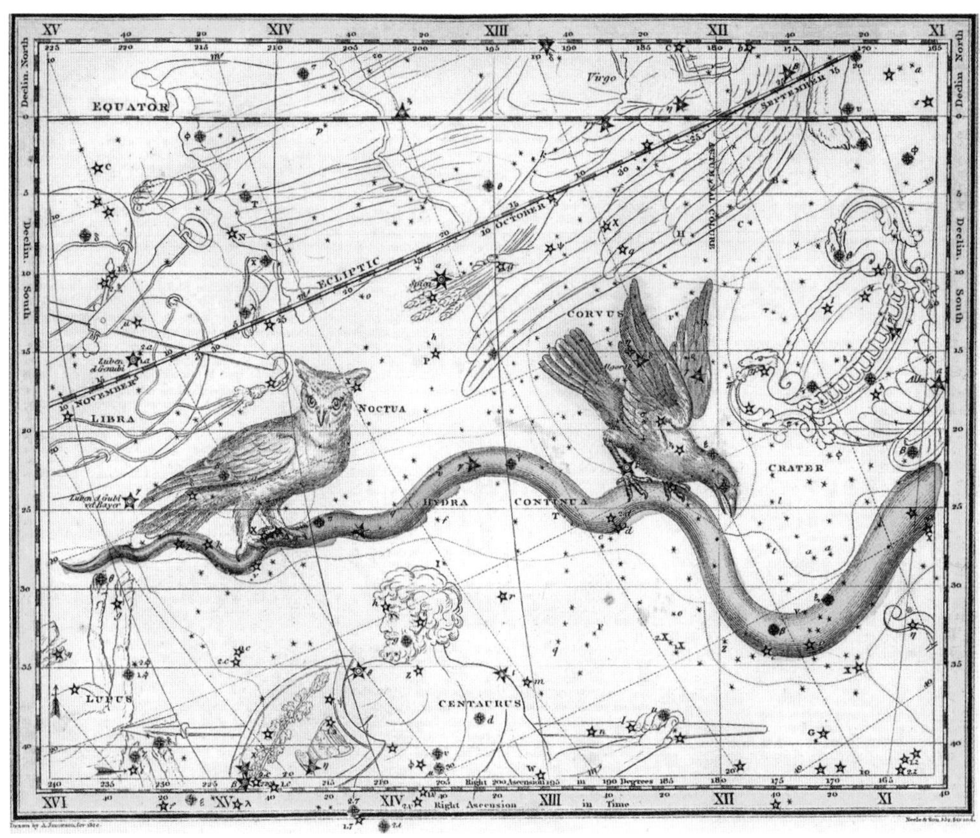

まぼろしのふくろう座

アレクサンダー・ジェイミソンが1822年に作ったふくろう座。この星座は現在採用されていない。肉眼で見える星だけで星座を描いた『ジェイミソン星図』(1822年)より。

新たな惑星か、こわれた惑星のかけらか

ヨーロッパでの巨大望遠鏡製作の第一人者としてのハーシェルの地位は揺るがなかったが、望遠鏡作りの技術は進歩し続けていた。ロンドンでは、数学者で発明の巨匠でもあったジェシー・ラムスデン(1735〜1800年)が最初の高度な「目盛り刻印機」を製作した。これは計器製造時に超高精度の目盛りをつけるもので、計器の精度向上を狙ったものだ。ラムスデンの工房と目盛り刻印機が生み出した特に画期的な発明品は、1789年に作られた高度測定のための機械で、中央に反対向きの2個の望遠鏡を据え付けた、直立した輪のような仕組みだった。この観測装置はヨーロッパ最南端の天文台であるシチリアのパレルモ天文台からの特注品だった。天文台に届いた装置を使って、カトリックの神父ジュゼッペ・ピアッツィ(1746〜1826年)は独自の星表の作成に取りかかった。

19世紀の幕が開くまでに、ピアッツィはこの観測装置「パレルモサークル」を使い、8000個前後の恒星を以前より精密に測定した。だが、1801年1月1日、ピアッツィは異常事態に気づく。前

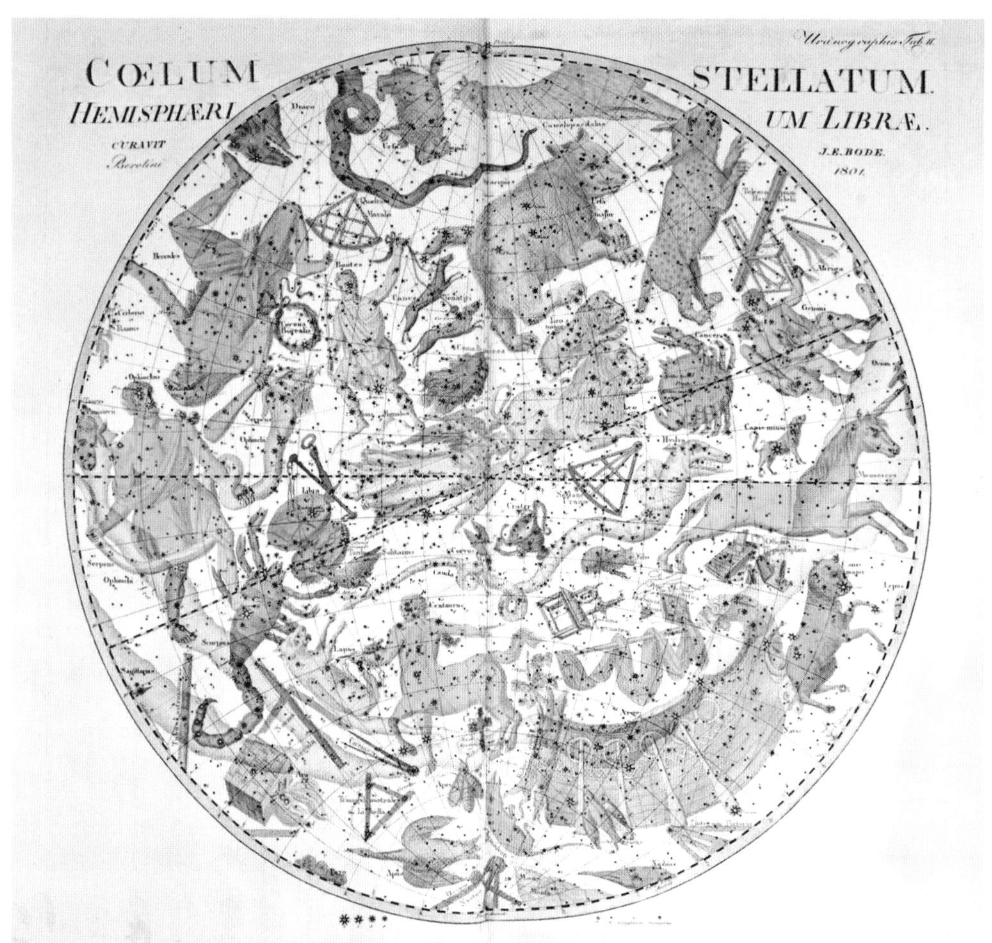

日の夜に記録した恒星の位置がずれているのだ。次の夜も同じ星の位置を調べ、この天体が動いていることを確認した。そして、自分が太陽系内の新たな天体を発見したことを悟った。ことによると、新惑星かもしれない。この天体は18世紀にヨハン・エレルト・ボーデが提唱した、惑星の位置を簡単な数列で表した「ボーデの法則」が予測したとおりの場所にあった。ボーデの法則が誕生した背景には、火星と木星間の距離が開きすぎているというヨハネス・ケプラーの考えがある。その領域には未発見の惑星があるに違いない。そうでなければ、神は完璧な配列を実現していないことになる。ハーシェルが発見した天王星もボーデの法則の予測範囲内にあった。だから、ピアッツィが発見し、ローマ神話の農業の女神とシチリアの国王フェルディナンド3世にちなんでケレス・フェルディナンディアと命名したこの天体が、火星と木星の間で未発見の惑星である可能性があると考えたわけだ。

ボーデの星図

ヨハン・ボーデによる『ウラノグラフィア』(1801年)。天文学者と芸術家の両方の顔を持つボーデが才能をいかんなく発揮し、肉眼で見えるおよそ1万5000個の恒星すべてを網羅した最初の星図であり、同時に美しさを追求した最後の星図の一つに数えられている。

星座カードのおとめ座

右ページ:『ウラニアの鏡』のおとめ座。

ケレスと呼ばれるようになったこの天体は、半世紀の間、天文学の教科書で惑星とされた。だが、ウィリアム・ハーシェルは、ケレスは形が判別できないほど小さく、月よりもかなり小さいことに気づいた。1802年3月28日にハインリヒ・オルバースも同様の移動する小型天体を観測したが、ハーシェルはパラスと名付けられたこの「惑星」もかなり小さいことを発見した。ハーシェルはこれらの天体を分類する新たな用語を提案した。ギリシャ語で星を表す「aster」と、形という意味を持つ「eidos」を組み合わせた「asteroid（小惑星）」がハーシェルの考えた名前だった。

美しいまでにシンプルなボーデの法則を守るため、オルバースは最後の抵抗として、ケレスとパラスはかつて火星と木星の間にあった惑星が大昔に破壊された「かけら」ではないかと主張した。ほかにも同様の小型天体が発見され、当初こそ、このまぼろしの惑星説は支持を集めたが、やがて発見される小惑星の数が増え（1850年代には「小惑星」は標準的な用語になっていた）、19世紀後半には、もし小惑星がかつて惑星の一部であったとしても、月よりもはるかに小さく、惑星とは考えがたいことが明らかになっていった。

『ウラニアの鏡』

アレクサンダー・ジェイミソンの『ジェイミソン星図』を基にして作られた星図カード集『ウラニアの鏡』（1824年）の箱絵。

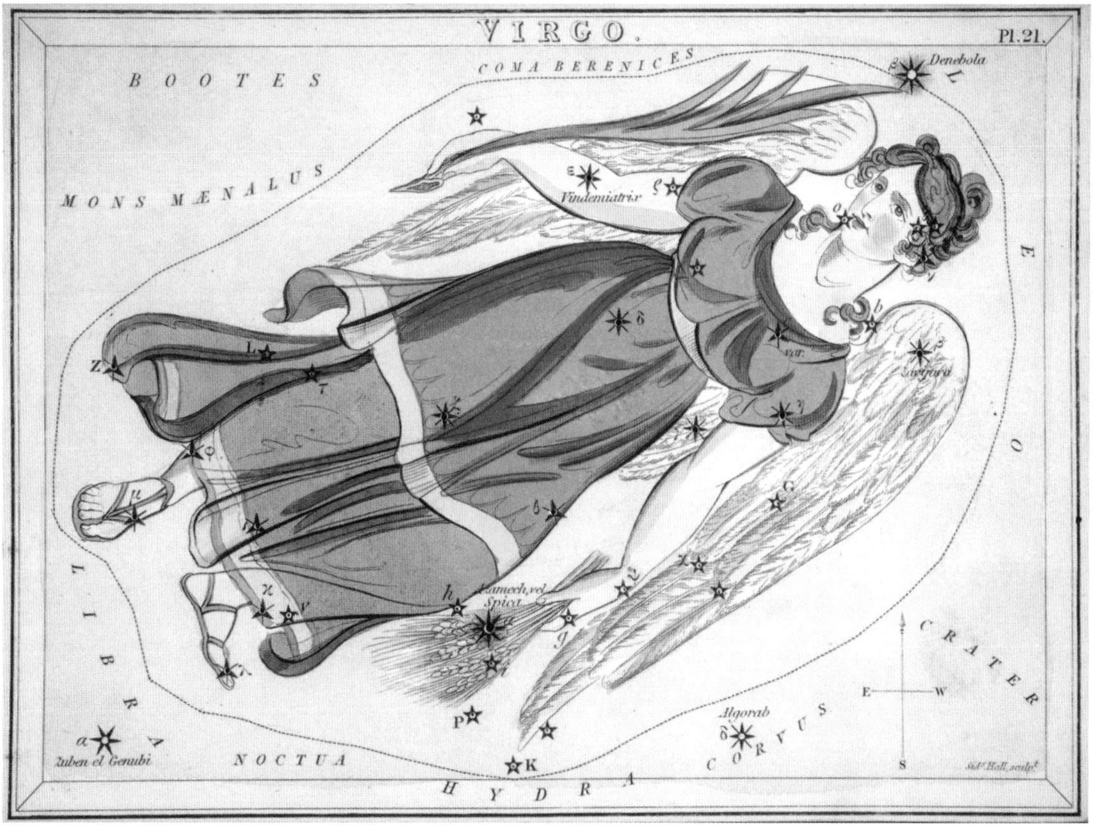

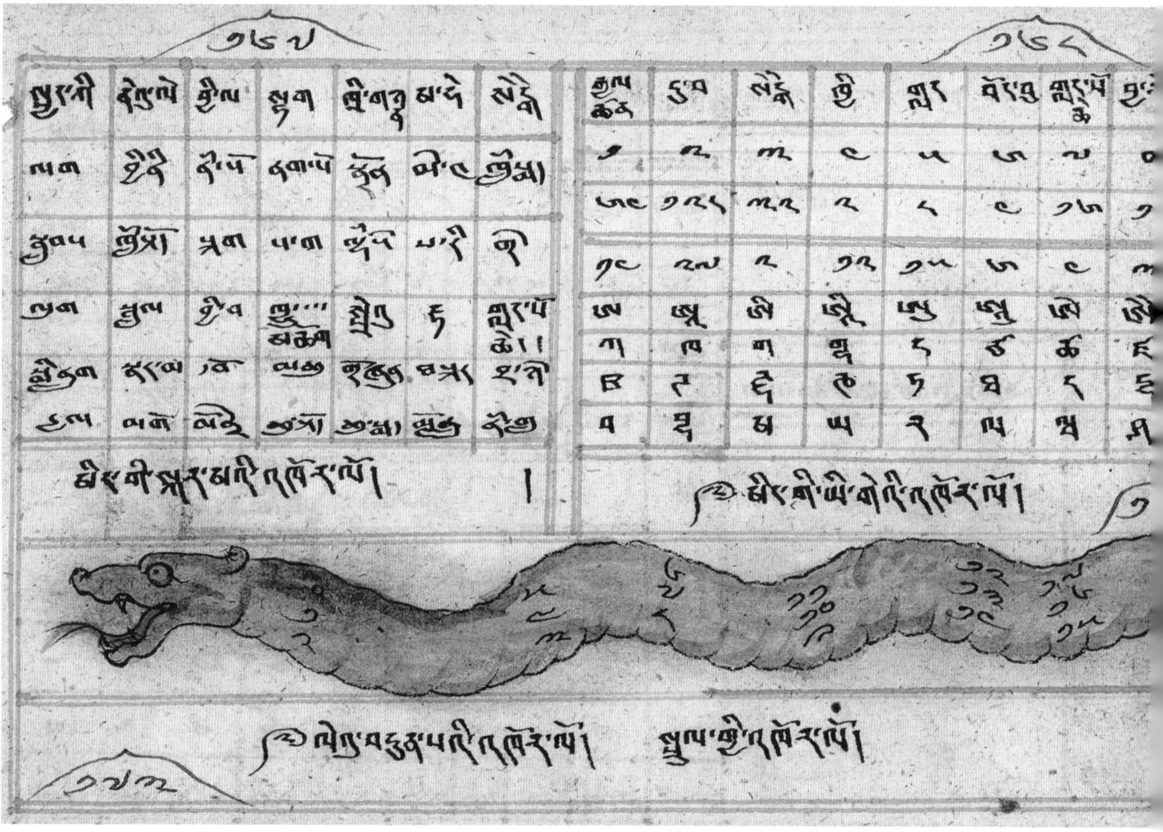

食と黄道帯

上の図：食と黄道帯についての説明書。

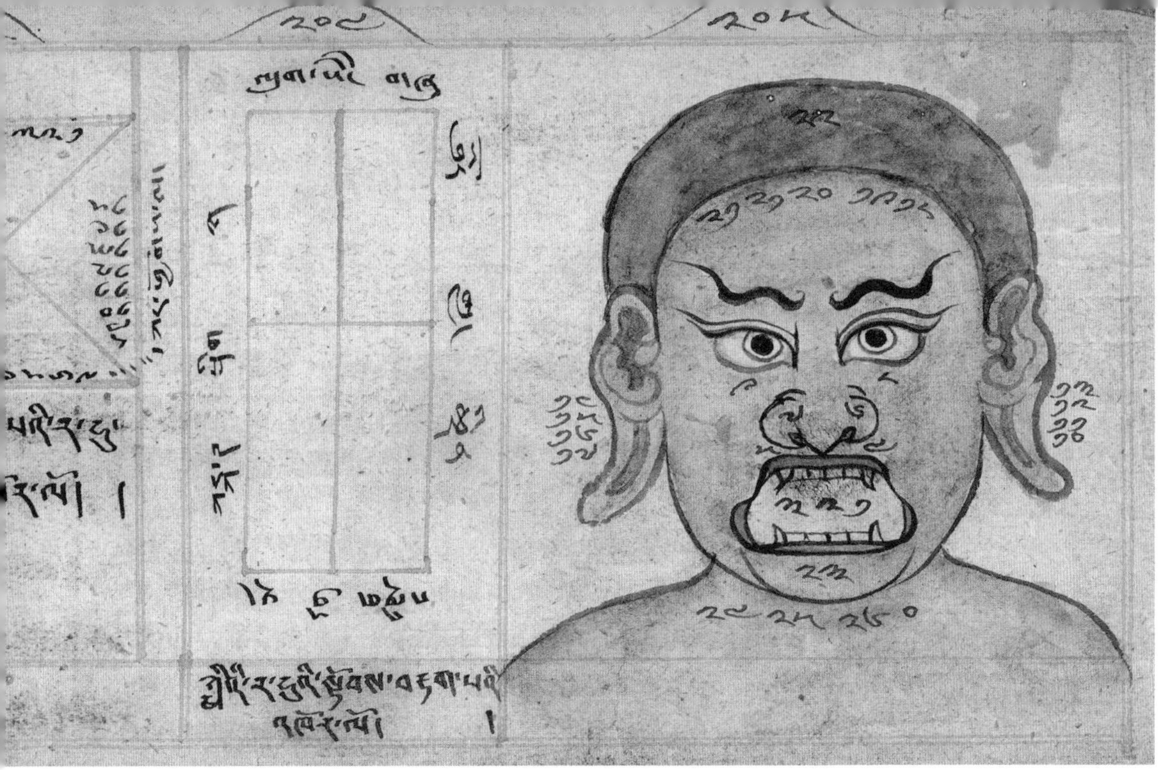

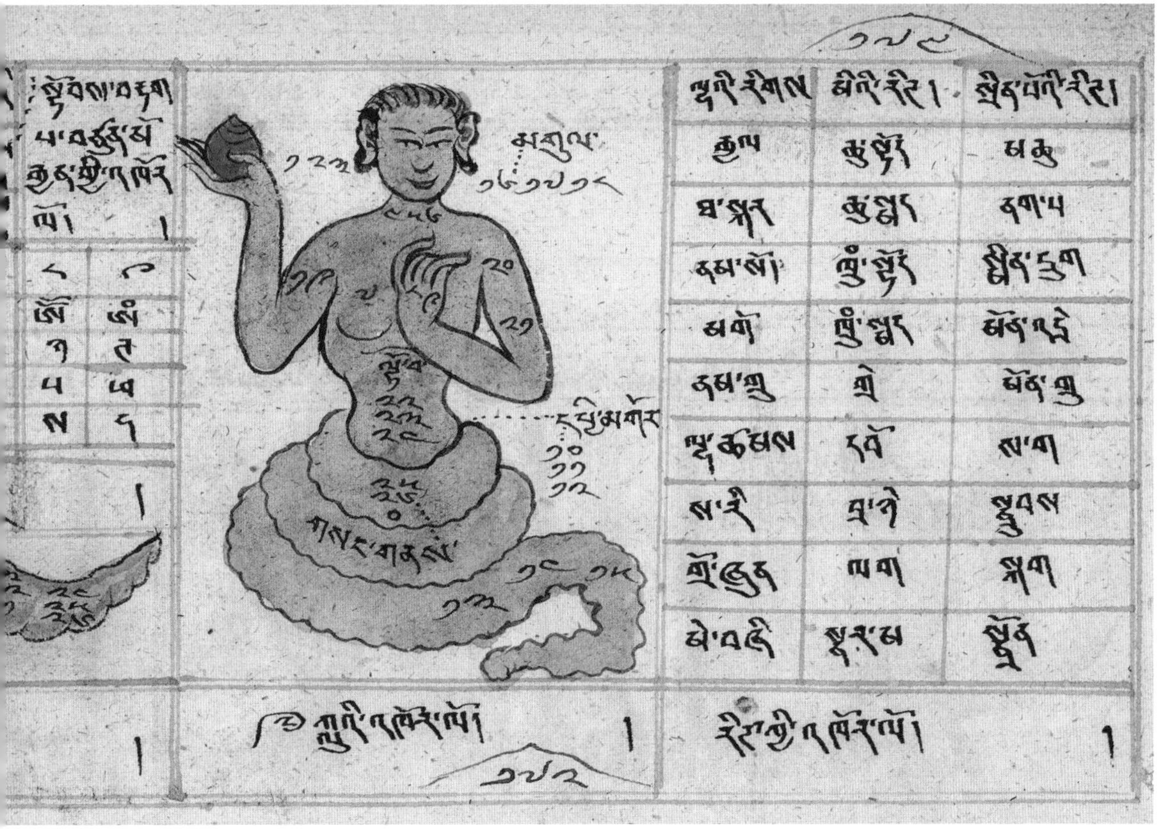

ヒンドゥー教のまぼろしの動物

下の図：ヒンドゥー教の神話に登場する架空の動物ナーガ。仏典にも登場する。

ジョン・ハーシェルと月の生命体

息子のハーシェルをネタにした記事

月にすむ人類

『月での発見』(1836年)に掲載されたヒトコウモリの絵。

1835年8月25日のニューヨークの大衆紙サン紙に掲載された記事は読者に衝撃を与えた。ウィリアム・ハーシェルの息子で自身も有名な天文学者だったジョン・ハーシェル(1792〜1871年)が、新たな天文学的発見をしたというのだ。ジョン・ハーシェルは1833年11月にロンドンを離れて南アフリカのケープタウンに移り、21フィート(6.4m)の望遠鏡を建設して、ハレー彗星の帰還を目撃すべく南半球の空の観測にいそしんでいた。しかし、サン紙は記事の中でハーシェルの助手だったアンドリュー・グラント博士の言葉を引用し、ハーシェルが高倍率望遠鏡を月に向け、驚くべき発見をしたと報じた。「彼は月にあるものをはっきりと見た」と記事は書いていた。「(そして)月に住人はいるのかという問いに肯定的な答えを出し、それらの様子を示した」

月面の動物たち

南アフリカの喜望峰の天文台で、ジョン・ハーシェル卿が発見したとされる月の動物など。1835年の『エディンバラ科学ジャーナル』に掲載されたスケッチを写したもの。

月面に見えたもの

その後もサン紙は続報を出し、全部で6本の記事が掲載された。これらの記事を手がけたサン紙の記者リチャード・アダムス・ロックは歴史上最も有名な捏造記事を執筆した人物といえるだろう。ハーシェルが月で異星人を発見したというニュースは、回を追うごとに内容が具体的になっていった。最初の記事には、巨大な玄武岩の塊である月の表面には赤い花が咲き乱れていると載った。次の記事では、茶色のバイソンに似た四足動物、「青みがかった鉛色」のヤギ、石だらけの海岸を勢いよく転がる丸くて奇妙な両生類のような生物など、多種多様な動物たちがいることも伝えられた。第3弾の記事では、2本足で歩くビーバーが紹介された。腕に子供を抱きかかえて移動し、小屋から立ち上る煙から判断すると、火を使いこなしているらしかった。4本目の記事ではヒト上科のヒトコウモリ（Vespertilio-homo）の存在が公表された。彼らが理性的に会話を交わす様子をハーシェルは何度も目撃したという。ただし、「彼らの娯楽には、地球のような礼節の概念はない」。5本目の記事は、サファイアでできた、もう使われていない寺院が

月世界の様子

『ハーシェル氏によってなされた月でのその他の発見』(1836年)。

月世界観光

ハーシェルが月で発見したものを見に行く想像上の観光ツアーの帰り道。

月世界人の暮らし

月世界の娯楽の想像図。月の人々が狩猟を楽しんだり、互いの毛を編み合ったりしている。

報じられた。最後の6本目の記事では、ヒトコウモリの詳報が伝えられた後、ハーシェルの望遠鏡のレンズが太陽光を集めたせいで火事が発生し、天文台が焼け落ちたと報道された。

ジョン・ハーシェルは確かにケープタウンに滞在していたが、記事に登場するアンドリュー・グラント博士は実在しなかった。ロックは新聞の発行部数を伸ばすために記事の捏造という恥ずべき行為に出た（そして、彼の目論見は成功した）。一方で、近年の突飛な天文理論を強烈に風刺する意味合いもあった。例えば、ミュンヘン大学の天文学教授フランツ・フォン・パウラ・グリュイテュイゼンは、1824年に『月の住民が残した多数の確かな痕跡、特に巨大建造物の発見について』と題する論文を発表した。彼は植物の存在を示唆するような色の変化を目撃し、壁や道路、要塞、都市らしきものも見えたと主張した。もう少し後には、「キリスト教哲学者」のトーマス・ディック師が、太陽系には21兆9000億人の住民がいると試算した。ディック師は、このうち420万人が月の住民だと説明した。この説は大いに支持を集め、米国の思想家ラルフ・ワルド・エマーソンも支持者の一人だった。

異星人に信号を送る

地面に巨大な幾何学模様（ペルー南部にあるナスカの地上絵のような）を描いて、月やほかの星にいる異星人に信号を送るという壮大な計画も何度か持ち上がった。1820年、ドイツの数学者カール・

フリードリヒ・ガウスは、木を使ってシベリアの針葉樹林帯（ツンドラ）の広い範囲に、ピタゴラスの定理を証明する、月からでも見えるような巨大な幾何学図形を作る案を出した。1840年にオーストリアの天文学者ヨーゼフ・フォン・リトローも少しひねった同様の計画を提案していたようだ。リトローは、サハラ砂漠に巨大な円形の運河を掘り、灯油を流して火を点けることを考えていたらしい。当然ながら、どちらのアイデアも日の目を見ることはなかった。

おそらく記者のロックは、ハーシェルと月の生命体との歴史的な関わりに引っかけたのだろう。数々の素晴らしい功績で名を知られた父ウィリアム・ハーシェル（176〜179ページ参照）は、18世紀末頃から「世界の複数性」説の可能性を探り、月に生命体がいる兆候を独自に調べ始めた。友人との手紙の中で、彼は月に生命が存在するしるしを発見したと主張している。月面にはひときわ目立つ環状の地形（現在では小惑星の衝突でできたクレーターであることがわかっている）が見えることを知ったハーシェルは、これが巨大な「円形競技場」だと考えた。太陽の光を集めるのに絶好の形をしており、条件は完璧にそろっているように思われた。

そういう形状の建物では、半分に直射日光が当たり、もう半分に太陽の反射光が当たる。おそらく、月ではどの町にも非常に巨大な円形競技場があるのではないか？（中略）*もしそうならば、小型の円形競技場が新たに建設される様子を私たちは見張るべきではないのかもしれない。月世界人も地球に新しい町が建設される様子を見ているかもしれないのだから*（中略）*ほぼ考えるまでもなく、私たちが月面に見る無数の小型円形競技場は、月世界人が作り上げたものであることを私は確信しているし、それらは町という名で呼ばれているかもしれない*（後略）

さらに1795年の『王立学会哲学紀要』の中でウィリアム・ハーシェルは、太陽を含めたあらゆる天体に地球外生命体が存在する可能性があると考えていることを明らかにしている。

太陽は（中略）*すば抜けて巨大で明るい惑星以外の何ものでもなく、最初の、あるいは厳密にいえば、私たちの系の中で並ぶもののない重要な星であることは明らかであるように思われる*（中略）*太陽系のほかの球体に対する類似性は*（中略）*住民がいる可能性が非常に高いと思わせる*（中略）*そこの住民たちの器官はその広大な世界の特殊な環境に適応しているのだろう。*

父と同じ道を進んだ天文学者

ジョン・ハーシェル（1867年）。

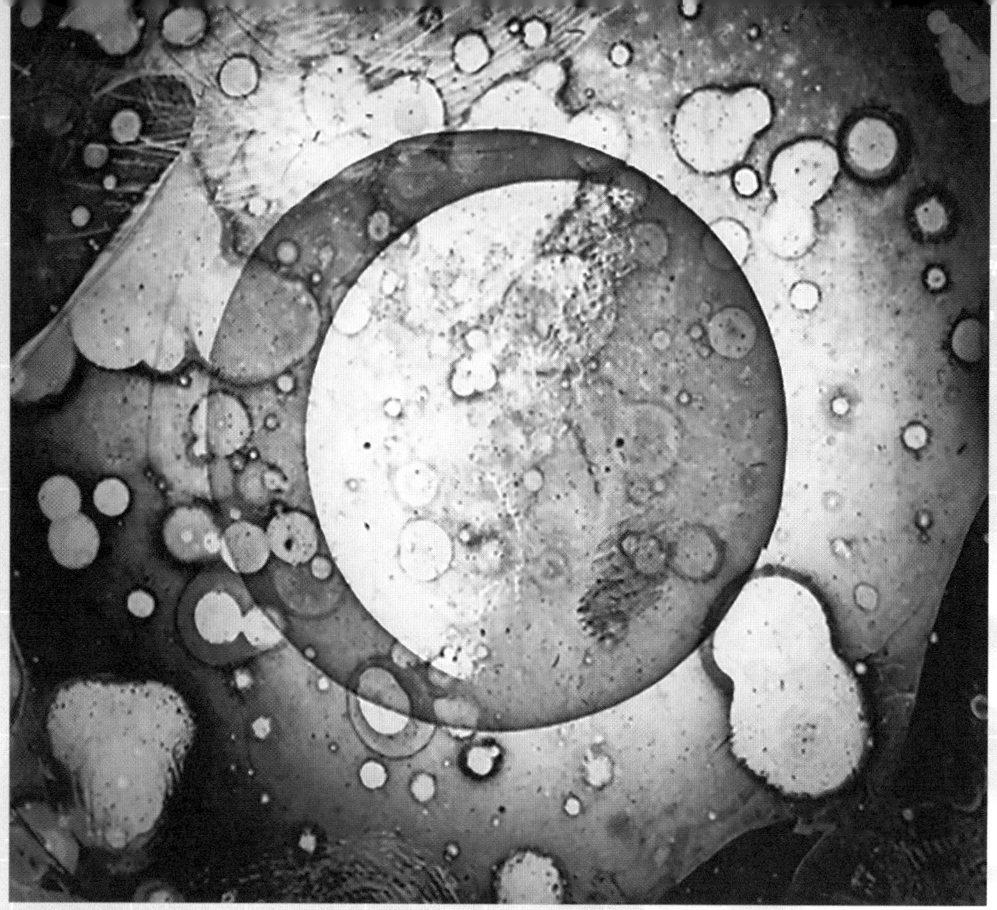

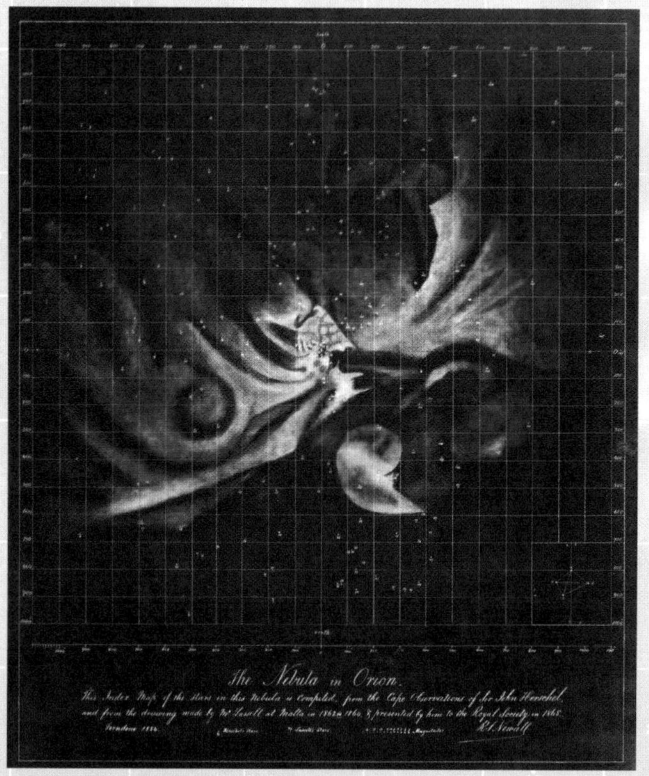

最初の月面写真

上：ジョン・ウィリアム・ドレイパーが1840年に銀板写真技術で撮影した最初の月の写真。

オリオン星雲

左：技術者で天文学者のロバート・スターリング・ニューウェルが作成した図「オリオン星雲」(1884年)。

渦巻き銀河のスケッチ

右ページ上：第三代伯爵ロス卿ことウィリアム・パーソンズが1845年にスケッチしたM51a。子持ち銀河とも呼ばれる。これは渦巻き星雲(銀河)の最初のスケッチとなった。

ロス卿の望遠鏡

右ページ下：ロス卿がパーソンズタウンに建設した巨大望遠鏡「リヴァイアサン」。彼はこの望遠鏡で星雲を観測し、子持ち銀河の渦巻き構造を発見した。

海王星の発見

軌道計算から発見された新惑星

1781年のウィリアム・ハーシェルによる天王星の発見（177～178ページ参照）や、ピアッツィによる小惑星ケレスの発見（183～184ページ参照）は、観測の積み重ねによって、恒星とは異なる動きをする天体を見つけた幸運な結果だった。一方、海王星発見の経緯は19世紀半ばまでの天文学の進歩を象徴していた。海王星は初めて数学的に計算された予測から発見されたからだ。この時代は探検家たちの間で名誉を求める競争が過熱していたが（北西航路の探索やのちの北極・南極の到達競争など）、海王星探しでも天文学者たちが競争を繰り広げていた。

天王星の発見直後から、暗すぎて肉眼では見えない海王星が存在する可能性は指摘されてきた。ヨハン・ボーデの研究仲間だったプラキドゥス・フィクスルミルナーは、過去に天王星を観測していたトビアス・マイヤーとジョン・フラムスティードの記録位置を基に（2人は天王星を恒星と考えた。178ページ参照）、天王星の動きを予

惑星発見

ウィリアム・ハーシェルとユルバン・ル・ヴェリエの惑星発見について記されたスミスの『図解天文学』（1850年）。

測する表を作った。しかし、まもなく天王星は予測の軌道を外れ始めた。1790年に予測は精度を上げて修正されたが、1830年代に入るころには、予測と実際の軌道のずれは誰の目にも明らかなほど大きくなっていた。

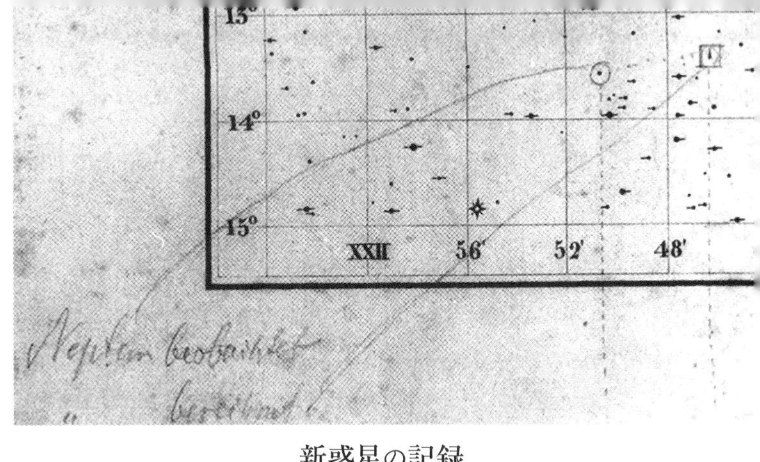

新惑星の記録

ル・ヴェリエとガレが海王星の発見に用いた星図の原本。

海王星探し競争

天王星の軌道のずれを説明するために、多くの説が考え出された。木星や土星の重力の影響を過小評価しているのだろうか？宇宙空間に広がる目に見えない液状のものが天王星の軌道を邪魔しているのだろうか？ それとも、引力の逆二乗の法則は非常に長い距離では成り立たないのだろうか？ もう一つ、未発見の惑星がどこかに存在していて、その惑星の重力が天王星の運動に影響を与えているという可能性が考えられた。1845年11月、フランスの天文学者ユルバン・ル・ヴェリエ（1811〜1877年）は、パリ科学アカデミーに未知の惑星説の研究結果を送った。ボーデの法則を利用し、ル・ヴェリエは（当時の）太陽からの黄経を使って、天王星の先の325度付近に次の惑星があると推測した。

それより前の1843年10月、ケンブリッジの若き学生ジョン・クーチ・アダムズ（1819〜1892年）も同様の結論に至り、1845年9月に323度34分という具体的な数字を出した（これもル・ヴェリエの値に近い）。翌年、ル・ヴェリエの論文がケンブリッジに届けられたが、それまで2人とも自分と同じような理論にたどり着いた研究者がほかにもいることを知らなかった。

こうして、高倍率望遠鏡を使い、予測された領域周辺で未知の惑星を探す競争が始まった。最新星図と実際の空を見比べて不可解な相違を見つけるのだ。手元に最新の星図がなかったアダムズは、競争を有利に進めるべく、ケンブリッジの天文学教授ジェームズ・シャリス（1803〜1882年）の手を借りた。一方のル・ヴェリエはベルリン天文台に協力を求め、イギリスで未発行だったベルリンアカデミーの最新の星図を手に入れた。海王星探しに決着がついたのは1846年9月23日のことだった。この日、ベルリン天文台のヨハン・ガレ（1812〜1910年）は、ル・ヴェリエの予測から1度もずれていない領域で星図にない天体を発見した。太陽系で4番目に大きい惑星、海王星が発見された瞬間だった（ル・ヴェリエは新惑星に「ル・ヴェリエ」という名前を提案したが、フランス国外で激しい反対にあい、年末には「海王星」という名称が国際的に認められた）。

まぼろしの惑星ヴァルカン

太陽に最も近い惑星は何か

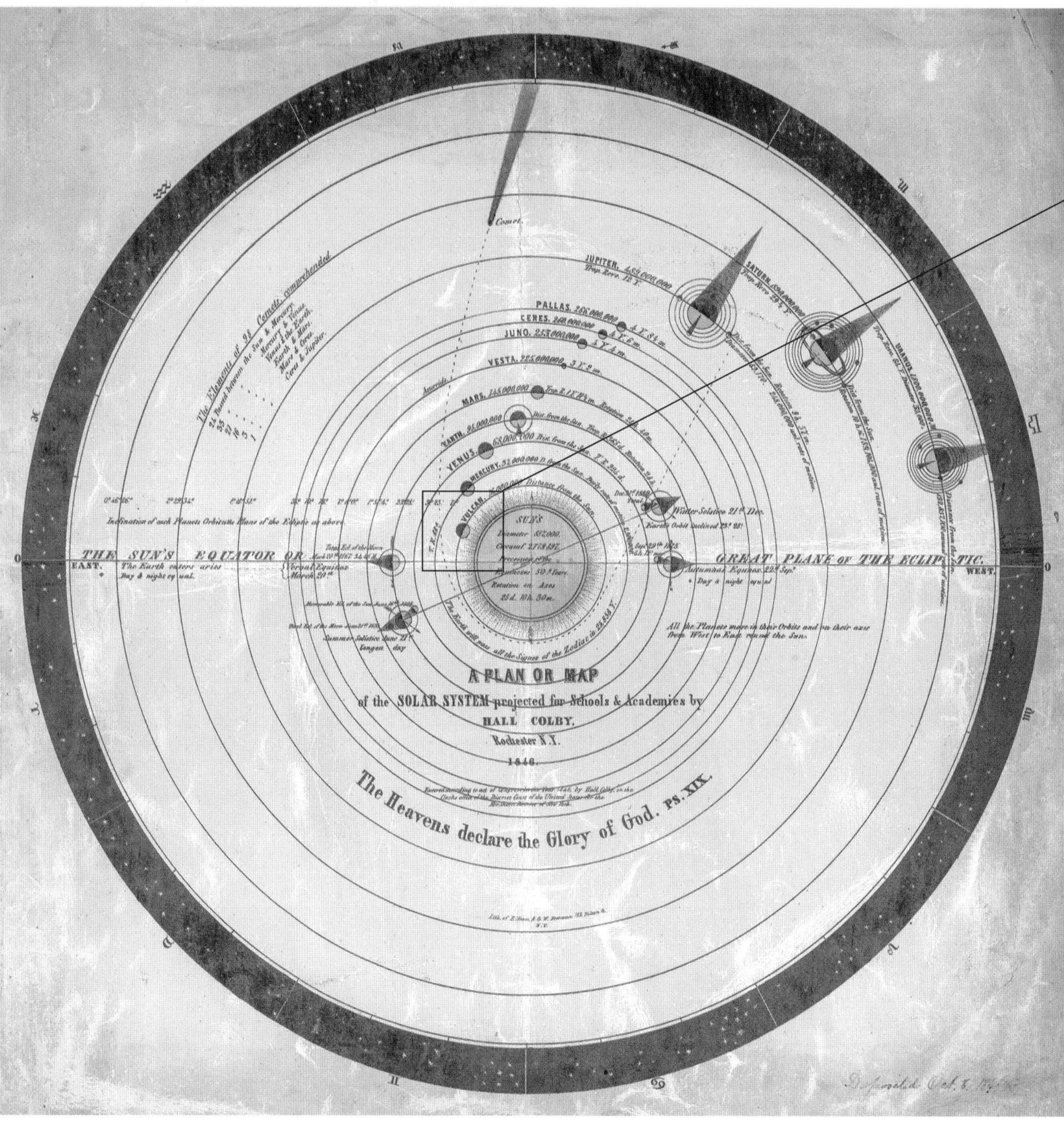

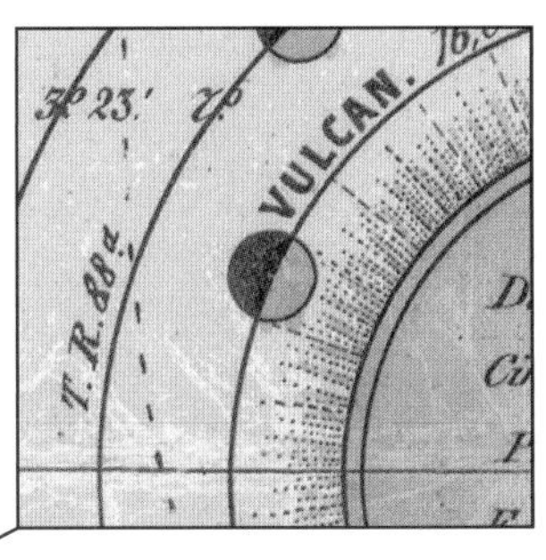

海王星の発見を成功させたユルバン・ル・ヴェリエ（197ページ参照）は、今度は1840年にパリ天文台長のフランソワ・アラゴから頼まれていた問題に取りかかった。それは水星の公転軌道に関する問題だった。ル・ヴェリエは1843年に水星軌道の予測モデルを作り上げたものの、観測結果と合わないことがわかった。彼はこの問題に没頭し、かなり詳しく精査しても、説明できない矛盾が残ることを1859年に発表した。問題は水星の「近日点」だった。近日点とは、天体が太陽に最も近づく位置のことだが、これが予測よりもわずかに早くやってくる。近日点移動と呼ばれる現象だ。100年で43秒（1秒は角距離の単位で1分の60分の1）というわずかな差だが、ずれていることに変わりはない（こんな小さな誤差が問題になるほど、この時代までにニュートン力学を基盤とする天体力学は進歩していたのだ）。ル・ヴェリエは、この誤差が生じる原因として、太陽と水星の間に、水星と同程度の大きさの未発見の惑星が存在する可能性が高いと発表した。太陽に非常に近いため、この新惑星の名前はローマ神話の火と火山の神にちなんでヴァルカンと名付けられた。

ヴァルカン観測の報告

海王星の発見という実績もあり、ル・ヴェリエの説に対する異論は出なかったが、理論の正しさを立証するには観測で確かめる必要があった。その機会は驚くほど早く訪れた。ヴァルカン存在の発表と同じ1859年、ル・ヴェリエのもとにフランスの医師でアマチュア天文家のエドモン・モデスト・レスカルボーと名乗る人物から連絡があった。オルジェール=アン=ボースという町に住むレスカルボーは、口径3.75インチ（95mm）の粗末な屈折望遠鏡で、その年の早い時期に、太陽の前をそれらしき惑星が通過する様子を観測したと断言した。ル・ヴェリエは大急ぎでレスカルボーのもとに駆けつけた。レスカルボー医師の技術と、1時間17分9秒にわたる太陽面通過の観測結果に納得したル・ヴェリエは、パリ科学アカデミーの席上でヴァルカンの存在が確認されたことを報告し、太陽から1300万マイル（2100km）の距離を19日と7時間の周期で公転していると説明した。

ほどなくして、ル・ヴェリエのもとには彼の説を裏付けるような

惑星ヴァルカンの軌道

左ページと拡大図：『学校および学術機関のための太陽系投影図』（1846年）。太陽に一番近い1600万マイル（2600万km）のところに実在しない惑星ヴァルカンが描かれている。小惑星ヴェスタ、ジュノー、ケレス、パラスも載っている。

報告が多数舞い込んだが、正しさが確認されたものは1件もなかった。1860年1月にはロンドンで4人の天文家がそれらしき太陽面通過を目撃したと主張し、1862年3月にはイギリスのマンチェスターでルミス氏なる人物が同様の現象を観測したと証言した。似たような報告はその後も相次いだ。1878年7月には2人のベテランの天文家、米国ミシガン州のアナーバー天文台長のジェームズ・クレイグ・ワトソン教授と、ニューヨーク州ロチェスター在住のルイス・スイフトが、ヴァルカンらしき惑星を観測したと報告した。2人とも惑星は赤色だったと主張していた。

しかし、彼らが見たのは既に存在が知られている恒星だったことが後日判明した。存在は確認されなかったが、かといって完全に否定されることもなく、まぼろしの惑星ヴァルカンの探索は20世紀に入っても続けられた。1916年にアルバート・アインシュタインが従来の重力理論をひっくり返すような一般相対性理論を発表し、これにより水星の近日点移動の問題にも説明がついて、まぼろしの惑星*はついに消え失せた。1919年5月29日の日食の観測によって一般相対性理論の正しさが証明され、水星の内側に惑星が存在する可能性は完全に否定された。

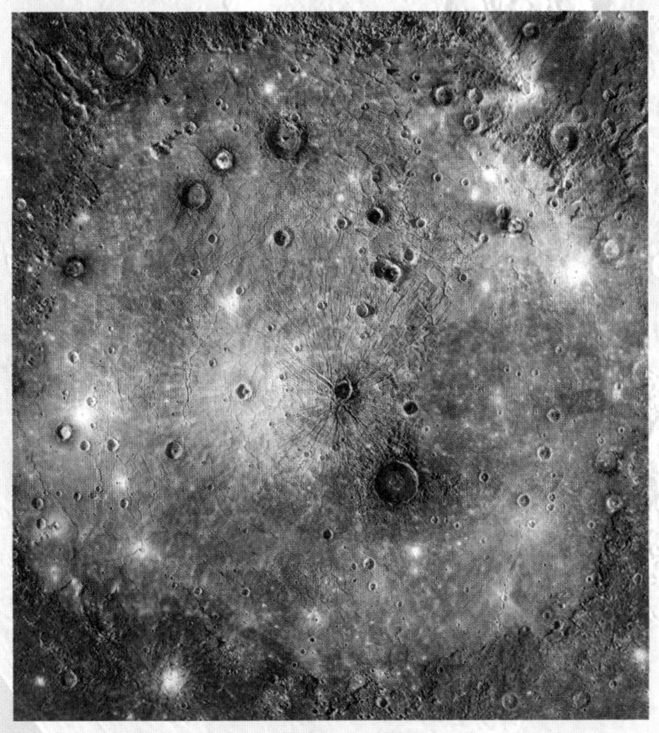

*ついでにいうと、この類の「まぼろし」を集めた本も出版されている。詳しくは『世界をまどわせた地図』をご覧いただきたい。

最新科学による水星

左ページ：2011年3月に水星の周回軌道に投入された水星探査機メッセンジャーが撮影した画像を合成し、2017年に作成されたカラフルな水星の画像。メッセンジャーは比較的新しい崖のような地形を発見した。このことから、太陽系が形成された45億年前から、水星は収縮を続けていることが結論付けられた。

クレーターだらけの水星

水星の大気は非常に薄く、宇宙空間を漂う物体の衝突から地表を保護することはできない。そのため、水星の表面には多数のクレーターができている。この色とりどりの模様のように見える地形は、カロリス盆地と呼ばれるクレーター。カロリス盆地は直径950マイル（1525km）で、高さ2000m前後のカロリス山脈に取り囲まれている（ちなみに、北海道の札幌市から九州の鹿児島市までの直線距離はおよそ1590km）。

分光法と宇宙物理学の幕開け

太陽に最も近い惑星は何か

宇宙の発見が驚異的に加速する20世紀がそろそろ近づいてきた。このあたりで、これまでの進歩を振り返ってみよう。天文学の発祥は謎に包まれた古代までさかのぼる。天体の動きを予測するための宇宙モデルが登場して惑星の動きが表されるようになり、古代ギリシャでは神の力で動く天球の概念が持ち込まれた。ケプラーの時代には、この力を科学的に説明しようとする動きが出たが、地上の運動を説明する物理学が空にも通用するとはまだ誰も考えていなかった。やがて統一理論であるニュートン物理学が登場し、天上も地上も同じ科学法則が当てはまることがわかった。

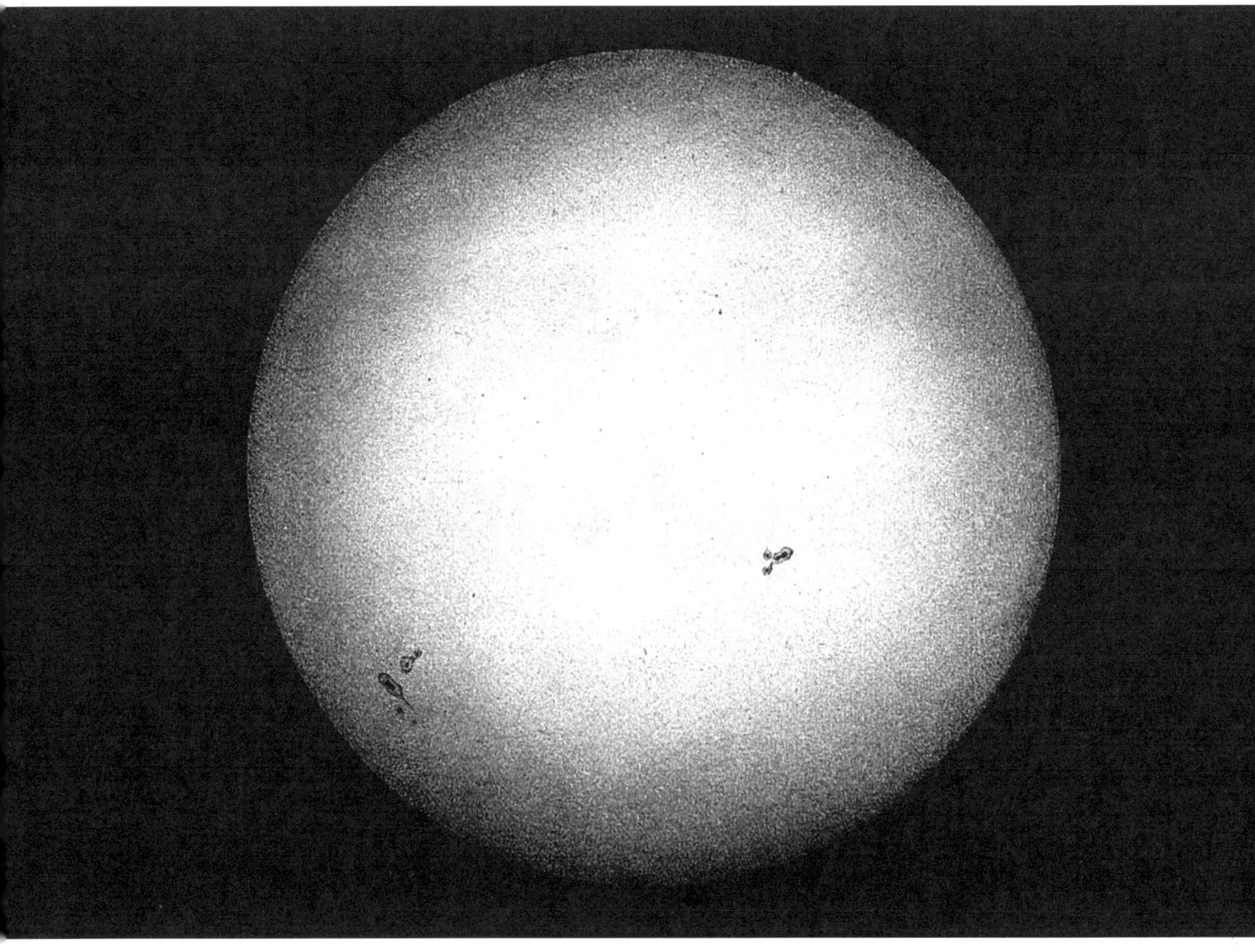

さらに、宇宙も地球も同じ物質で構成されている可能性が指摘された。だが、それを証明できる技術はまだ存在しなかった。

プリズムが天体からのメッセージを解くカギ

ニュートンの理論によって新たな扉が開かれ、天文学者は惑星の運動や恒星の位置の観測に、より正確さを求めるようになった。19世紀後半になる頃には、鏡とレンズを使った望遠鏡で人間は神に近い目を手に入れた。だが、発見された惑星、恒星、小惑星が星図に多数加わり、空の地図作りに写真撮影*という新技術が持ち込まれる新時代が到来すると、新たな疑問が持ち上がった。これらの天体は一体どんなものでできているのだろう? それを知るには天文学に新たな分野が必要だ。こうして天上世界の物理的性質を調べる新分野、すなわち宇宙物理学が誕生した。

天体を構成する物質を調べるには、その天体に行くのが一番だが、地球にいながらにして調べる方法があった。カギを握るのはプリズムだ。1666年にアイザック・ニュートンは三角形のガラス

*写真撮影技術の登場と同時に生まれたらしい、雷にまつわる19世紀の面白い噂がある。19世紀には「ケラウノグラフィー」という現象が存在すると信じられていた。これは雷がカメラのフラッシュのように作用して、雷に打たれた人間や動物の姿が、周囲に写真のように焼き付けられるというものだ。この噂は、教会に落ちた雷に打たれた人々に十字架が刻み込まれるという、1300年代から1600年代にかけて伝えられていた伝説に由来する。実際に雷は模様のような形の焼け焦げを残すこともある。この噂が基になって、「ケラノグラフィックマーク」、あるいは「雷光花」ともいう言葉が生まれた。

太陽表面をとらえる

左ページ:望遠鏡を使い、太陽表面の詳細な写真を初めて撮影したのはフランスの物理学者ジャン・フーコーとアルマン・イッポリート・ルイ・フィゾーで、1845年のことだ。この2年前に、ハインリッヒ・シュワーベが17年間におよぶ観測の末に、太陽の黒点の数が周期的に変化することを突き止めていた。この写真によって、シュワーベの発見が正しいことが立証され、太陽内部の組成の最初の手がかりが得られた。

太陽と恒星のスペクトル

イエスズ会の修道士アンジェロ・セッキによる太陽と恒星のスペクトルの一覧(1870年頃)。

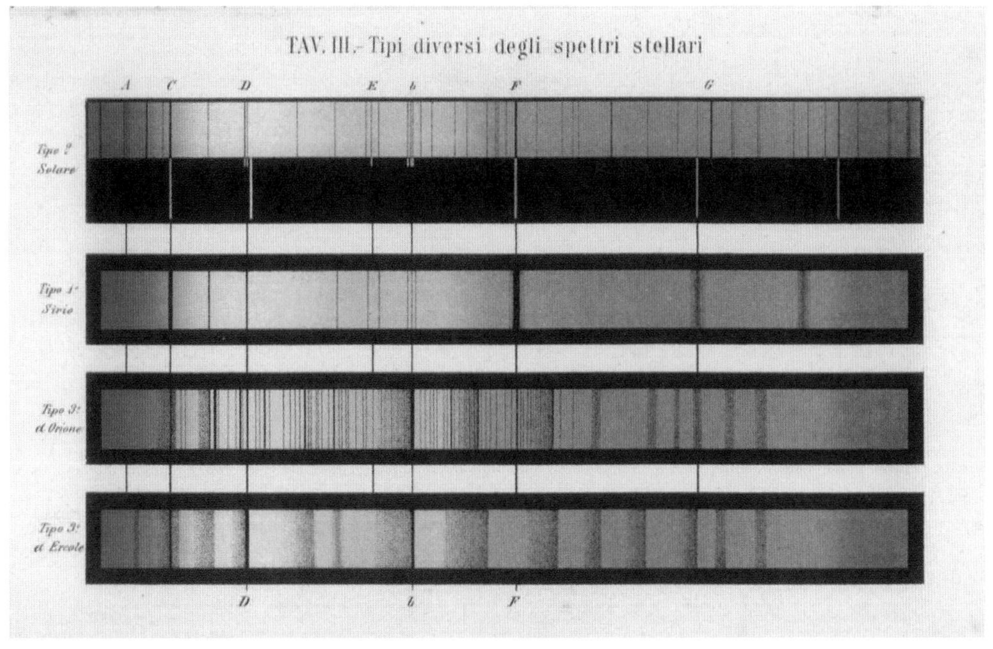

太陽コロナをとらえる

1869年8月7日、ケンタッキー州シェルビーヴィルでハーヴァード大学の調査隊が日食の撮影でとらえた太陽コロナ。

のプリズムを入手し、「それを用いて有名な色の現象を試した」。彼は太陽光線をプリズムに通して、太陽光を構成する虹の色をスクリーンに映し出した。当時は、すべての有色光の正体は白色光で、何らかの理由で色がついて見えるだけだという考え方が一般的だった。ニュートンは、白色光は様々な光が混ざった「スペクトル」（ラテン語で「現れるもの」を意味する言葉）を持つと考え、プリズムで

皆既日食の観測

1862年に現像された初期の皆既日食の写真。

分けた有色光をレンズに通して再び白色光に戻し、自説の正しさを証明してみせた。

のちに同様の実験をイギリスの科学者ウィリアム・ハイド・ウォラストン（1766〜1828年）が行っている。彼は、スペクトルの色と色の間に、境界線のような細い暗線が入ることに気づいた。バイエルンのレンズ製作者ヨーゼフ・フラウンフォーファー（1787〜1826年）も、望遠鏡（最初の基本的な分光器）を使って太陽の光を調べ、自作のプリズムでつくったスペクトルに多くの暗線が入ることを発見した。現在、フラウンフォーファー線と呼ばれているものだ。さらにロベルト・ブンゼン（1811〜1899年）とグスタフ・キルヒホフ（1824〜1887年）が、（有名なブンゼンバーナーで）化合物を燃やすと、その炎の光のスペクトルに、特定の化学元素に対応した輝線が現れることを発見した。これは大発見だった。恒星が発している光は、組成を伝える星からのメッセージだったのだ。

太陽の元素の解明

特定のスペクトル線（暗線と輝線）が何の金属元素と対応するかを探るうちに、ブンゼンとキルヒホフは、天体の光のスペクトルから2種類の新元素を発見し、スペクトルの色にちなんでセシウム（ラテン語で青灰色の意）とルビジウム（赤の意）と命名した。この技術を使い、それまで解明不可能だと思われていた太陽の組成が判明し、太陽には複数の金属元素が存在することが確認された。

ブンゼンとキルヒホフの手法は、あっという間に化学界に広まった。1862年、スウェーデンの物理学者アンデレス・ヨナス・オングストローム（1814〜1874年）が分光学と写真撮影技術を組み合わせて、太陽の大気にはほかの元素ともに水素が含まれることを証明し、1880年代には太陽のスペクトルから50種類以上の元素が発見された。太陽物理学の大きな成果だ。しかし、発見までの道程は決して平坦ではなかった。ブンゼンは何年もの時間をかけて結晶化させた元素の分光実験を何百回も繰り返し、放出されるスペクトルを測定して記録した。1874年5月、ブンゼンはようやく膨大な結果を原稿にまとめあげ、完成を祝ってランチを食べに出かけた。しかし、数時間後に彼が戻ってくると、書き上げた原稿は燃えて灰になっていた。皮肉なことに、机の上に置いてあった水の入ったフラスコが太陽光線を集め、その先にあった原稿を燃やしてしまったのだ。彼は友人たちに手紙で失意を伝えた後に、研究を再開した。

太陽表面の性質の研究も始まっていた。研究室の実験では、

超高温状態にした固体や液体の金属を使って、白色光のスペクトルの再現に成功した。つまり、太陽は燃えさかる金属の塊とまではいかずとも、少なくとも表面は、金属が液体で存在する程度の超高温であることになる。19世紀後半には、日食も手がかりを与えてくれた。日食は、太陽の前を月が通過し、光をさえぎるために起こる現象だ。日食が起こると、特に太陽大気の調査を目的として建設されたヨーロッパの天文台で研究が可能になった。観測を重ねるうちに、やがて層状になった太陽の大気の構造がわかってきた。気体で構成される太陽の外層には高い圧力がかかっており、白色光のスペクトルが放出される。つまり、太陽から出

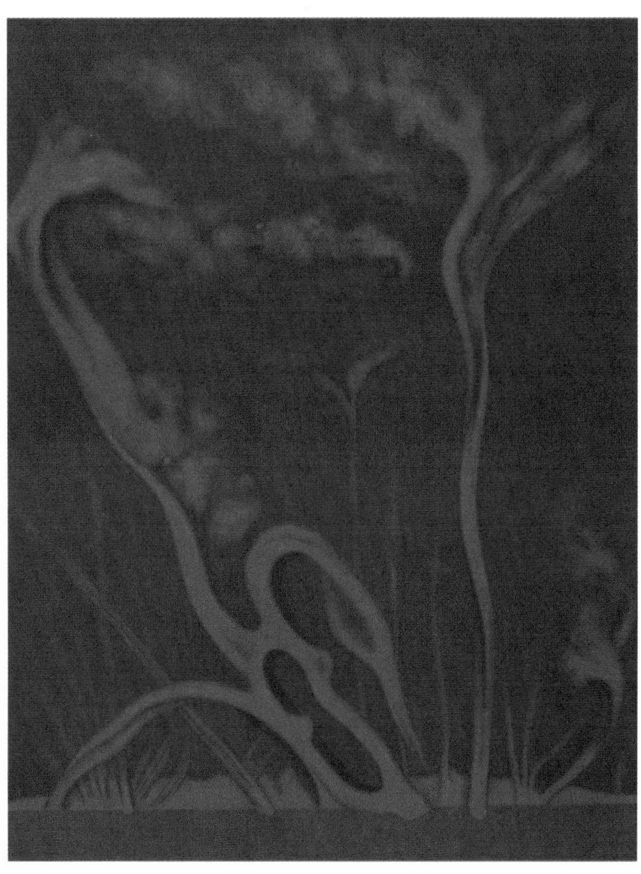

星からのメッセージを読み解く

米国の天文学者ヘンリー・ドレイパー（1837～1882年）は、1872年に恒星（こと座のヴェガ）のスペクトルを初めて撮影し、吸収線からその化学組成を明らかにした。天文学者たちは、恒星がどのように進化するかを探るには、分光学がカギを握ることに気がつき始めていた。ドレイパーは1882年に亡くなったが、彼の功績を称えた『ヘンリー・ドレイパー星表』が1918～1924年にかけて出版された。この星表では、22万5300個の恒星が分光学的に分類されていた。

太陽プロミネンス

エティエンヌ・レオポール・トルーヴェロ（1827～1895年）による太陽プロミネンスの描写。ルトーヴェロは、フランスの天文学者にして偉大な科学画家の一人。

るあらゆる光は、気体によって生み出されているらしい。

太陽を取り巻く層に「彩層」という名前をつけたイギリスの天文学者ノーマン・ロッキャーと、フランスの物理学者ピエール・ジャンサンは、別々に同じ大発見をした。それは、広く分散したスペクトルを出せる分光器を使えば、太陽のプロミネンス（太陽表面から明瞭に噴き出す炎のようなガス体、1日から数カ月間続く）の観測と分析がいつでもできることだ。それならば、観測のために日食を待つ必要はなくなる。その結果、ジャンセンとロッキャーは、それぞれが別々に未知の黄色いスペクトル線を発見した。これはまったく新しい元素だった。ロッキャーは、ギリシャ神話の太陽神ヘリオスにちなんで、新元素にヘリウムという名前をつけた。

初めて星雲と銀河を区別した天文学者

太陽の研究が各所で進められていた1864年8月29日、宇宙物理学の生みの親の一人であるウィリアム・ハギンズ（1824〜1910年）は、惑星状星雲のスペクトルを初めて測定した。さらに、彼はこれらのスペクトルの特性から、星雲と銀河を区別することに初めて成功した。

クレーターの成因

「標準的な月のクレーター」の石膏模型。ジェームズ・ネスミスとジェームズ・カーペンターは共著書『月』（1874年）で、このようなクレーターができる原因は火山活動とする説を唱えた。19世紀には一般的な説だったが、1969年の月面着陸以降の月探査により否定された。

天文現象：その2

さまざまな彗星や流星——18〜19世紀の人が残した天文現象

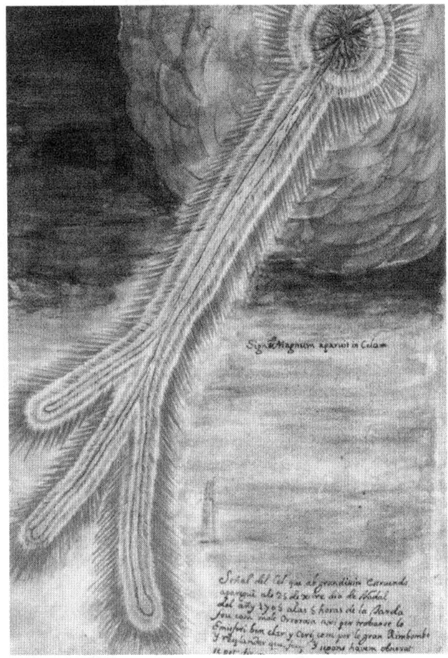

大きな隕石

上：1704年にカタロニアのテラッサの上空で目撃された隕石。

流星の大出現

下：1833年のしし座流星群の流星雨。エドワード・ワイスの『天文図鑑』より。

華麗な彗星

上：ドナティ彗星のイラスト。アメデ・ギルマンによる。1858年6月2日に最初に観測された。『彗星』(1875年)より。

流星雨の観測

下：1866年11月13日にロンドンで観測された華々しい流星雨の星チャート。

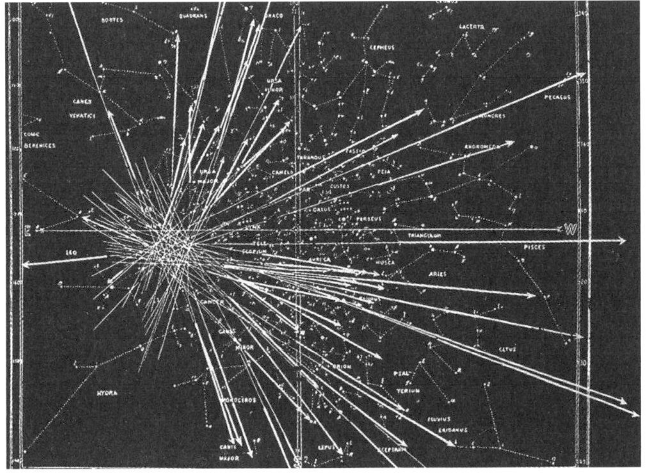

風刺画を抱えた彗星

上：ジョージ・クルックシャンクの『過ぎ行く出来事』。1853年に来たという設定の彗星に、風刺画がぎっしりと描き込まれている（この年に観測された4個の彗星も含まれる）。

彗星の図解

下：ラムボッソンの『天文学』（1875年）の拡大図。

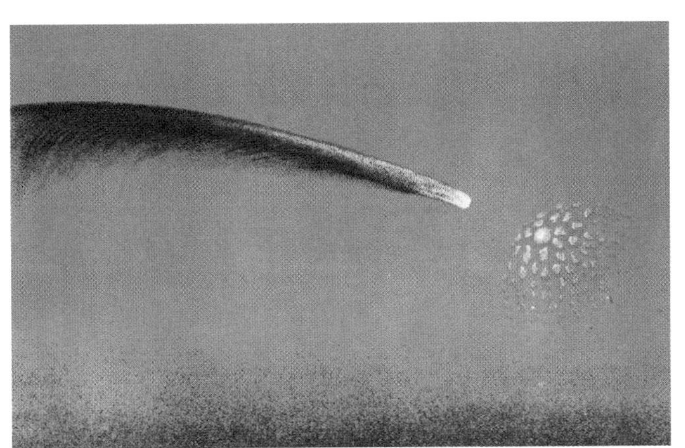

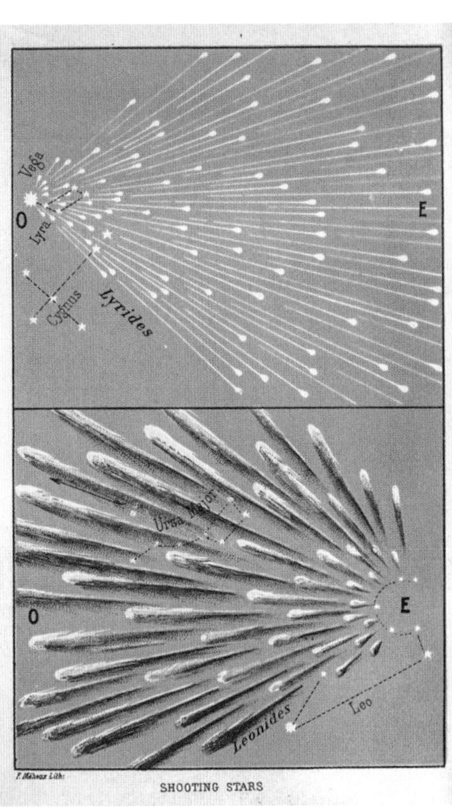

流星の図解

上：ラムボッソンの『天文学』（1875年）の流星。

米国初の女性天文学者

マリア・ミッチェル。

名誉をもたらした彗星

左：1847年、米国の天文学者マリア・ミッチェル（1818～1889年）が発見したC/1847T1、通称ミッチェル彗星。ミッチェルは1848年にデンマーク国王フレゼリク7世からゴールドメダルを授与され、世界的な名声を得た。

パーシヴァル・ローウェルが火星の生命を探る

火星に人工運河を見た天文学者たち

「火星には住人がいた」。1907年8月30日のニューヨーク・タイムズ紙にこんな見出しが躍った。同紙は、米国アリゾナ州フラッグスタッフのローウェル天文台の設立者であるパーシヴァル・ローウェル(1855〜1916年)の談話を紹介した。最近の「衝」の際に「火

火星の表面に見えたもの

火星が地球に接近した1877年9月に、ジョヴァンニ・スキャパレッリが描いた、火星を4方向から見た表面の地図。

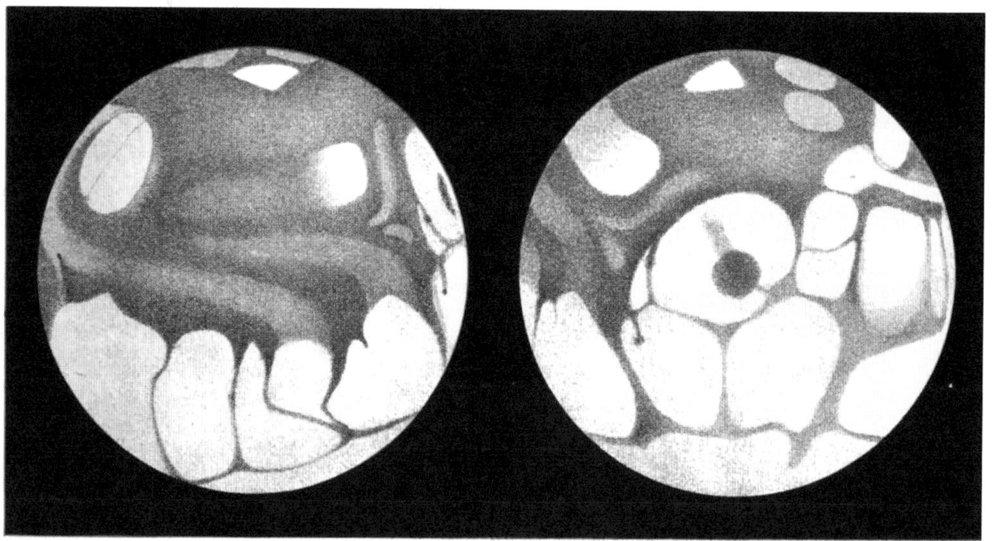

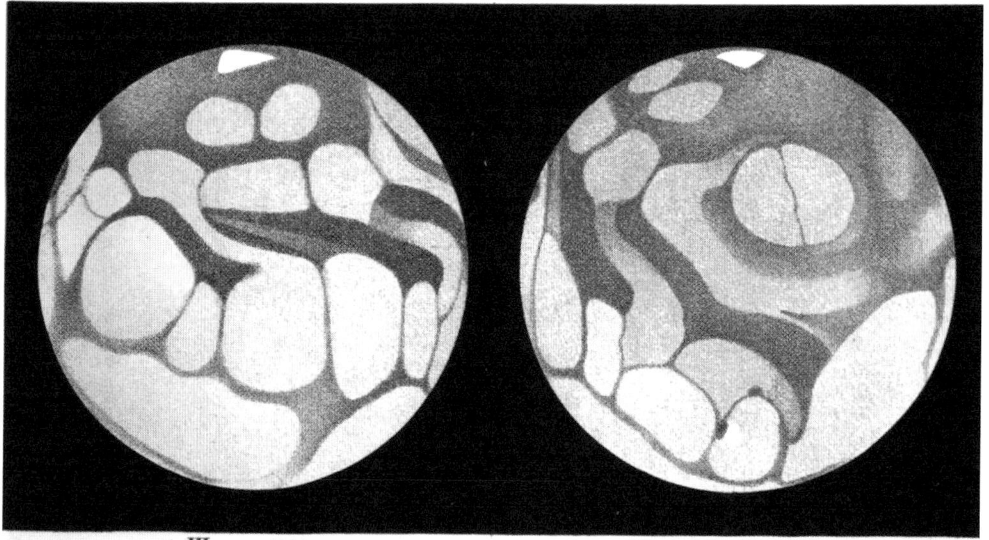

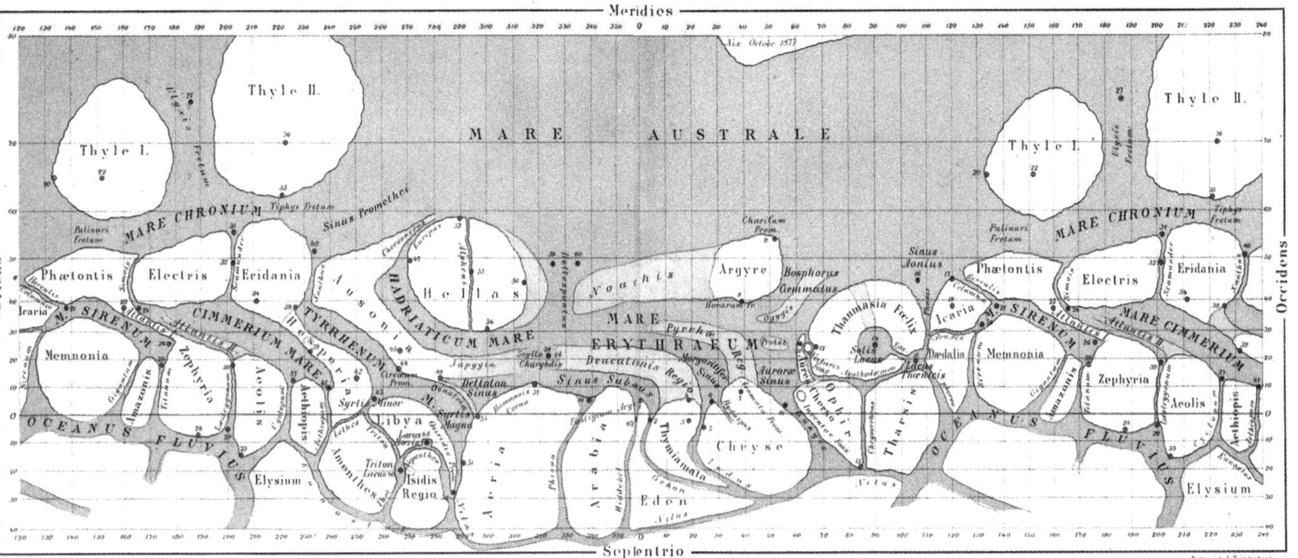

星の南極の冠氷が本格的に溶けた後、運河が姿を現し始めた」というものだ。公転軌道上で地球と火星が接近する衝の時期は、火星の表面を観測しやすい。ローウェルいわく「知的で建設的な生命体が今も火星という惑星に住んでいると推論するのが合理的だろう（中略）私は観測結果で完全に確認した。あらゆる事実をかんがみれば、それ以外の可能性は考えられない」。とはいえ、推測だけでは不十分で、事実かどうかが問題だ。

運河だらけの表面

スキャパレッリによる、南極から南緯40度線までの火星地図。「運河」もある。1877〜1878年の観測結果を基に作成された。

火星人を信じた男

24インチ（60cm）屈折望遠鏡の座席に座り、金星を観測するローウェル。ローウェル天文台にて。1896年撮影。

編み目のような運河

次見開き：火星と運河の地図。ウィリアム・ペックの『一般向け天文学ハンドブック＆地図帳』（1891年）より。

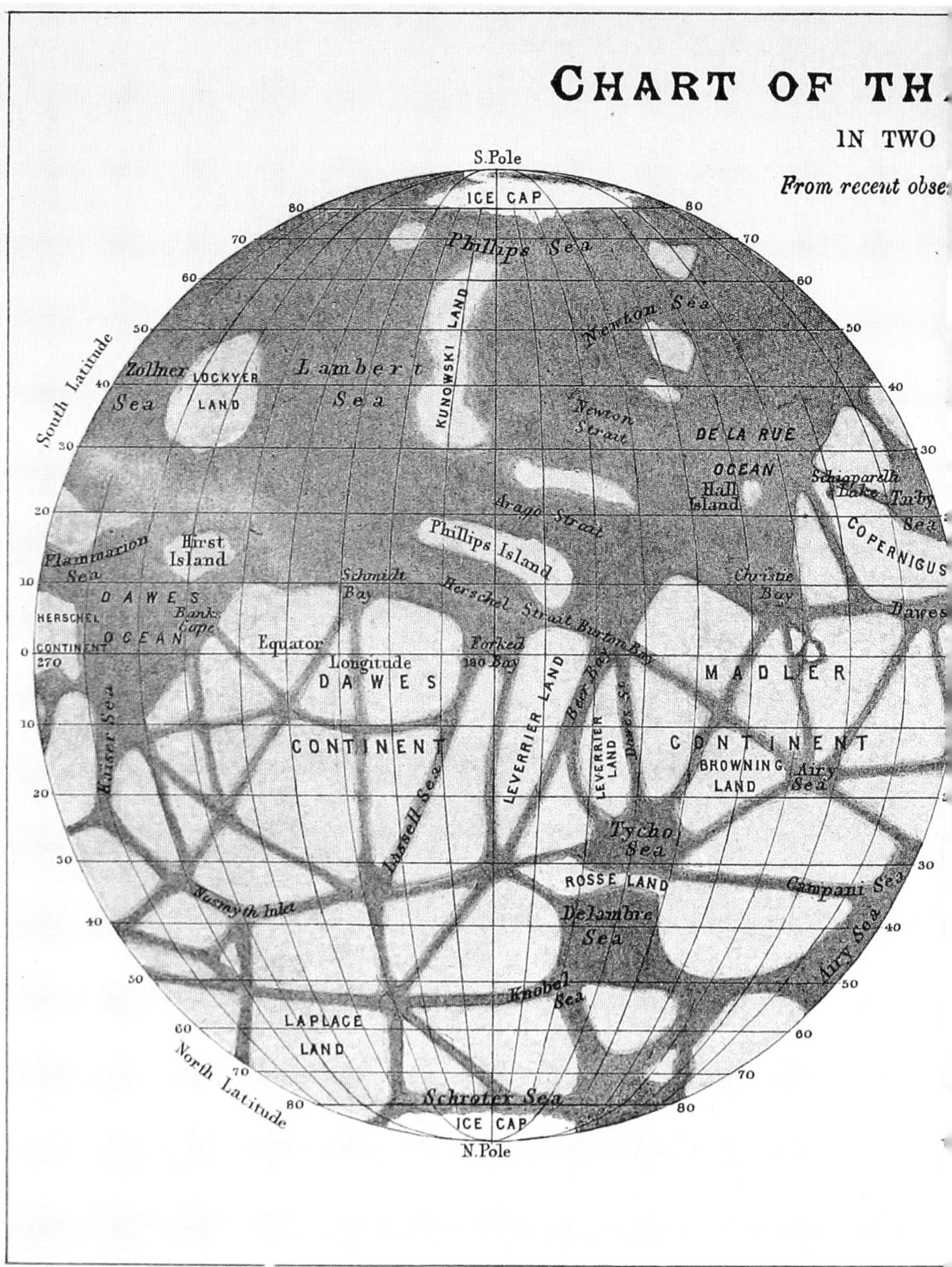
CHART OF TH
IN TWO
From recent obse
S.Pole
ICE CAP
Phillips Sea
Newton Sea
KUNOWSKI LAND
Lambert Sea
Zollner Sea
LOCKYER LAND
South Latitude
Newton Strait
DE LA RUE OCEAN
Hall Island
Schiaparelli Lake
Arago Strait
Phillips Island
Hirst Island
Flammarion Sea
DAWES OCEAN
HERSCHEL CONTINENT
Banks Cape
Schmidt Bay
Herschel Strait
Burton Bay
Christie Bay
COPERNICUS
Equator
Longitude
Forked Bay
DAWES CONTINENT
LEVERRIER LAND
Beer Bay
MADLER CONTINENT
BROWNING LAND
Airy Sea
Kaiser Sea
Lassell Sea
Tycho Sea
ROSSE LAND
Campani Sea
Nasmyth Inlet
Delambre Sea
Airy Sea
Knobel Sea
LAPLACE LAND
North Latitude
Schroter Sea
ICE CAP
N.Pole

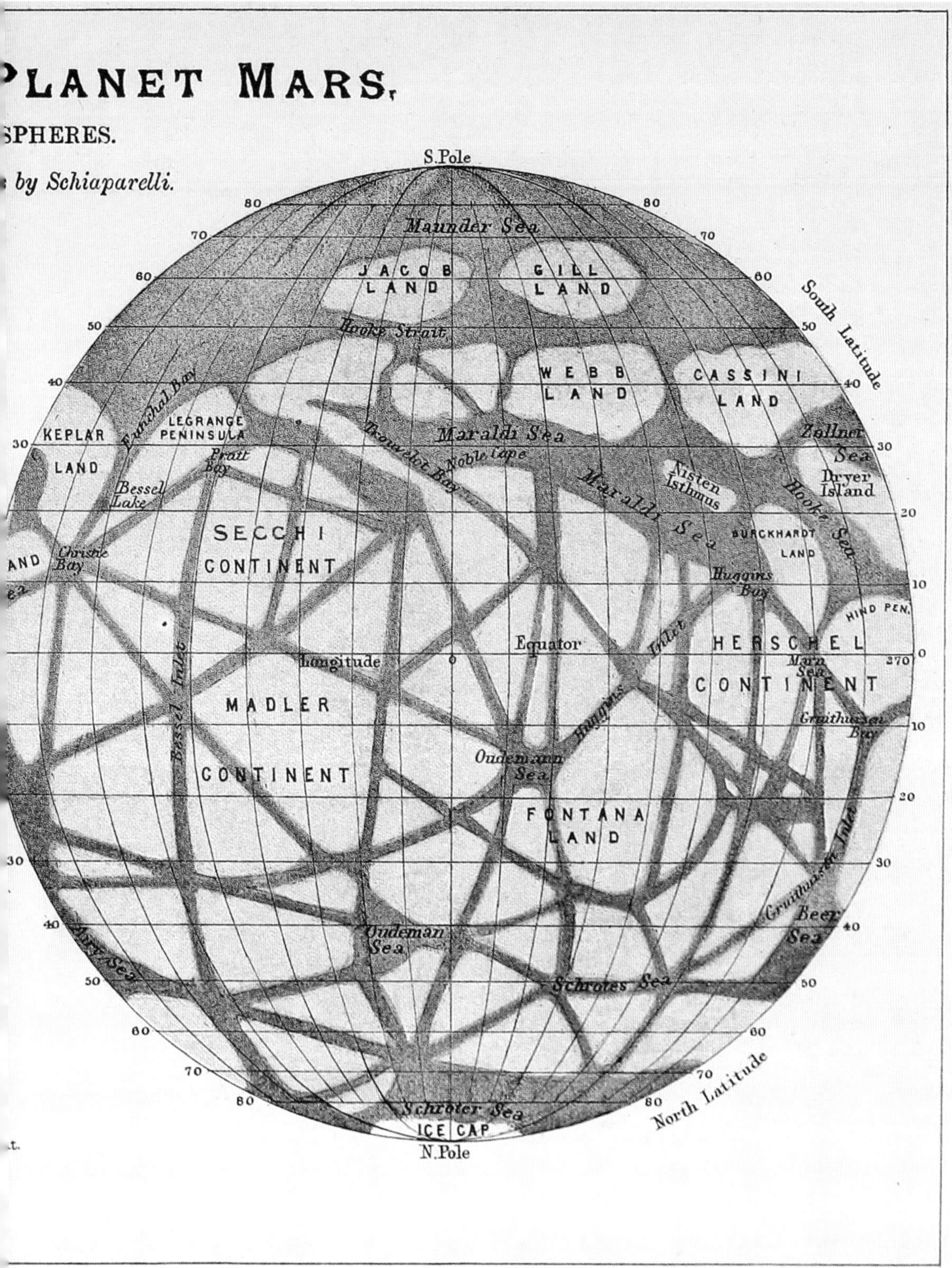
PLANET MARS.
SPHERES.
by Schiaparelli.
S.Pole
Maunder Sea
JACOB LAND
GILL LAND
South Latitude
Hooke Strait
WEBB LAND
CASSINI LAND
Funchal Bay
LEGRANGE PENINSULA
KEPLAR LAND
Maraldi Sea
Zollner Sea
Noble Cape
Pratt Bay
Bessel Lake
Nisten Isthmus
Dryer Island
Hooke Sea
Maraldi Sea
SECCHI CONTINENT
BURCKHARDT LAND
Christie Bay
Huggins Bay
HIND PEN.
Equator
HERSCHEL CONTINENT
Longitude
Bessel Inlet
MADLER CONTINENT
Oudemann Sea
FONTANA LAND
Beer Sea
Oudeman Sea
Airy Sea
Schroter Sea
ICE CAP
N.Pole
North Latitude

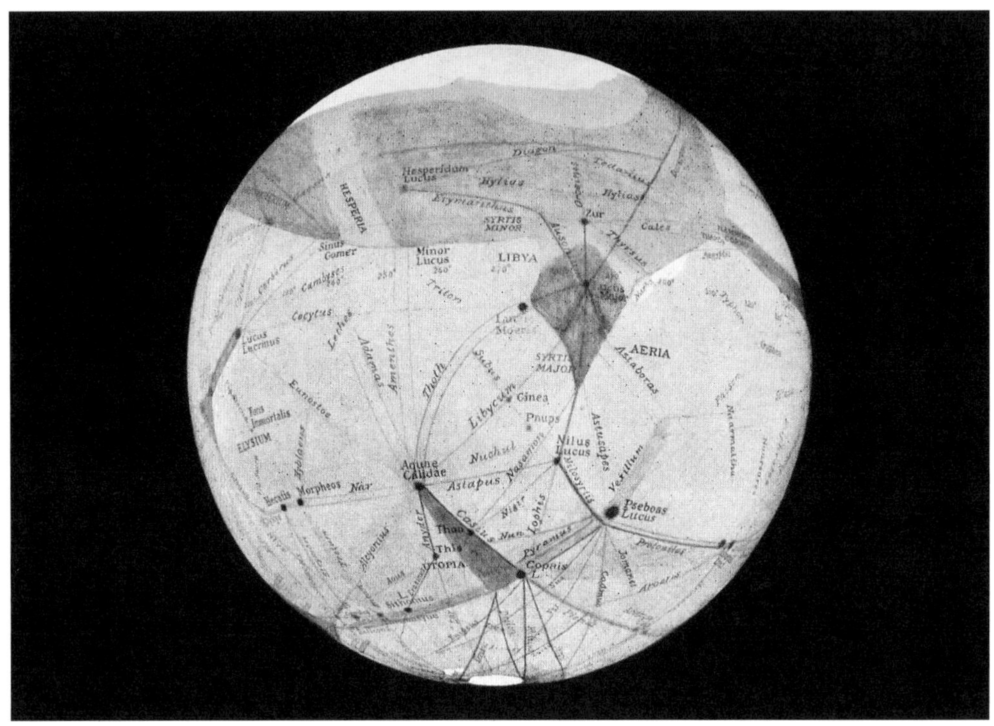

ローウェルの火星

火星の運河とオアシスを観測したスケッチを基に描かれた。

運河を実証できるか

ローウェルは19世紀末、天文学に打ち込むために綿取引の仕事を捨て、高度も晴天の多さも理想的な僻地のフラッグスタッフを選んで天文台を建てた。ローウェルが火星観測に力を入れたのは、フランスの天文学者カミーユ・フラマリオンの本(1892年)、特に地表の「運河」が人工的な水路であるという彼の説の影響が大きい。運河の存在説は、火星と地球が3500万マイル(5600万km)まで近づいた1877年の火星大接近後に書かれた、イタリアの天文学者ジョヴァンニ・スキャパレッリ(1835〜1910年)の記述が発端だ。19世紀に40年以上も続いた「火星人」をめぐる混乱の原因はここにある。スキャパレッリは火星の極付近に流れるような黒い筋を発見し、イタリア語で溝や水路を意味する「カナリ(canali)」と名付けた。これが英語で「運河(canal)」と誤訳され、意図的に造られた建造物というニュアンスが加わった。このように惑星天文学は方向性を誤ったまま、発展していくことになる。

運河の幻想にだまされた天文学者はほかにもいたが、ローウェルは15年間にわたって研究を進め、地図を作り、火星に生命が存在する証拠を書いた奇抜な三部作の本『火星』(1895年)、『火星と運河』(1906年)、『生命の居住地としての火星』(1908年)を出版し、この思い込みを世間に広めることに尽力した。しかし、天文学界は懐疑的な姿勢を崩さなかった。ほかの研究者たちは運河を発見できず、ローウェルの目撃情報を正確に細部まで再現することは難しかった。そして1909年、カリフォルニア南部にあるウィルソン山天文台の60インチ(1.5m)高性能望遠鏡により、黒っぽく見える火星の「運河」が詳しく観測され、不規則ながらもおそらく浸食などの自然現象によって形成された地形であると判明した。

巨大運河が走る火星

デンマークの女性天文学者エミー・インゲボルグ・ブルンによる、手描きの火星儀(1905年頃)。主に米国の天文学者パーシヴァル・ローウェルの調査結果を基に作成されたこの地図では、ローウェルが火星人のいる証拠だと主張した人工運河が複雑な網目のように走っている。

惑星Xの探索と冥王星の発見

ローウェルの予測から見つかった冥王星

パーシヴァル・ローウェルは間違っていた（210〜215ページ参照）。火星人に関する彼の理論は完全に否定された。ローウェルは1896年から金星の観測にも取り組み、極付近に黒っぽい何かが見えると主張して物議をかもしていたが、これは太陽光の干渉を防ぐためのレンズの絞りが原因で、望遠鏡が巨大な検眼鏡のよう

に働いた可能性が高いと2003年に結論付けられた。つまり、ローウェルが目にした黒っぽいものの正体は、彼自身の目の血管が作る影だったわけだ。

海王星の外側の惑星X

これらのことからローウェルは奇行の人だと思われがちだが、素晴らしい業績も残している。後年のローウェルは、「惑星X」の探索に取り組んでいた。天王星と海王星の位置が予測とずれていることから、彼はこの2個の惑星に重力を及ぼしている未発見の太陽系第9惑星が存在するに違いないと確信していた。米国マサチューセッツ工科大学初の女性大学院生の一人だったエリザベス・ラングドン・ウィリアムズ（1879～1981年）と「計算士」チームの助けを借りて、ローウェル天文台はこの仮説上の新惑星の位置を特定するための計算を進めた。

1916年11月12日にローウェルは死去したが、惑星Xの探索はその後も11年間にわたって続けられた。ローウェルの甥のアボット・ローレンス・ローウェルが天文台を引き継ぎ、惑星Xを探すために天体写真儀（アストログラフ）という新たな写真撮影装置を導入した。カンザス出身の若者クライド・トンボー（1906～1997年）は、パーシヴァル・ローウェルが惑星Xがあると予測した領域を詳しく調べる仕事を任されていた。1930年2月18日、前月と最近撮影された空の写真を見比べていたトンボーは、大きく移動している天体に気がついた。さらに観測が行われた結果、その天体は海王星よりも外側の軌道を回っていることが明らかになり、小惑星の可能性も除外された。こうしてトンボーは、ローウェルが探し求めた惑星Xと思われる新惑星の発見者となった（ただし、この天体は2006年に正式に準惑星に格下げされた）*。新惑星の名称には、11歳のイギリスの少女ヴェネティア・バーニーがローマ神話の冥界の神にちなんで考えた、冥王星（プルート）という名前が採用された。

クライド・トンボーは1997年に90歳で亡くなった。その死出の旅は彼にふさわしいものだった。トンボーの遺灰の一部は惑星間探査機ニューホライズンズに載せて宇宙に送り出された。ニューホライズンズは2015年、冥王星表面からわずか7800マイル（1万2500km）の高度を通過する初めてのフライバイを行った。

*海王星の向こうに巨大な惑星X（現在の天文学界では第9惑星と呼ばれている）が潜んでおり、今後数十年以内に発見される可能性があるという証拠は山のようにある。例えば、惑星Xが存在するとすれば、太陽系外縁部のカイパーベルト天体の一部に見られる奇妙な動きを説明できる。

最新の冥王星画像

左ページ：米国航空宇宙局（NASA）の探査機ニューホライズンズが2015年7月14日に撮影した冥王星のカラー強調画像。複雑な地質と気候が多くの色を使って表現され、冥王星の姿が解明されつつある。ニューホライズンズ探査機は、高さ1万1000フィート（3350m）の氷の山を発見した。これは謎の地質活動の原動力となっている可能性がある。

星の分類で活躍したピッカリングの女性チーム

天文学のデータ・ベースをつくった女性たち

19世紀末から20世紀の初めの最も有名な「計算士」たちは、米国のハーヴァード大学にいた。1882年に天文学者で天体写真家の草分け的存在だったヘンリー・ドレイパーが亡くなった後、同大学の天文台所長エドワード・C・ピッカリング（1846～1919年）は、計算やデータ収集の担当者として有能な女性たちを集め、チームを結成した。「ピッカリングの女性チーム」とあだ名されたこのグループは、恒星を分類して新たな星表（カタログ）を作成するという、膨大な作業を伴うドレイパーの仕事を引き継いだ。

膨大な数の天体をカタログにまとめる

昔から恒星は、明るさを示す等級という単位で分類されてきた。最も明るい星が1等、最も暗い星が6等に分類されるが、結局は主観的な評価で決まっていた。望遠鏡の登場により、以前は暗す

コンピューター並みの仕事をしたチーム

ハーヴァード大学の計算士たちの「天文台グループ」（1910年頃）。

天文学の発展を支えた仕事場

作業するハーヴァード大学の計算士たち（1891年）。

ぎて見えなかった多くの恒星が新たに発見された。そのため、混雑してきた星の世界に合わせて等級が増やされ、当然ながら主観に頼る分類では追いつかなくなってきた。

1856年にイギリスの天文学者ノーマン・ポグソン（1829〜1891年）は、100年前にエドモンド・ハレーも気づいていた、1等の恒星は6等の星のちょうど100倍の明るさがあるということに気がつき、等級を決める尺度として定義した。天文写真の分野にこの定義が取り入れられ、恒星の色のスペクトル（例えば、高温の星は青色の光を多く出すことがわかっていた）も導入されたことで、19世紀末には以前に比べて、はるかに正確に星の等級を決めることができるようになった。

次に必要なのは、この等級の決め方に従って、新たに発見された星と以前から知られていた星の両方を分類し直す作業だ。ピッカリングはハーヴァードで、北天と南天の両方の空を分光学的に研究するという一大プロジェクトの一環として、女性たちに、星の明るさと位置と色を記録する仕事を任せた。ウィリアミーナ・フレミング、ヘンリエッタ・スワン・リーヴィット、フローレンス・クッ

優秀な天文学者

ピッカリングの女性チームの一人、アニー・ジャンプ・キャノン(1922年)。

シュマン、アンナ・ウィンロック、アントニア・モーリー(ヘンリー・ドレイパーの姪)といった面々のグループは、最新の写真と、大気による屈折など観測結果を歪めた要素を含む可能性があるこれまでのカタログを比較する作業を進めた。経験を積むために、無償で働く者も多かった。

有能な女性たちがそろう中で、特に優れた才能を発揮したのは、アニー・ジャンプ・キャノン(1863〜1941年)だった。彼女は抜きんでた能力の持ち主で、すぐに頭角を現した。「男女を問わず、ミス・キャノンほど、短時間でこの作業をこなせる者は世界中探してもほかにいない」とピッカリングに言わしめたほどだ。キャノンが残した成果は実に素晴らしいものだった。彼女は生涯のうちに、歴史上のどの天文学者よりも多くの星(合計およそ35万個)を手作業で分類した。300個の変光星、5個の新星、1組の分光連星(このタイプの連星は互いの距離が極めて近く、望遠鏡で観測しても一つの星にしか見えないため、発見が非常に難しい)を発見し、さらに約20万冊の文献

宇宙の新しい事実

イギリス出身の米国の宇宙物理学者セシリア・ペイン=ガポーシュキン（1900〜1979年）。彼女は、1925年の博士論文でそれまでの常識を覆し、恒星の組成が宇宙の水素とヘリウムの存在量と直接関係していることを示した。当時は太陽と地球の元素組成に目立った違いはないと考えられていた。

の目録を作成した。彼女が星をカタログにまとめる作業のスピードもどんどん速くなっていった。最初の3年間でキャノンは1000個の恒星を分類し、1913年には1時間で200個の星の分類を終えられるようになっていた。拡大鏡を使ってスペクトルのパターンを確認し、明るさごとに9等（肉眼で見える明るさの約16分の1）までの等級に分類した。

キャノンは独自に考案した恒星のスペクトルの分類「O、B、A、F、G、K、M」を使っていた。今でも天文学を勉強する学生は、この分類方法を覚えるために「Oh Be A Fine Girl, Kiss Me（素敵な女の子になって、キスしてよ）」という語呂合わせを使う。このようにして、キャノンは非常に正確に作業を進めることができた。1922年5月9日、国際天文学連合はキャノンの恒星分類法を正式に採用することを決定した。この分類方法は現在でも使われている。

新たな宇宙像：
アインシュタイン、ルメートル、ハッブル
ビッグバン理論の登場まで

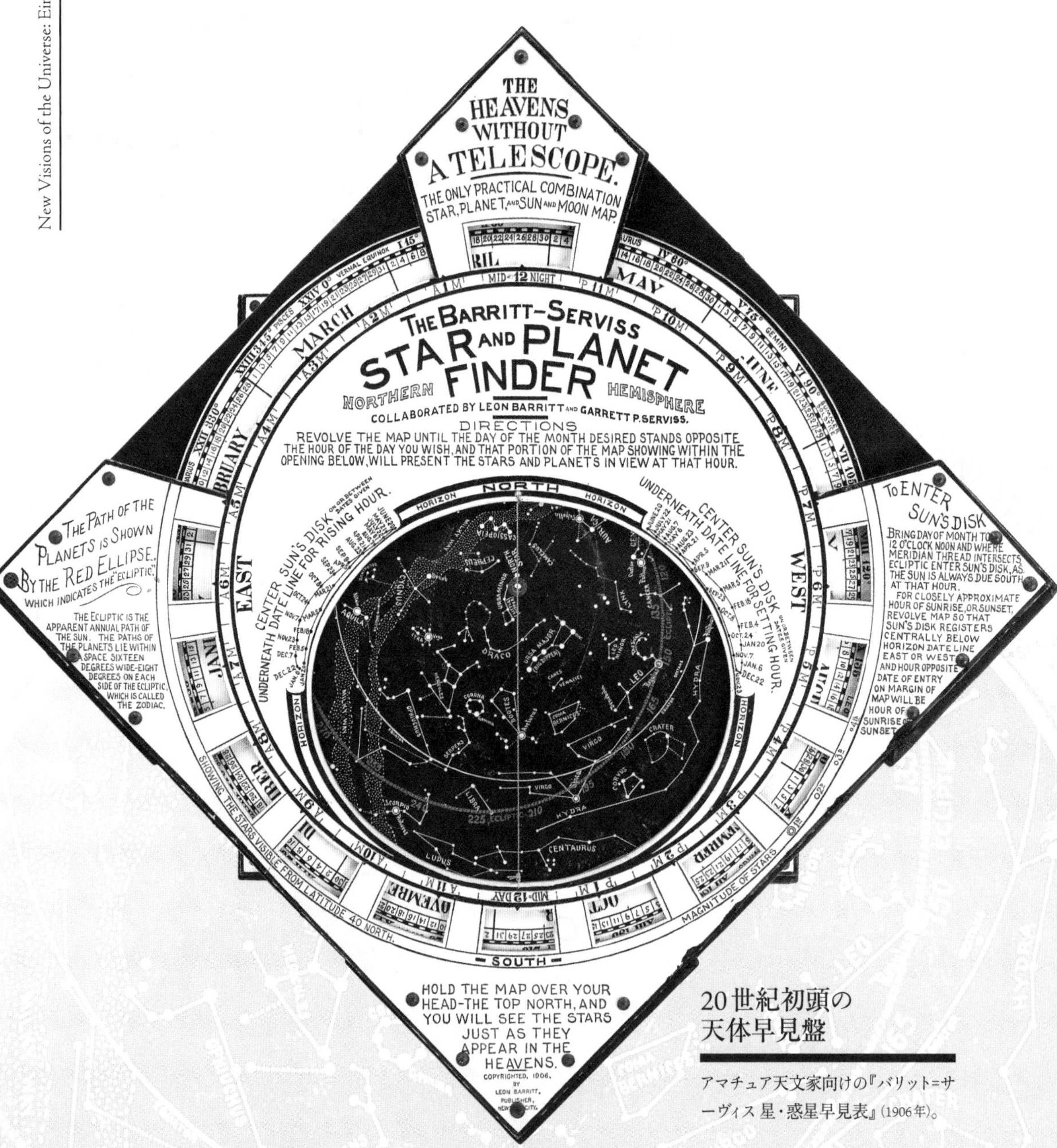

20世紀初頭の天体早見盤

アマチュア天文家向けの『バリット=サーヴィス 星・惑星早見表』(1906年)。

アニー・ジャンプ・キャノンとハーヴァード天文台チームが星図作りに励み(218～221ページ参照)、パーシヴァル・ローウェルが火星人を探していた頃(210～215ページ参照)、ベルンのスイス特許庁では一人の審査官補が、ロシアの物理学者レフ・ランダウの言葉を借りるなら、「最も美しい理論」を作り上げようとしていた。1905年、アルバート・アインシュタイン(1879～1955年)は、ドイツの学術誌『物理学年報』で、最初の相対性理論(現在は「特殊相対性理論」と呼ばれる)の論文を発表した。ここで彼は、異なる慣性座標系、つまり相対的に一定の速度で移動する系の運動について説明した。相対性理論は2つの重要な原理が基礎になっている。等速運動をする系の物理法則は不変だという相対性の原理と、光源に対して観測者がどんな運動をしていても、観測者から見た光の速度は常に同じだという光速度不変の原理である(光速度は「c」で表される)。有名な$E=mc^2$の方程式は、質量とエネルギーが等価であり、両者は交換可能であることを示している。要するに、物体の相対質量(m)に光速の2乗(c^2)をかけたものが、その物体のエネルギー(E)と等しくなる。

物理学を変えた天才

アルバート・アインシュタイン。

時空は物質で曲げられている

アインシュタインは特許庁で働きながら、彼にとって「最も幸福な考え」、つまり相対性理論を重力に拡張し、ニュートン力学を大幅に修正するアイデアを温めていた。アインシュタインの2世紀前、アイザック・ニュートンは、「重力」とは、何も存在しないように思われる物体の間に、何らかの仕組みで作用する力であると考えた。空っぽの宇宙空間を本来ならば真っすぐに進むはずの惑星は、重力の影響を受けて曲がった軌道をたどる。しかし、この力がどのように作用しているのかはわからず、ニュートンもあえて答えを示そうとはしなかった。

アインシュタインの重力理論に影響を与えたのは、イギリスの科学者マイケル・ファラデー(1791～1867年)とジェームズ・クラーク・

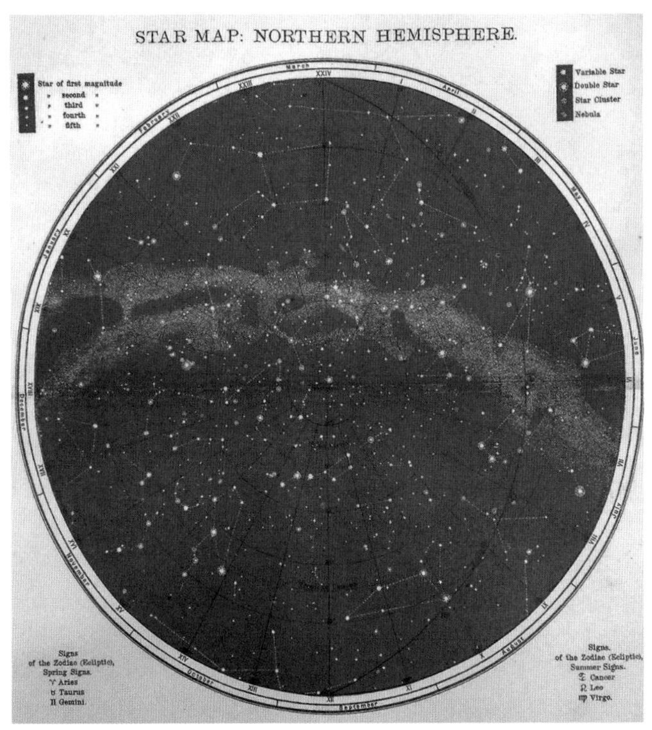

北天の空

1905年に出版された北天の星図。同じ年にアインシュタインは最初の相対性理論を発表した。

マクスウェル（1831〜1879年）の最先端を行く理論だった。2人は電気、磁気、光は、実はどれも同じ現象であり、電磁場から生じていることを初めて示した。電気技師の息子だったアインシュタインは、重力でも同様に重力場というものが存在し、方程式で表せると考えた。アインシュタインのすごさは、この重力場がどこにあるかという着想にあった。彼は重力場が電磁場のように空間に広がるのではなく、空間そのものだと考えたのだ。これこそが、1915年に発表された一般相対性理論の真髄だった。

重力場は、トランポリンの布の上に人間が乗ったときに、重みで布が沈み込むイメージに近い。布の端からビー玉を転がすと、体重で沈んでいる箇所に向かってらせん状に回転しながら落ちていく。見えない力にまっすぐ引っ張られるのではなく、中心にある物体が作り出すへこみに沿って、ゆるやかに転がる感じだ。アインシュタインの理論によれば、空間は物質と切り離すことはできず、むしろ物質と同じもので、空間も曲がるものだと考えられる。天体の質量によって空間が曲げられるなら、あらゆる物体が地面に落ちる理由や惑星運動を説明できる。質量が大きい太陽が空間をゆがませ、斜面のようになったトランポリンの布に沿って回転するビー玉のように、地球も太陽の周りをぐるぐる回るというわけだ。アインシュタインがまとめた場の方程式のアイデアは、簡単にいえば、

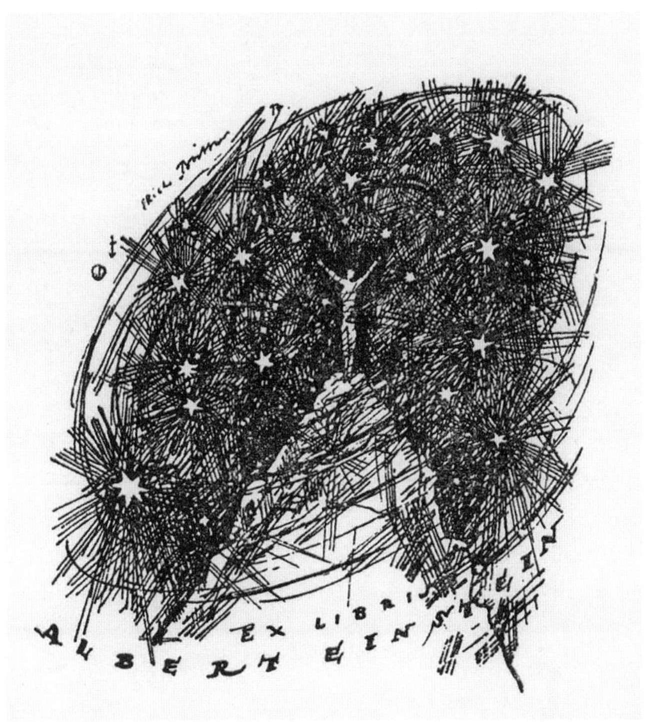

アインシュタインのために

1917年、画家のエーリヒ・ビュットネルがアルバート・アインシュタインのためにデザインした蔵書票。

物質が存在する場所では時空が曲がるということだった。単純で美しいアイデアだ。

この美しい概念から導き出される予測は、のちに正しいことが確かめられたものの、非常に奇妙に思われた。例えば、光も物質と同じく重力の影響を受けるという。つまり、恒星の周囲の空間は曲がっているので、光も曲げられることになる。1919年、太陽の重力により光が曲がるというアインシュタインの予言がグリニッジ天文台の観測によって確認され、その効果の大きさが測定された。それ以来、天文学者たちはこの現象を観測に盛んに利用するようになった。例えば、ブラックホールのようなはるか遠方の巨大天体は、背後の銀河を観測することによって存在を確認できる。この現象は重力レンズと呼ばれる（重力レンズ効果を利用してハッブル宇宙望遠鏡が撮影したエイベル1689銀河団の写真は237ページ参照）。また、アインシュタインは重力によって時間も曲がるとした。例えば、双子の一人が重力の影響がやや弱い山の上で暮らし、もう一人がそれより重力が強い谷の底で暮らしていたとすると、山に住んでいるほうが時間が速く流れる。この効果ものちに証明されている。実際に、現代のカーナビに使われているGPS（全地球測位システム）では、人工衛星の時計が地上の時計よりも速く進むため、時間の補正が行われている。

Sunday, December 14, 1919

The New York Times

Rotogravure Picture Section, In Two Parts 5

LATEST AND MOST REMARKABLE PHOTOGRAPH OF THE SUN

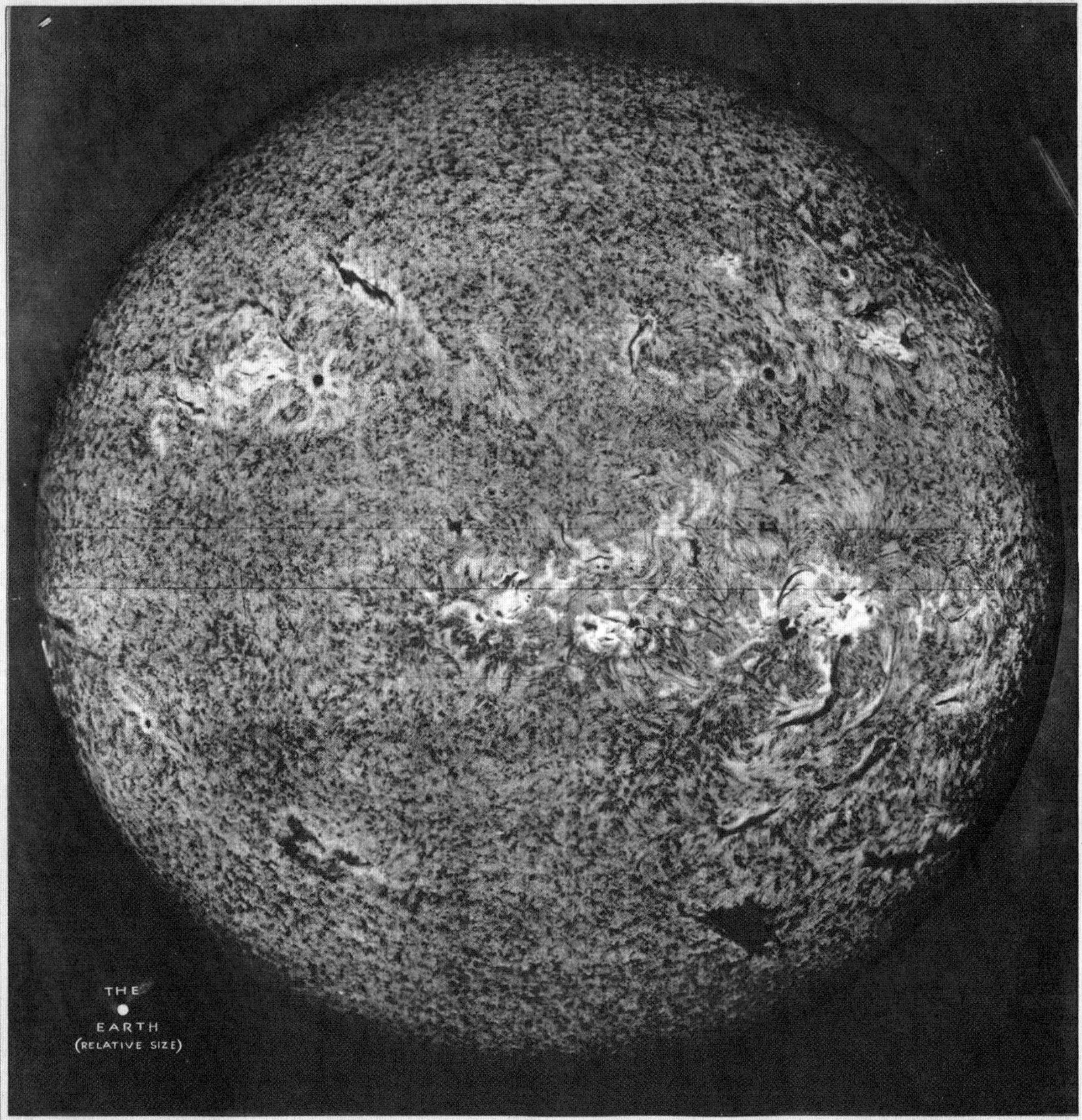

THE EARTH (RELATIVE SIZE)

THIS PICTURE WAS TAKEN WITH THE SPECTROHELIOGRAPH OF THE MOUNT WILSON TOWER TELESCOPE, MOUNT WILSON OBSERVATORY, CARNEGIE INSTITUTION OF WASHINGTON, USING THE RED LIGHT OF HYDROGEN, WITH EVERY PERFECTED METHOD INTRODUCED SINCE THE FIRST PHOTOGRAPH OF THE KIND WAS OBTAINED ON MOUNT WILSON IN 1908.

The sun is here shown as it would appear to an eye capable of seeing only the red light of hydrogen, revealing the solar atmosphere thousands of miles deep, with its whirling storms, resembling tornadoes on the earth, but of colossal size, centring in sun spots. This atmosphere is perfectly transparent to ordinary vision. The large, dark objects, irregular in shape, are prominences, some of which occasionally attain heights of 200,000 miles or more. The diameter of the earth on the same scale, as shown in the lower left corner of this reproduction, would be thirteen-hundredths of an inch.

This photograph, with the sun's present spots clearly defined, draws added interest just now from the evidently groundless but apparently serious alarm which has swept over parts of the country over predictions, attributed to Professor Albert Porta of the University of Michigan, that the earth may be visited between Wednesday and Friday of this week with the worst electric and weather catastrophe in history, due to an expected sun spot of unprecedented size, caused by the combined "electro-magnetic pull" of the six planets, Mercury, Venus, Mars, Jupiter, Saturn, and Neptune, which will be ranged about that time on the same side of the sun. "Interesting, if true," has been, in effect, the comment of leading astronomers of the country, who have discussed the prophecy, though admitting that the relative positions, on next Wednesday, of the planets named will be as stated. The sun's diameter is 860,000 miles.

空間と時間(時空)の幾何学的性質から重力を見直したことで、相対性理論は物体のふるまいに新たな説明を加え、あらゆる物理学の基礎を築き直した。そこから描き出されたのは、刺激的な宇宙像だった。さざ波を立てながら膨張し、底知れぬブラックホールや曲がった光、つかの間のゆらぎに満ちた世界が、真の宇宙の姿だというのだ。このような異端とも思える宇宙像をめぐり、真偽を探るために物理学者たちが奔走している間に、天文学は次の大きな進展を迎えた。今度は宇宙の大きさに関する理論だった。

宇宙には銀河がいっぱい

20世紀初めの宇宙物理学では、私たちがすむ天の川銀河が宇宙のすべてだという考え方が主流だった。だが、異論が高まり、1920年4月26日に米国の国立自然史博物館で公開討論会が開かれた。ここで、天文学者のハーロー・シャプレーとヒーバー・カーティスは、宇宙の大きさをめぐる有名な「大論争」を繰り広げた。シャプレーは、遠方の星雲は小さく、銀河系の端に近い領域に位置しているという意見だったが、カーティスは、星雲は別の銀河で、大きさも距離も桁違いだと考えていた。

ウィルソン山天文台の天文学者エドウィン・ハッブル(1889〜1953年)は、1923年、アンドロメダ星雲で新星を探していた(ウィルソン山天文台には、当時世界最大の口径100インチ/2.5mを誇る反射望遠鏡

ウィルソン山天文台の能力

左ページ:「ウィルソン山塔望遠鏡の分光太陽写真儀を使用して撮影された……最新の素晴らしい太陽写真」。1919年12月14日付けのニューヨーク・タイムズ紙より。

ハッブルのフッカー望遠鏡

カリフォルニア州ウィルソン山天文台の100インチ(2.5m)の巨大望遠鏡。

アンドロメダ銀河

アンドロメダ星雲（銀河）の写真（1900年頃）。

であるフッカー望遠鏡があった）。1912年にはローウェル天文台のV・M・スライファーが、アンドロメダ星雲は時速67万1081マイル（時速108万km）という、宇宙のほかの天体の速度を超えるスピードで地球に近づいていることを報告し、関心が高まっていた。スライファーはこの観測結果から、天の川銀河は「私たちが内側から観測している巨大な渦巻き星雲」であり、アンドロメダ星雲などのほかの渦巻き星雲と一緒に移動していると考えた。

まもなくハッブルはアンドロメダ星雲の中に新星を発見した。確認のため、1909年からウィルソン山で撮影されたアンドロメダ星雲の写真乾板を調べるうちに、これは新星ではなく、正確な周期で明るさが変わる「セファイド型変光星」であることに気づいた。この変光星は60枚以上の乾板で見つかり、18等から19等の間で光度が変化していた。これはすごい発見だった。セファイド型変光星は距離の測定に利用できるからだ。「宇宙の距離はしご」(天体の距離を測定する方法を複数つないで、遠方の距離を測定する手法)において、セファイド型変光星は絶対光度がわかっている「標準光源」に分類される。変光周期からわかる絶対光度と、実際に観測された光度を比較すれば、逆二乗の法則からその天体までの距離を計算できる。セファイド型変光星の変光周期と光度の関係は、マゼラン星雲で1000個以上の変光星を発見・調査していたヘンリエッタ・スワン・リーヴィット(彼女は前出の「ハーヴァード計算士」の一人だった。218〜221ページ参照)によって、1908年に発見されていた。

この関係を利用して、エドウィン・ハッブルはアンドロメダ星雲から地球までの距離を90万光年以上と計算した。天の川銀河の大きさよりも長い、想像をはるかに超える距離だった(発見者としてハッブル一人の名前が挙げられることが多いが、エストニアの天文学者エルンスト・オピックも、その前年に発表した論文で、アンドロメダ星雲の視線速度の観測結果からハッブルよりも正確にアンドロメダ星雲までの距離を推定していた)。ほどなくして、ハッブルはアンドロメダ星雲内でさらに12個のセファイド型変光星といくつかの新星を発見し、天の川銀河は唯一の「島宇宙」ではない可能性がより一層強まった。アンドロメダ星雲は、天の川銀河の境界線を越えたはるか先にある多数の銀河の一つなのだ。

宇宙は膨張している

こうして大論争は終結したが、ハッブルはもう一つの大発見をした(すでに発見されていた事実を確認したというほうが正確かもしれない)。ハッブルとミルトン・L・ヒューメイソンは、セファイド型変光星を利用していくつかの銀河までの距離を調べ、V・M・スライファーのように、各銀河が地球から遠ざかる速度を観測した。彼らは1929年、銀河の距離と後退速度の関係を表す、のちにハッブルの法則と呼ばれる物理法則を定式化した。そして、宇宙が膨張していると発表した。後退速度の大きさはハッブル定数と呼ばれ、後退速度と各銀河までの距離は比例するという法則は、ハッブル

ビッグバン理論の提唱者

ジョルジュ・ルメートル。

の法則と呼ばれるようになった。

だが、宇宙膨張の概念そのものは、ハッブルらの発表の2年前の1927年に、ベルギーのカトリック司祭で、ケンブリッジ大学で天文学を学んだジョルジュ・ルメートル(1894〜1966年)が提唱していた。ルメートルはアインシュタインの一般相対性理論を用いて、ハッブル定数に相当する数値を最初に観測結果から導き出した。ルメートルはこの成果をブリュッセル科学協会の年報で発表したものの、ベルギー国外ではほとんど読まれなかったため、最初のうち、ルメートルの理論はまったく知られていなかった。やがて、アインシュタインがこの理論を知ることになったが、最初のうち、アインシュタインはルメートルの膨張宇宙説に否定的だった。「君の計算は正しい」とアインシュタインはルメートルに言った。「だが、君の物理学はお粗末だ」

1931年、ルメートルの論文の論評が王立天文学会月報に掲載された。注目を浴びることになったルメートルは、さらに踏み込んで、現在の科学者にとっては大前提となっている考え方を出した。膨張する私たちの宇宙を過去にさかのぼれば、有限の時間のうちに、宇宙のあらゆるものが凝縮した一つの点にたどり着き、そこでは爆発が起こって一瞬のうちに時間と空間が誕生したというものだ。ルメートルはこのアイデアを「原始的原子の仮説」、あるいは「宇宙卵」と呼んでいた。現在、私たちがビッグバン理論と呼んでいる理論がここに誕生した。

太陽と地球

左ページ:「あたかも太陽から噴き上がる炎の中にあるように見える地球」。G・E・ミットンの『若者のための星の本』(1925年)より。

20世紀の画期的大発見と未来

飛躍的に明かされていった宇宙の姿

時代は現代に近づき、この年代記も終わりを迎えつつある。しかし、科学の進歩が衰える気配はない。20世紀は、技術の進歩と足並みをそろえて、ほかのどんな分野よりも、天文学が大きく進歩した世紀だとよくいわれる*。アインシュタインの理論の登場とハッブルによる遠方銀河の発見の後、宇宙は爆発的に広がった（ハッブルの法則で支持されたルメートルの初期の理論にある「爆発」という言葉どおりだった。222～231ページ参照）。星雲は遠方にある別の銀河だというハッブルの主張により、私たちの銀河系は宇宙で唯一の銀河であるという、数千年前からの前提は崩れた。事実、銀河の推

黄道南北両総星図

ドイツのイエスズ会宣教師、イグナーツ・ケーグラー（1680～1746年）の観測に基づいて作成され、日本に現存している星図。

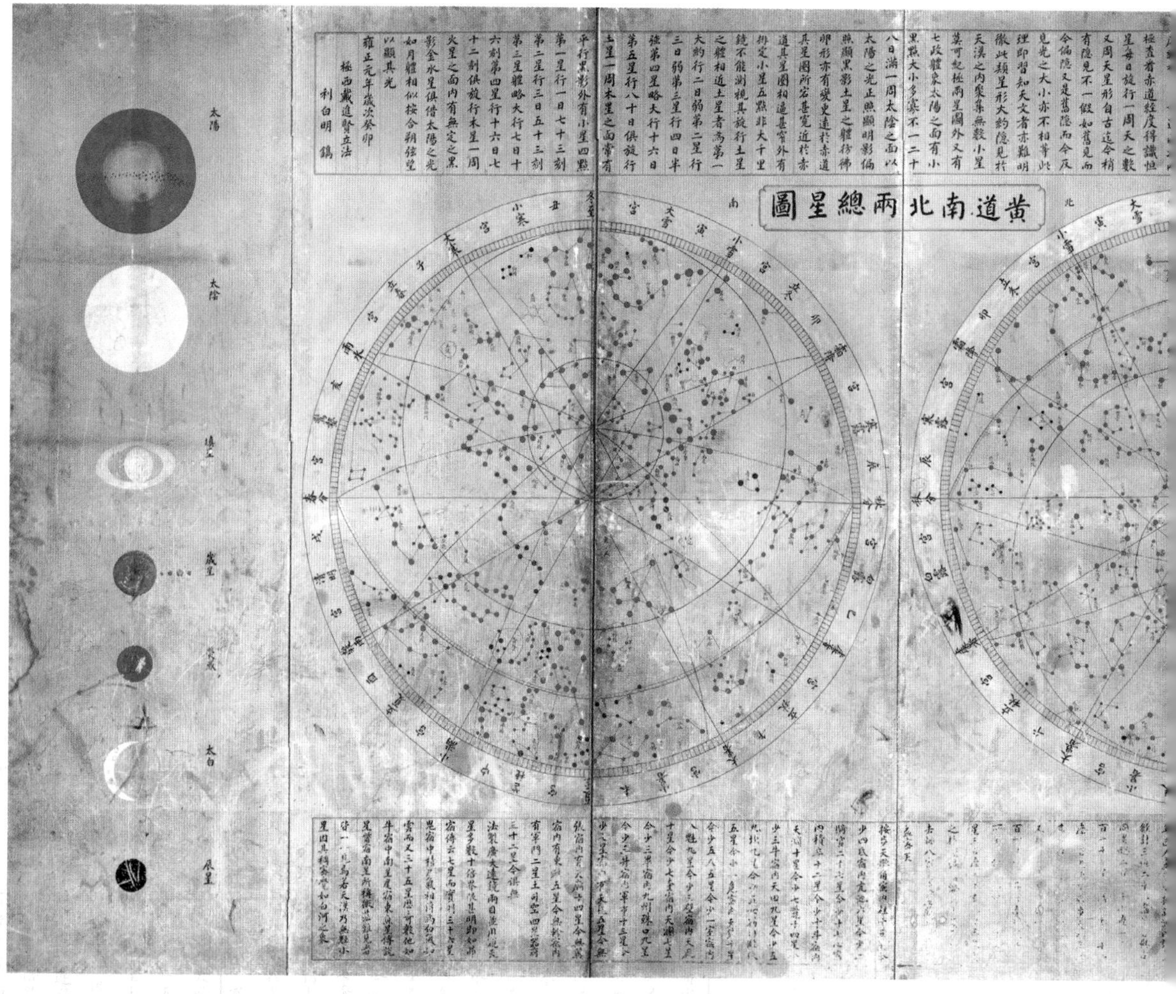

日本の女性天文研究者

日本のアマチュア天文家、小山ひさ子(1916〜1997年)は1944年に太陽の観測を始めた。1946年に東京科学博物館の職員となった後も40年間、毎日黒点の観測を続けた。彼女がていねいに描き溜めたスケッチは、史上まれに見る太陽活動の貴重な研究成果となっている。

＊これはもちろん、宇宙に対する世間の関心がかつてなく高まっていたせいもある。米国のA・ディーン・リンゼイが地球の外側の全宇宙の法的所有権を手に入れようと画策したのも、そんな風潮が背景にあった。1937年、リンゼイは大胆にも「惑星、宇宙の島、もしくはそのほかの物体として知られる所有物を、以降は『A.D.リンゼイ諸島』とする」という訴えをジョージア州のオシラ高等裁判所に起こした。「信じられるかい?」と彼は提訴した直後に友人に手紙で書いている。「月と太陽、恒星、彗星、隕石、小惑星、この世界の外側にあるすべては私のものだ」(リンゼイや同様のことを企んでいた連中にとっては残念なことに、1967年に宇宙条約が締結され、宇宙には誰の主権も認められないことになった)。

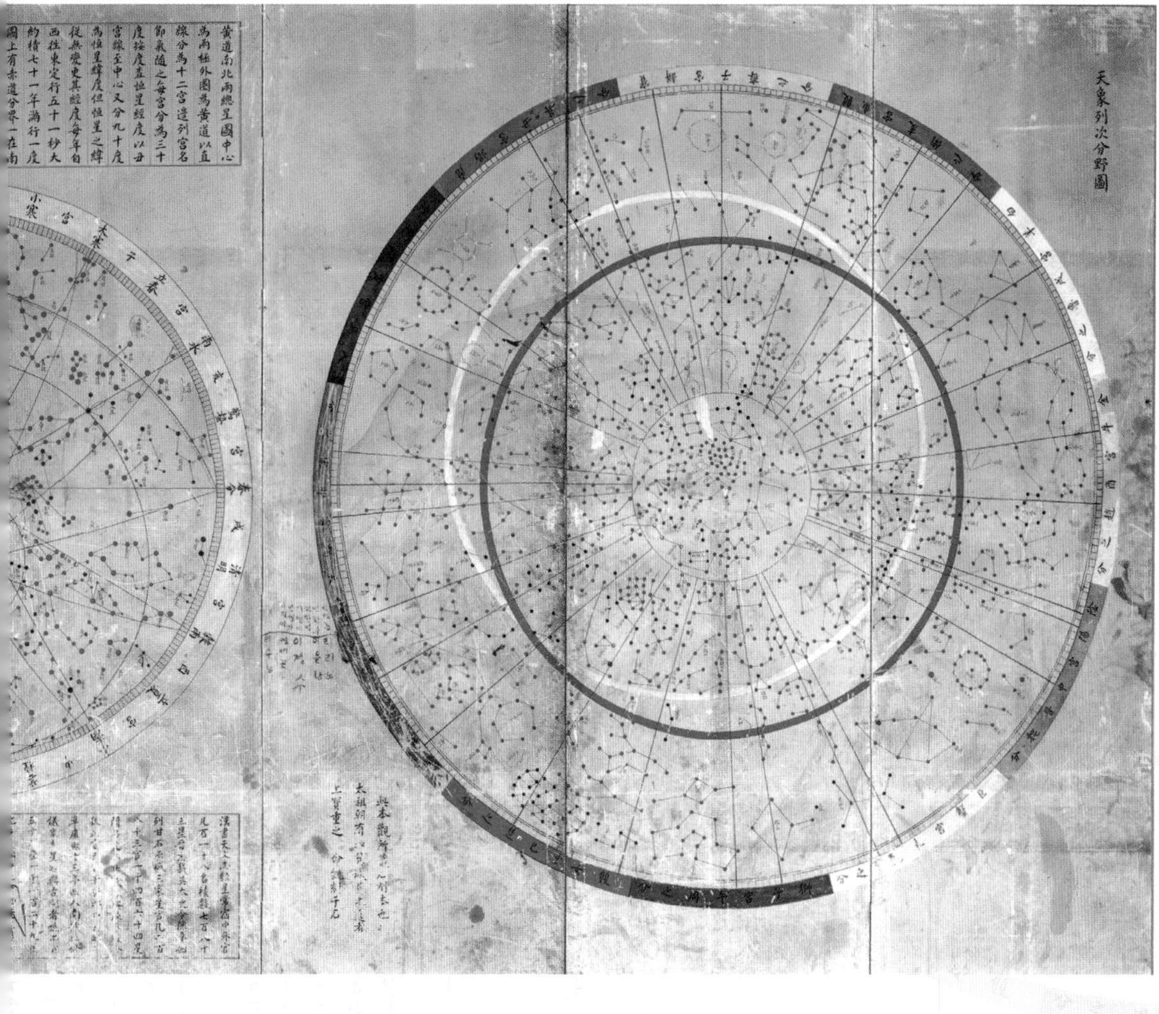

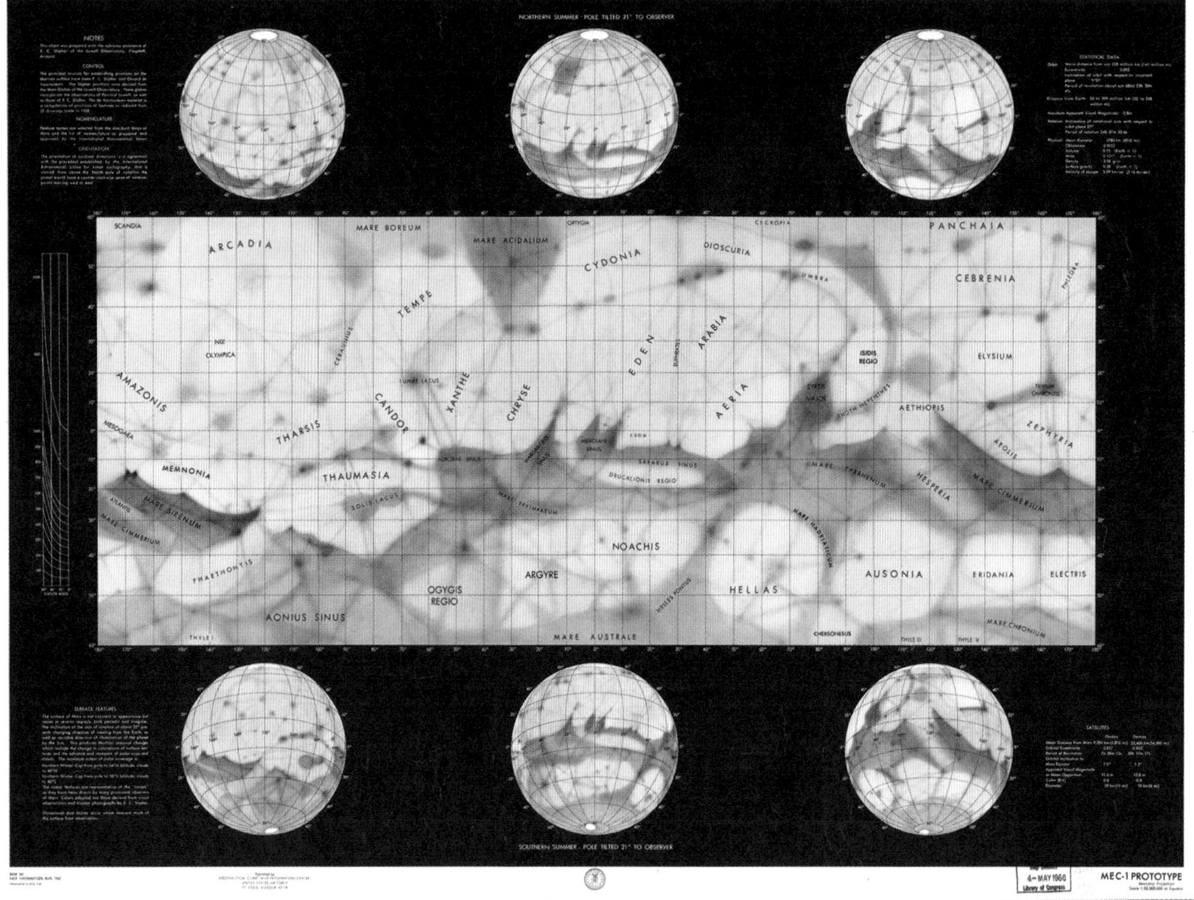

火星への探求

1962〜1965年の火星表面の試作地図。メルカトル法(平面図)と球面投影法で描かれている。この地図の一部はパーシヴァル・ローウェルの観測が基になっている(210〜215ページ参照)。

定数は増え続けている。1999年にハッブル宇宙望遠鏡(HST)の観測から銀河の数はおよそ1250億個とされたが、最近のコンピューターモデルは5000億個に近いと推定している。

ビッグバンの証拠、宇宙に満ちるマイクロ波

膨張宇宙論も多数の系外銀河も20世紀天文学の大発見リストのトップに位置するが、1964年にもこれらに匹敵する大発見があった。米国の電波天文学者アーノ・ペンジアスとロバート・ウッドロー・ウィルソンが、宇宙がビッグバンで始まったことを強く裏付ける、「宇宙マイクロ波背景放射(CMB)」を発見したのだ。CMBは宇宙が誕生して間もない段階、ビッグバンからわずか37万8000年ほど後の「宇宙の晴れ上がり(再結合期(リコンビネーション))」と呼ばれる時期の名残りだ。この時期は、電荷を帯びた電子と陽子が結合して、電気的に中性の水素原子が最初に形成された時期である。

アポロ計画前の月面写真

米空軍が1962年11月に撮影した画像を合成した月の写真。

CMBは、宇宙の最初期から宇宙空間全体を満たすかすかな電磁波で、初期段階の宇宙の情報を私たちに教えてくれる。ある程度高性能の電波望遠鏡があれば、恒星間の暗い空間から来る、この非常に弱い電磁波を検出できる。テレビがデジタル放送に切り替わる以前は、もう少し簡単な方法で検出できた。テレビのチャンネルとチャンネルの間に入る1パーセントほどのノイズは、宇宙マイクロ波背景放射が生み出した効果だったのだ。CMBの探索は1940年代に始まり、1964年にペンジアスとウィルソンによって偶然に発見され、2人は1978年にノーベル賞を受賞した。

史上初の惑星接近

1965年7月15日、火星探査機マリナー4号は火星でフライバイを行い、地球以外の惑星の接近画像を初めて撮影した。データは米国航空宇宙局（NASA）のジェット推進研究所（JPL）に送られたが、データが画像に変換されるまでに非常に長い時間がかかった。待ちきれなくなった職員たちは、データを紙片に印刷して手作業で色を塗り、それらをつなぎ合わせてこの絵を完成させた。

未解決の暗黒物質

直接は観測できないが、周囲に及ぼす影響から存在が推測される物質という、大きな謎もある。これを最初に論文で指摘したのは、かみのけ座銀河団を研究していたスイスの宇宙物理学者フリッツ・ツビッキーで、1933年のことだった。ツビッキーは、この銀河団が、観測で得た銀河団の総質量から計算したスピードよりも速く移動していることに気づき、観測の400倍以上の質量が銀河団にあると推定した。この現象を説明するため、彼は目には見えない暗黒物質（ダークマター）の存在を考えた。実際のところ、宇宙の大部分は、私たちには見えない物質でできているようだ。光などの電磁波を出す観測可能な天体は、宇宙の総質量のたった4パーセントでしかない。暗黒物質と宇宙全体を占める「暗黒エネルギー」が、見える物質以上の質量で存在している可能性は、観測可能な様々な重力効果によって示唆されている。銀河の回転速度においても、見えない大量の質量が存在しなければ、観測された速度では銀河がすぐにバラバラになってしまうはずだ。

暗黒物質の存在は、米国の天文学者ヴェラ・ルービン（1928～2016年）の先進的な研究によって強く支持された。彼女は、実際に観測された銀河の運動が、予測された角運動と一致しないことを明らかにした。この「銀河の回転曲線問題」は、現在では暗黒物質が存在する証拠だと考えられ、1960年代にルービンが発表して以来、数十年にわたって検証が重ねられてきた。暗黒物質の存在を支持するもう一つの根拠は重力レンズ効果だ。これは光が曲げられる現象で、アインシュタインの一般相対性理論によって予測され、1979年に確認された。今日の標準宇宙モデルによると、暗黒エネルギーと暗黒物質は宇宙の質量とエネルギーの総量の95パーセントを占める。暗黒物質はいまだに観測されていないが、WIMP（弱い相互作用をする重い粒子）のような未確認基本粒子や、やはり未発見のMACHO（大質量の小型ハロー天体）などの可能性もある（WIMPは「弱虫」、MACHOは「男らしい」という意味。宇宙物理学者はなかなか頭文字をつけるネーミングが上手い）。

無数の銀河が浮かぶ深宇宙

2002年、ハッブル宇宙望遠鏡は、深宇宙の画像を撮影するために、最大級の銀河団の一つ、エイベル1689銀河団の中心部をのぞき込んだ。この銀河団の1兆個の恒星と暗黒物質の質量が生み出す重力は、300万光年の範囲に重力レンズ効果を及ぼし、後方の遠方銀河の光を曲げて、明るく見せている。画像には130億光年以上の彼方にある天体が、かすかながらも多数写っている。

太陽系を旅する惑星探査機

理論物理学者が難問と格闘している間、人類の視線は空の広大な暗闇の奥深くに潜む秘密を求め、さらに遠くへと向いていた。1960年後半には175年に1度しか起こらない外惑星の惑星直列が近づき、遠方の太陽系惑星を調査するボイジャー探査計画にはずみがついた。南カリフォルニアのジェット推進研究所で製造され、NASAが資金を提供したボイジャー2号は、1977年8月20日にフロリダのケープ・カナベラルで打ち上げられ、木星、土星、天王星および海王星の近くを通過するように軌道が計算された。直後の1977年9月5日に打ち上げられたボイジャー1号は、飛行時間の短い高速の軌道で土星の衛星タイタンのフライバイを実現した。タイタンのフライバイ成功後、ボイジャー1号は黄道面を外れて新たな旅に出た。その後も、1986年だけで5機の宇宙探査機がハレー彗星へと飛び立った。なかでもESA（欧州宇宙機関）の探査機ジオットはハレー彗星の核に375マイル（604km）まで接近し、10時間分のデータと画像を集めた。

2012年、ボイジャー1号は太陽圏を離脱し、星間空間に突入した初めての人工物体となった。1990年代には、先に打ち上げられた速度の遅い深宇宙探査機パイオニア10号とパイオニア11号

人類が初めて踏んだ月面

アポロ11号の着陸地点の地図。バズ・オルドリンのサインが入っている。

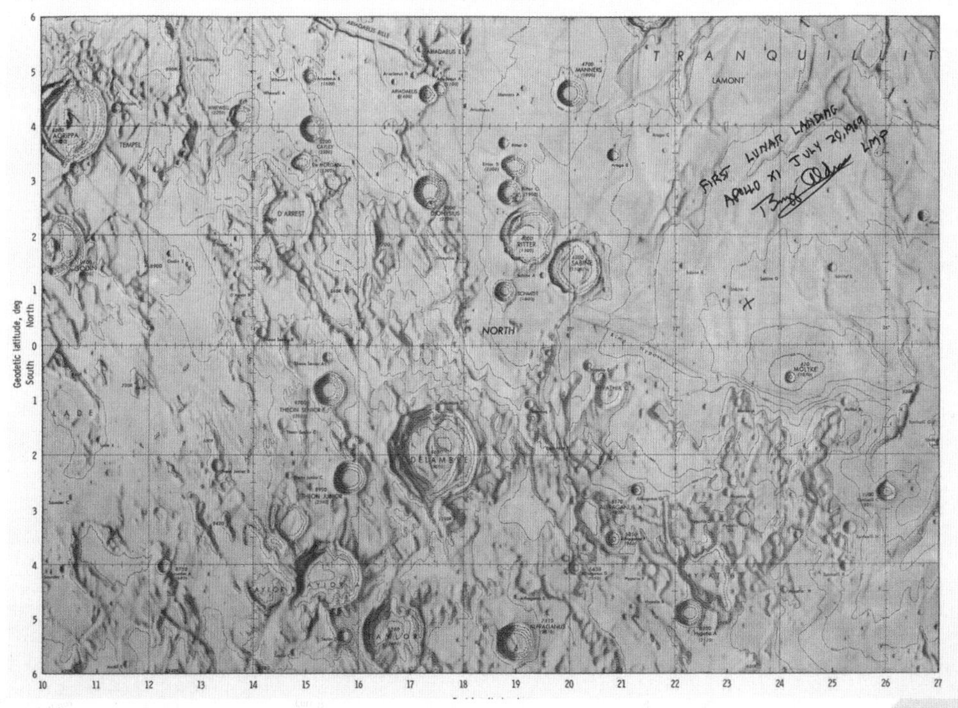

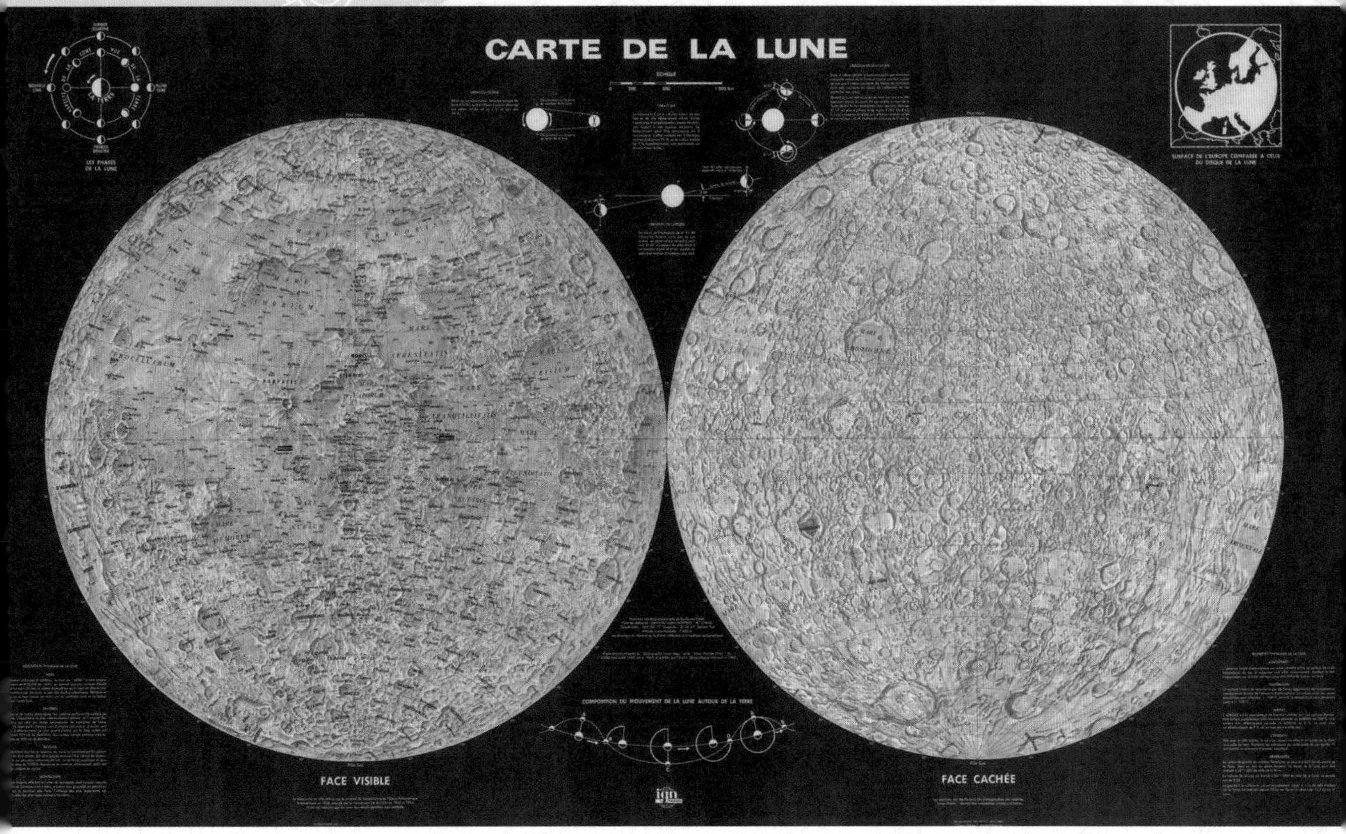

を追い越し、2013年以降は太陽から秒速11マイル(秒速17km)の速度で遠ざかっている。ボイジャー1号は木星の複雑な雲と嵐の接近画像を撮影し、木星の衛星イオの火山活動を明らかにし、謎の多い土星の環の隙間(かんげき)や細い環が重なった複雑な構造を発見した*。ボイジャー2号は天王星の周囲の磁場や10個の衛星を発見し、海王星の近くを通過するときにはさらに6個の衛星と巨大なオーロラを発見した。2018年8月にNASAが確認を発表した太陽系の外縁部にある「水素壁」も、すでに1992年にボイジャー1号と2号が認識していた。

宇宙に浮かぶ望遠鏡、そしてその先は

ハッブル宇宙望遠鏡は地球低軌道に打ち上げられた1990年以来、非常に優れた分解能**で宇宙の画像を撮影してきた。宇宙望遠鏡は地球大気の影響で像が揺らぐことがなく、地上望遠

*ついでにいうと、環を持つのは惑星だけとは限らない。例えば、2014年に小惑星カリクローで環が発見された。小惑星ほど小さい天体に環がある理由は不明だが、かつてカリクローには非常に小型の衛星が存在し、それらが砕け散ったかけらが集まって環になったと考えられている。

月面着陸の軌跡

1969年にアポロ11号とアポロ12号が最初の有人月面着陸を成功させた直後に作成されたフランスの月面地図。アポロ両機の着陸地点、それ以前のNASAのルナ・オービター、サーベイヤー、レインジャー計画、ロシアの月探査計画などで使われた無人探査機の着陸地点も書き込まれている。

**この高分解能を発揮するまでにはやや時間を要した。打ち上げ直後、ハッブル宇宙望遠鏡の1枚のレンズの焦点がしっかり合わないことがわかったのだ。鏡に人間の髪の毛の幅の50分の1程度の収差が生じていたことが原因だった(主鏡と副鏡はそれぞれテストが行われていたが、完成した望遠鏡としてのテストは軌道に入るまで行われなかった)。1993年に宇宙飛行士が船外活動を行って修理し、不具合のある部品も交換されたが、9億ドル(約910億円)の費用がかかった。

最も遠方の銀河

これまで観測された銀河の中で、最も遠方にあると分光学的に確認された、非常に明るいGN-z11銀河。CANDELS(宇宙アセンブリ近赤外線深銀河系外レガシーサーベイ)の一環として、ハッブル宇宙望遠鏡により撮影された画像に写っていた。この銀河は130億光年以上前から存在していることがわかっている。

鏡と比べると邪魔になる光もかなり少ない。ESAの協力を得てNASAが開発したハッブル宇宙望遠鏡は、宇宙飛行士たちが宇宙空間で修理できるように設計された唯一の望遠鏡だ。メンテナンスが可能なら、使用可能期間は何倍も長くなる。2009年に5回目の修理ミッションを終え、2040年頃まで運用できると予想されている。紫外線、可視光、近赤外線スペクトルで観測する計器類を搭載したハッブル宇宙望遠鏡は、私たちを空間と時間の最深部へといざない、宇宙物理学に数々の大発見をもたらしてきた。

例えば、ハッブル宇宙望遠鏡の打ち上げ前、宇宙の膨張速度を正確に特定するハッブル定数の誤差の範囲は、最大50パーセントと推定されていたが、この望遠鏡のおかげで10パーセントまで狭まった。これができたのは、ハッブル宇宙望遠鏡でセファイド型変光星までの距離を厳密に測定し、ハッブル定数の値の精度が高まったおかげだ。現在、宇宙の年齢はおよそ138億年と推定されているが、ハッブル宇宙望遠鏡が登場する以前は100億～200億年の間だとされていた。ハッブル宇宙望遠鏡で遠方の超新星を観測した結果、宇宙の膨張が加速している可能性が高いこともわかった(宇宙膨張が加速している理由はわかっていないが、おそらく暗黒エネルギーが原因だと考えられている)。ブラックホールがあらゆる銀河の中心に位置する可能性が高いことを示したのも、太陽に似た恒星を公転する太陽系外惑星が存在する証拠を発見したのも、ハッブル宇宙望遠鏡の功績だ。また、冥王星やエリスのような太陽系の端にある天体の研究もできるようになった。さらに最近の2016年3月3日には、ハッブルのデータから存在が確認された中

生まれたての星

左ページ：巨大な散光星雲NGC 6357と、その中心にある散開星団ピスミス24。この星雲と星団は、さそり座の方角に見える。

で最も遠方の320億光年先にある銀河、GN-z11が発見された。

だが、さらに素晴らしい画像がやってくるのはこれからだ。ハッブル宇宙望遠鏡の後継機として計画されているジェイムズ・ウェッブ宇宙望遠鏡（JWST）は、1961〜1968年にNASAの長官を務めたジェイムズ・ウェッブの名を冠している。2021年3月に地球から93万マイル（150万km）の軌道に打ち上げられる予定だ。金でコーティングされたベリリウム製の六角鏡18枚を組み合わせた直径21フィート4インチ（6.5m）の巨大な鏡（ちなみにハッブル宇宙望遠鏡の鏡の直径は「たった」2.4m）は、最初の銀河形成、遠方の恒星や惑星の誕生などの、宇宙の最も遠い領域で起こった出来事や天体を観測できる。また、太陽系外惑星や新星の画像など、現在の地上望遠鏡や宇宙望遠鏡では撮影できない様々な光景も届くかもしれない。過去数千年における天文学のあらゆる革新と革命を振り返っても、私たちが生きる現代ほど、空の世界で新たな発見が次々と続くスリリングな時代は、かつてなかったはずだ。

近づいて見た火星

上：2013年7月9日、火星探査機ヴァイキングが高度1550マイル（2500km）から撮影した102枚の画像を合成した火星表面。宇宙船から眺めたような光景に見える。地表を横切る目立つ地形は、長さ2500マイル（4000km）、深さ最大4マイル（6.5km）の太陽系最大の峡谷、マリネリス峡谷。

星が生まれるところ

左ページ：NASAのハッブル宇宙望遠鏡が撮影した最も有名な画像の一つ「創造の柱」。撮影は1995年。この柱は、星が形成されている広大なわし星雲の一部にあり、地球からの距離は6500光年。柱の高さはおよそ5光年ある。柱の奥深くでは、星が生まれつつある。

あとがき
未来に向けて

Afterword

今後、私たちの未来はどうなっていくのか。1900年以降の短期間で続いた驚異的な発明だけをみても、この先の未来を実感できるだろう。20世紀の幕が明けた頃、天文学者たちは対数表と計算尺で計算していた。少ないデータから彗星の軌道を計算する作業には3週間は必要だった。それが今ではコンピューターで3分もかからずに計算が終わる。当時の人々は、太陽系が唯一の惑星系だと考えていた。原子の内部構造は一切わからず、電子や中性子も発見されていなかった。量子力学が分光法と電磁波の研究を発展させるのはもう少し先の話だ。特殊相対性理論と一般相対性理論もまだ登場しておらず、$E=mc^2$の公式が黒板に書かれることもなかった。核融合や核分裂もまったく知られていなかった。

20世紀、21世紀、その先に続く宇宙探査

現在では巨大な電波望遠鏡が地球の各地に建設され、ガンマ線、X線、紫外線、赤外線などを観測する多数の宇宙望遠鏡が地球を周回している。月面を12人の宇宙飛行士が歩き、宇宙旅行もまもなく実現するだろう。地上の天文台と、ケプラー宇宙望遠鏡などの壮大な宇宙探査機の力により、本書の執筆時点で、2792個の恒星系で計3726個の太陽系外惑星が確認された。系外惑星の中には、主星である恒星に非常に近く、溶けてドロドロになった溶岩状のものもある。木星ほど大型の惑星もあれば、月

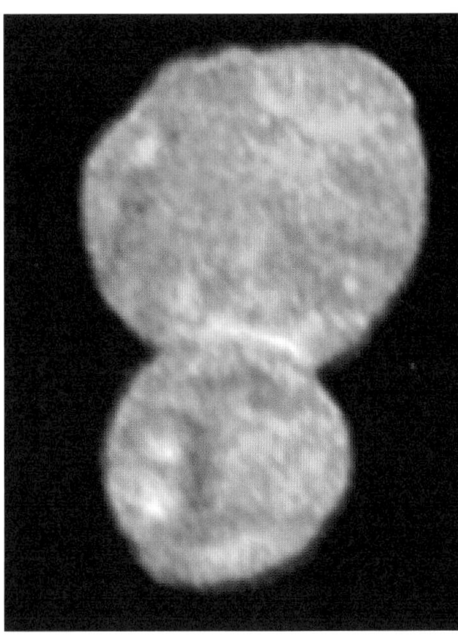

ウルティマ・トゥーレ

太陽系外縁部で見つかった天体。ニューホライズンズ探査機が接近観測した天体では最も遠方にある。

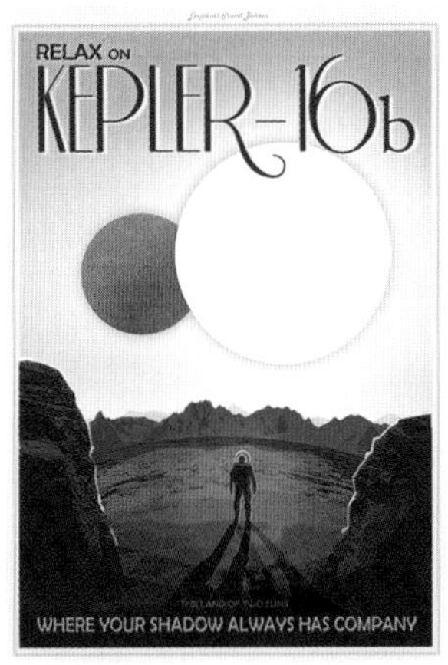

未来の宇宙旅行

NASA/JLPとキャルテクが合同で作成した「未来のビジョン」シリーズ。未来の宇宙旅行をイメージしている。

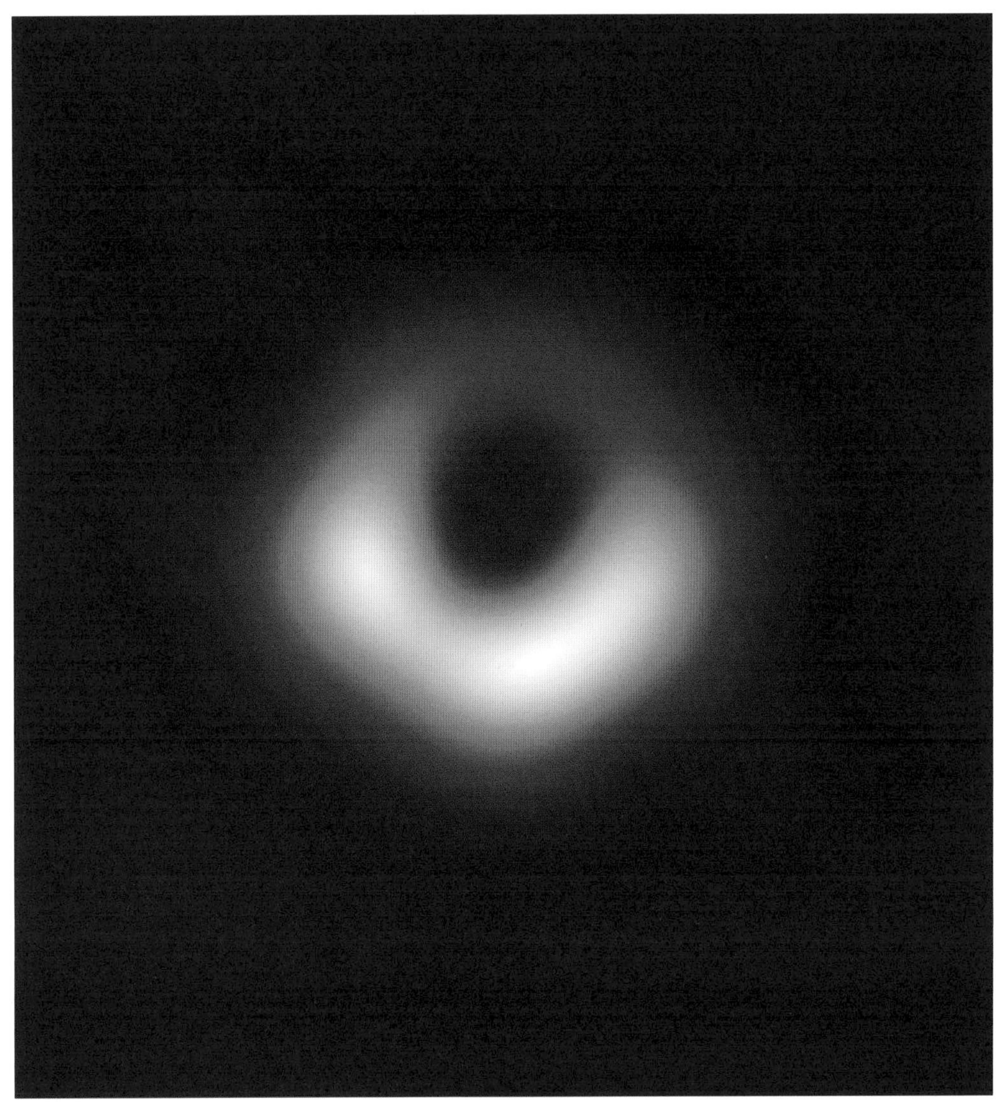

と同程度の小さい惑星もある（2個の恒星の周りを公転する惑星は「タトゥイーン」型惑星と呼ばれる。この名前はスター・ウォーズに登場するルーク・スカイウォーカーの故郷の星にちなむ）。現在では、宇宙には恒星よりも多くの惑星が存在すると考えられている。今後、NASAのジェイムズ・ウェッブ宇宙望遠鏡などの次世代ミッションの観測が始まれば、さらに多くの系外惑星が発見されるだろう。

本書の執筆時点で、2018年11月26日に着陸を成功させたNASAの火星探査機インサイトが火星表面を動き回り、火星内部の奥深くを調べようとしている。同じくNASAの無人探査機パーカーソーラープローブも史上初となる太陽の外部コロナの探査に向かっている。すでに太陽の中心からわずか9.86太陽半径（690

ブラックホールを撮影

「見えないものを見る」。2019年4月10日に米国国立科学財団は、以前は観測不可能とされたブラックホールの「事象の地平線」の撮影を初めて成功させたという歴史的な声明を出した。撮影したのは、世界各地の電波望遠鏡を連携させたプロジェクト「イベントホライズンテレスコープ（事象の地平線望遠鏡）」。このブラックホールはM87銀河の中心にある。

万km)までたどり着き、太陽最接近時の速度は時速43万マイル(69万2000km)前後と予想されている。2015年に冥王星を通過したニューホライズンズ探査機は、2019年1月1日、氷と岩でできた謎の天体との最初のフライバイを行った。この天体は太陽系の最外縁部に当たるカイパーベルトに位置し、ウルティマ・トゥーレというあだ名で呼ばれる。2038年まで稼働していれば、同機はボイジャー探査機と共同で外部太陽圏の探査ミッションを行い、もしかすると、星間空間への境界を越えるかもしれない。

天の川銀河とその近傍

過去に作成された中で最も詳細な天の川の地図。2018年に欧州宇宙機関（ESA）が発表した。私たちの銀河系とその近傍が表され、17億個の恒星のデータを含む。最も遠い恒星は地球から8000光年の彼方にある。ガイア衛星が22カ月間をかけて集めた情報が基になっている。

空の物語は果てしなく続く。探検を性（さが）とする種族の中でも恵まれた世代にいる私たちが、科学の進歩と無限の可能性が巻き起こす興奮に飲み込まれないはずはない。「知っていることは有限だが、知らないことは無限にある」とイギリスの生物学者トマス・ヘンリー・ハクスリーは1887年に書いている。「知性の世界で例えるなら、私たちは計り知れないほど広い不思議の海の真ん中の小島にいる。世代を経るごとに、私たちは海を少しずつ埋め立てて陸地を広げる」

主な参考文献

Armstrong, K. *(2005) A Short History of Myth, London: Canongate*

Barentine, J. C. *(2016) The Lost Constellations, London: Springer Praxis Books*

Barrie, D. *(2014) Sextant…, London: Collins*

Benson, M. *(2014) Cosmigraphics, New York: Abrams*

Brunner, B. *(2010) Moon: A Brief History, Yale: Yale University Press*

Bunone, J. *(1711) Universal Geography, London*

Burl, A. *(1983) Prehistoric Astronomy and Ritual, Aylesbury: Shire*

Chapman, A. *(2014) Stargazers, Oxford: Lion Books*

Christianson, G. E. *(1995) Edwin Hubble: Mariner of the Nebulae, New York: Farrar, Straus & Giroux*

Clarke, V. *(ed.) (2017) Universe, London: Phaidon*

Crowe, M. J. *(1994) Modern Theories of the Universe from Herschel to Hubble, New York: Dover*

Crowe, M. J. *(1990) Theories of the World from Antiquity to the Copernican Revolution, New York: Dover*

Davie, M. & Shea, W. *(2012) Galileo: Selected Writings, Oxford: Oxford University Press*

Dekker, E. *(2013) Illustrating the Phaenomena: Celestial Cartography in Antiquity and the Middle Ages, Oxford: Oxford University Press*

Dunkin, E. *(1869) The Midnight Sky, London: The Religious Tract Society*

Feynman, R. *(1965) The Character of Physical Law, Cambridge, MA: MIT Press*

Ford, B. J. *(1992) Images of Science: A History of Scientific Illustration, London: British Library*

Galfard, C. *(2015) The Universe in Your Hand: A Journey Through Space, Time and Beyond, London: Macmillan*

Hawking, S. *(1988) A Brief History of Time, London: Bantam*

Hawking, S. *(2016) Black Holes: Reith Lectures, London: Bantam*

Hawking, S. *(2006) The Theory of Everything: The Origin and Fate of the Universe, London: Phoenix*

Hodson, F. R. *(ed.) (1974) The Place of Astronomy in the Ancient World, Oxford: Oxford University Press*

Hoskin, M. *(2011) Discoverers of the Universe: William and Caroline Herschel, Princeton, NJ: Princeton University Press*

Hoskin, M. *(1997) The Cambridge Illustrated History of Astronomy, Cambridge: Cambridge University Press*

Hubble, E. *(1936) The Realm of the Nebulae, New Haven, CT: Yale University Press*

Kanas, N. *(2007) Star Maps, Chichester: Praxis*

King, D. A. *(1993) Astronomy in the Service of Islam, Aldershot: Variorum*

King, H. C. *(1955) The History of the Telescope, London: Charles Griffin*

Kragh, H. S. *(2007) Conceptions of Cosmos, Oxford: Oxford University Press*

Lang, K. R. & Gingerich, O. *(eds) (1979) A Source Book in Astronomy and Astrophysics, 1900–1975, Cambridge, MA: Harvard University Press*

Mosley, A. *(2007) Bearing the Heavens: Tycho Brahe and the Astronomical Community of the Late Sixteenth Century, Cambridge: Cambridge University Press*

Motz, L. & Weaver, J. H. *(1995) The Story of Astronomy, New York, NY: Plenum*

Nakayama, S. *(1969) A History of Japanese Astronomy, Cambridge, MA: Harvard University Press*

Neugebauer, O. *(1983) Astronomy and History Selected Essays, New York, NY: Springer-Verlag*

Rooney, A. *(2017) Mapping the Universe, London: Arcturus*

Rovelli, C. *(2016) Seven Brief Lessons on Physics, London: Penguin*

Rovelli, C. *(2011) Anaximander, Yardley: Westholme*

Sagan, C. *(1981) Cosmos, London: Macdonald*

Snyder, G. S. *(1984) Maps of the Heavens, New York, NY: Cross River Press*

Sobel, D. *(2017) The Glass Universe, London: Fourth Estate*

Sobel, D. *(2011) A More Perfect Heaven: How Copernicus Revolutionized the Cosmos, London: Bloomsbury*

Sobel, D. *(2005) The Planets, London: Fourth Estate*

Stephenson, B. *(1994) The Music of the Heavens: Kepler's Harmonic Astronomy, Princeton, NJ: Princeton University Press*

Stott, C. *(1991) Celestial Charts, London: Studio Editions*

Thurston, H. *(1993) Early Astronomy, New York, NY: Springer-Verlag*

Van Helden, A. *(1985) Measuring the Universe: Cosmic Dimensions from Aristarchus to Halley, Chicago, IL: University of Chicago Press*

Whitfield, P. *(2001) Astrology, London: British Library*

Whitfield, P. *(1995) The Mapping of the Heavens, London: British Library*

Wulf, A. *(2012) Chasing Venus: The Race to Measure the Heavens, London: Vintage*

索引

A–Z

ア

カ

サ

タ

ナ

ハ

マ

謝辞

本書の作成に当たって、キングスフォード・キャンベルのチャーリー・キャンベル、サイモン&シュスター社のイアン・マーシャルにかけがえのない力添えをいただいた。このような美しい本を作り上げるために労を惜しまず頑張ってくれたローラ・ニコルとキース・ウィリアムズに深く感謝する。今回も私の質問攻めに辛抱強く答えてくれたフランクリン・ブルック=ヒッチング、私を支えてくれた家族全員にも感謝を伝えたい。アレックスとアレキシ・アンスティ、デイジー・ララミー=ビンクス、マット、ジェンマ、チャーリー・トラウトン、ケイト・アワド、キャサリン・パーカー、ジョージィ・ハレット、ティー・リーズの諸氏、それにQIの友人たちにも感謝している。ジョンとサラとココ・ロイド、ピアズ・フレッチャー、ジェームズ・ハーキン、アレックス・ベル、アリス・キャンベル・デイヴィス、ジャック・チェンバース、アン・ミラー、アンドリュー・ハンター・マリー、アンナ・ターシンスキー、ジェームズ・ローソン、ダン・シュライバー、マイク・ターナー、サンディ・トクスビグにも感謝する。
本書に掲載した素晴らしい地図や作品の数々を惜しげもなく提供し、本に載せることを許可してくれた皆様には特別な感謝を伝えたい。バリー・ローレンス・ルーダーマン・アンティーク・マップスのバリー・ルーダーマン氏は今回のプロジェクトに実に根気よく付き合ってくれた。アルテア・アンティーク・マップスのマッシモ・デ・マルティニとマイルス・ベイントン=ウィリアムズの両氏、ダニエル・クラウチ稀覯書店・地図販売店のダニエル・クラウチとニック・トリミングの両氏、ドレウェツ社とカールトン・ロシェル・アジアン・アート、スティーヴン・ホームズとカルティン・コレクション、大英図書館、欧州宇宙機関(ESA)、米国航空宇宙局(NASA)、ゲント大学、メトロポリタン美術館、米国議会図書館、ウェルカム・コレクションにも感謝を申し上げる。